河南省
农作物病虫草害统防统治与绿色防控融合技术模式

HENAN SHENG NONGZUOWU
BINGCHONGCAOHAI TONGFANG TONGZHI YU
LÜSE FANGKONG RONGHE JISHU MOSHI

河南省植物保护检疫站 ◎ 编著

中国农业出版社
北 京

编写人员名单

主　编　张国彦
副主编　刘　一　李好海　李　祥
编　委　（按姓氏笔画排序）

丁华锋	王　丽	王江蓉	王朝阳	王新媛	牛朝阳
尹绍忠	冯贺奎	毕桃付	师　辉	朱志刚	刘　一
刘丰举	关祥斌	孙红霞	孙志刚	孙明明	杜桂芝
李　祥	李加汇	李好海	肖　涛	吴　方	何　洋
闵　红	张　建	张大明	张光先	张华敏	张如意
张迎彩	张改平	张国彦	岳文英	赵　霆	赵文新
赵要辉	胡　锐	胡伯海	胡银庆	胥付生	耿青芬
柴宏飞	柴俊霞	徐永伟	徐竹莲	郭姝辰	曹　然
曹永周	曹现彬	彭　红	韩景红	焦永吉	湾晓霞
窦强莉	薛伟伟				

河南省地处黄淮海平原中心，作为典型的农业大省，是全国粮、油、蔬菜的主要产区。自2015年起，为积极响应国家"化学农药使用量零增长行动"，河南省植物保护检疫站（原河南省植物保护植物检疫站）积极策划、全力推进。笔者作为主笔起草的《关于深入推进农作物病虫害绿色防控工作的指导意见》以省农业农村厅文件（豫农种植2018〔69〕号）形式下发，全面部署了精准监测预警服务行动、科学用药普及行动、化学防治替代行动、高效植保器械提升行动、统防统治拓展行动等绿色防控"五大行动"，旨在服务河南农业的提质增效和转型升级。

技术示范工作是推广应用的前提和支撑。河南省将农作物病虫害专业化统防统治与绿色防控融合示范区建设作为推动化学农药减量增效的重要手段，持续推进，力求取得实效。作为这项工作的主要实施者和推动者，笔者认为有必要对示范工作进行简要回顾和总结，为全省各级植保机构的同仁及其他读者提供参考和指引。

一、示范工作的实施策略

省植保站加强顶层设计和全程推动。省农业农村厅下发《关于加强农作物病虫害专业化统防统治与绿色防控融合示范工作的通知》《关于加强果菜茶病虫全程绿色防控工作的通知》，明确具体工作要求。省植保站印发《农作物病虫专业化统防统治与绿色防控融合推进试点实施方案》《化学农药减量增效助剂激健示范推广实施方案》等指导性文件，每年发布工作文件、召开专题会议进行部署，不定期赴各示范点开展技术指导和工作督导，举办农企合作共建示范区活动，在不同作物示范点组织现场观摩，通过电视、官方网站等渠道进行宣传报道，推动农作物病虫害专业化统防统治与绿色防控融合示范工作扎实开展。示范基地由最初的20多个逐步增加到100多个，示范作物由最初的粮食作物逐步扩大到油料作物、果树、蔬菜、茶树等，聚焦增加优质农产品供给，集成示范全程绿色植保技术模式，力争实现产量高、品质优、效益好，并辐射带动大面积应用，不断提升示范工作水平。

县级植保机构精心选址并全程落实示范工作。各示范县植保机构积极响应，按照省站要求，在地方农业农村部门的支持下，在省辖市植保机构的指导下，植保站站长亲自负责示范工作，组建工作团队，明确责任分工，选择交通便利、生产基础条件优越的区域，依托科技意识领先的新型农业经营主体和服务主体，建立集中连片的示范基地，优化化学防治技术，开展科学安全用药技术培训，引进示范生物防治、物理防治、健康栽培、生态治理等非化学防治技术，推广喷杆喷雾机、植保无人机等高工效施药机械，以及飞防助剂、飞防作业实时监控平台等精准施药技术，推行政府或种植主体采购形式的专业化防治服务。

农业农村主管部门加大资金政策支持。各地农业农村部门高度重视专业化统防统治与绿色防控融合示范工作，成立组织领导和技术服务机构，主要领导亲自负责，加强统筹协调，狠抓措施落实，确保示范工作有力有序推进。各地市的病虫害防治资金、农业综合开发、基层农技推广体系建设、粮油作物高产创建、粮油作物单产提升、农业社会化服务、"一喷三防"等项目资金向示范区倾斜，保障了植保新技术新产品引进、示范和应用的基础投入。有些地区成立专项资金重点支持玉米田释放赤眼蜂、应用激健减药增效助剂、种子包衣等先进技术示范推广；对专业化统防统治与绿色防控融合示范工作表现突出的种植大户，在承担其他项目、申报优惠补助等方面给予支持帮助，进一步调动了种植主体做好示范工作的积极性。

自始至终深入贯彻农企合作和产学研协同。本着"积极引进、严格把关、签订协议、共建共赢"的原则，选择产品质量好、品牌信誉好、售后服务好的绿色农资生产企业进行深度合作。已有36家农资企业参与河南省融合示范基地合作共建，同植保机构和种植合作社一起制订示范方案、培训绿色技术、直供绿色农资产品、实施专业化统防统治。各示范县在关键农时组织多种形式的农企对接会，衔接供需，对接服务。省植保站多次召开农企对接会，建立了河南省农企合作共建微信群和QQ群，宣传绿色植保理念，展示农资产品、技术方案和服务效果。示范区建设中，高度重视同教学、科研、气象部门深入合作，通过重大病虫害联防联控机制、专家指导组、专家咨询组、项目合作等制度，联合河南农业大学、河南省农业科学院、河南省气象局等部门专家教授，共同开展病虫趋势分析研判、病虫演变规律和防控技术研究、示范区方案制订、媒体宣传和技术指导，实现信息互通、资源共享、共同决策、协同工作，保障示范区各项工作高效、科学进行。

突出强调专业化统防统治全程覆盖和水平提升。各级植保机构对植保服务组织实行备案登记，利用农民培训、科学安全用药等项目对农民植保专业合作社负责人开展管理培训，对机防手开展病虫害防治技术和机械操作培训，组织开展"优秀植保服务组织"评选工作，推进"统防统治百县"创建活动。同时，省站下发文件、召开座谈会和观摩会，鼓励各地按照"因地制宜、量力而行、试点先行、稳步推进"的原则，在防治专业化服务中引入作业监管平台，对作业轨迹、高度、速度、喷液量等重要参数进行监管，实时进行不合规提醒，作业监管平台逐渐铺开，服务质量得到可靠保障。各地通过购买服务、种植户市场化采购服务等方式，选择装备精良、技术先进、管理规范、信誉良好的54家服务组织，利用专业化、组织化的防治方式，高效精准的施药机械和施药方式，在示范区实施全程专业化统防统治，落实化学农药减量和绿色防控技术，有力提升了病虫害防控科学化水平，稳步提升了农药利用率。

全力推进示范工作发挥辐射带动作用。示范区均设立醒目标牌，详细标明作物全生育期绿色防控技术、防治组织形式、负责人姓名及联系电话，向广大种植户公开展示，并在关键农时组织农户进行现场观摩。省站加强协会、企业联动，组织实施"科学安全用药大讲堂"活动，举办河南省植物保护领域地方标准宣贯培训会。省、市、县组派专家组进村入户对农民、农资经营门店、植保社会化服务组织等进行全面培训，采取农闲讲知识、农忙讲实操等方法，面对面、手把手开展技术指导。同时，在农村道路、集市、村庄、门店悬挂宣传横幅、张贴标语挂图、设置宣传牌及宣传栏，充分利用网络课堂、微信公众号、小程序、短视频等方式开展线上服务，大力宣传普及物理防治、生物防治、农药安全使用、统防统治等绿色植保技术，提高种植户植保科技素质，增强实施绿色防控和统防统治的自觉意识。

二、技术模式的核心内容

本书系统介绍了河南省农作物病虫草害统防统治与绿色防控融合技术模式，内容全面翔实，涵盖小麦、玉米、水稻、花生、果树、蔬菜、茶树、杂粮等作物，涉及兰考、镇平、博爱、固始、灵宝等50多个县区。针对各地主要作物及病虫害特点，总结形成了90多个各具特色的绿色防控技术模式，为河南省乃至全国的农作物病虫草害绿色防控提供了宝贵的实践经验与技术参考。

全书以作物为分类主线，系统呈现各地绿色防控技术，以作物为纲、以县区为目，详细阐述了不同县区的绿色防控技术模式。首先介绍每种作物在不同县区的种植情况及主要病虫害种类，随后深入展开介绍各生育期的防控技术，内容涵盖农业防治（如选用抗病品种、合理轮作、科学施肥等）、物理防治（如灯光诱杀、性诱剂诱杀、黄板诱杀等）、生物防治（如释放赤眼蜂、使用生物制剂等）及科学用药（如种子包衣、各时期对症药剂选择等），部分模式还涉及生态调控、种子处理、适期播种等环节。每个模式均系统介绍了技术集成、防控效果、经济效益及主要研发单位与人员，部分模式还配有技术细节说明及图表展示，便于读者直观理解与应用。最后，从防控效果、经济效益、生态效益和社会效益等多维度进行总结，特别提及研发单位与人员，充分体现技术的科学性与可推广性。

各模式注重综合性与针对性，融合多种防治措施，针对不同作物、不同生育期的主要病虫害制订具体方案，同时强调环保性与高效性，减少化学农药使用，提升防治效果，保障农产品质量安全，推动农业可持续发展。例如，在小麦模式中，从播种期的药剂拌种到各生育期的病虫害防治，结合农业、物理、生物等多种措施，实现全程防控；在果树模式中，通过果实套袋、释放捕食螨、杀虫灯诱杀等技术，减少化学农药依赖，显著提升果品品质。通过这些实践案例，为绿色防控技术的推广与应用提供了有力支持。

三、示范工作的主要成效

集成并示范了一系列全程绿色防控技术模式。据统计，全省共创建了30个国家级、100个省级、300个市县级统防统治与绿色防控融合示范区、全程绿色防控示范区等，集成示范并优化了500多个主要农作物全程减药增效技术模式，生物、物理、农业措施得到显著加强，化学农药实现科学使用和精准施用，统防统治服务形式得到全面实施。

示范区在增产提质、减药增效和生态效应方面成效显著。系统调查显示，各示范区病虫草害综合防治效果达到90%以上，比群众自防区平均提高10%以上；化学农药使用量比群众自防区减少20%以上，经济效益比群众自防区提升10%以上。例如，滑县小麦核心示范区综合防效达95%，较农民自防区防治效果提高23%；每亩增产124千克，增产率达26.6%；每亩用药量减少236克，相较于农民自防区降低51.9%。镇平县玉米核心示范区较农民自防区每亩增产61.8千克，减少用药成本5.6元。唐河县水稻核心示范区比农民自防区每亩增收23.3千克，减少用药用工成本13元；同时，核心示范区内天敌数量明显增多，生态效益凸显，示范区内天敌蜘蛛数量达110.92头／百丛，是农民自防区的2.4倍。

辐射带动作用显著。自2015年以来，粮食作物示范区核心示范面积累计达到700万亩，辐射带动超过4200万亩，对减药增效技术推广发挥了良好的示范带动作用。同时，通过农企合作共建，有力推动了绿色防控产品的直供直销和植保技术服务机制的创新。部分示范区县被农业农村部种植业管理司和全国农业技术推广服务中心列为全国农作物病虫害绿色防控示范县，通过专业化统防统治与绿色防控融合示范工作，认定了一批全国绿色食品原料标准化生产基地，培育了一批绿色食品和有机食品品牌。

尽管河南省农作物病虫害专业化统防统治与绿色防控融合示范工作取得了一定成绩，积累了一定经验，但也存在一些短板和弱项。例如，缺乏专项经费支持，化学农药使用次数和剂量还需进一步减少，集成技术模式也应进一步简化优化以便更好推广，绿色防控新思路新技术发展较为薄弱，示范区农产品的优质优价实现机制不够完善等。上述不足之处需要在以后的工作中加以重视和改进。期望绿色植保这项事业在示范工作的带动下越来越好，惠及更多人的生产、生活和周边的生态。期望全省植保系统继续发扬团结奋斗、科学严谨、能打硬仗、创新发展的优良作风，为河南省乃至全国的生物灾害防控和农业高质量发展作出更大贡献。

张国彦

2025 年 5 月

目　录

前言

小麦病虫草害统防统治与绿色防控融合技术模式

玉米病虫草害统防统治与绿色防控融合技术模式

水稻病虫草害统防统治与绿色防控融合技术模式

花生病虫草害统防统治与绿色防控融合技术模式

果树病虫害统防统治与绿色防控融合技术模式

蔬菜病虫害统防统治与绿色防控融合技术模式

茶树病虫害统防统治与绿色防控融合技术模式

其他作物病虫草害统防统治与绿色防控融合技术模式

小麦病虫草害统防统治与绿色防控融合技术模式

1. 息县小麦病虫草害统防统治与绿色防控融合技术模式

息县隶属于信阳市，位于河南省东南部，地形以低平的平原和缓丘为主，淮河横贯全境。淮河以北为平原，占全县总面积的88.6%；淮河以南为缓丘垄岗，占全县总面积的11.4%。息县气候属亚热带向暖温带过渡型气候，拥有耕地196.5万亩[*]，常年粮食种植面积240万亩，其中小麦种植面积达150万亩。麦田主要病害为小麦纹枯病、条锈病、赤霉病；主要虫害为麦蚜、麦蜘蛛、地下害虫；优势杂草为猪殃殃、野豌豆、节节麦、多花黑麦草、野燕麦、荠菜等。

集成技术

● 播种期

1. 农业措施　①选用抗病品种。选择种植郑麦9023、郑麦618、西农979、周麦36、新麦307、扬麦13、扬麦15等丰产抗病品种。②实施秸秆还田。玉米、水稻成熟后，采用联合收割机械边收获边切碎秸秆（秸秆粉碎长度5～10厘米），使其均匀覆盖地表，利用旋耕机械将秸秆翻埋入土腐熟，耕深25～30厘米。③施足底肥。耕地前和播种时分两次施用45%三元复合肥，每亩施50千克。耕地前地表撒施三元复合肥30千克+生物有机肥100千克（有机质含量>40%）；播种时施入三元复合肥20千克。④适期播种，合理密植。足墒播种，适期播种。播种时间为10月中下旬，每亩播种量15千克。实施健身栽培，培植丰产防病的小麦群体，防止田间郁蔽，避免倒伏，减轻病虫害发生。

2. 药剂拌种　预防地下害虫、纹枯病、全蚀病，兼治苗期蚜虫。播种前每亩使用70%吡虫啉水分散粒剂30毫升+6%戊唑醇悬浮种衣剂7克，兑水500毫升拌15千克麦种，拌均匀后堆2～3小时，摊开晾干即可播种（图1）。

图1　小麦播种期拌种

---

* 亩为非法定计量单位，15亩＝1公顷。——编者注

● **冬前分蘖期**

12月中下旬，麦苗5~6片叶，杂草3~4片叶，温度在10℃以上时，每亩使用28.8%氯氟吡氧乙酸异辛酯乳油10~14毫升+15%炔草酯可湿性粉剂4~6毫升，兑水30千克均匀喷雾，防除猪殃殃、野豌豆、节节麦、多花黑麦草、野燕麦、荠菜等杂草。

● **返青拔节期**

1.**防治蚜虫、麦蜘蛛** 麦田蚜虫发生量达到百株1 000~1 500头、麦蜘蛛发生量达到每行0.33米200头以上，每亩使用10%吡虫啉乳油20克+（或）30%噻虫嗪悬浮剂2.5克，兑水30千克均匀喷雾。

2.**防治纹枯病、条锈病** 纹枯病病株率达到15%，条锈病病叶率达到0.5%，每亩使用5%井冈霉素水剂20毫升+15%三唑酮可湿性粉剂30克，兑水30千克均匀喷雾。

● **抽穗扬花期**

防治赤霉病、白粉病、穗蚜等。小麦齐穗至扬花期，根据预报及调查，如赤霉病可能发生流行、穗蚜已发生，每亩使用80%戊唑醇可湿性粉剂8克+25%吡蚜酮悬浮剂20克，兑水40千克均匀喷雾。

● **灌浆期**

防治小麦中后期病虫害及干热风。每亩使用22%噻虫·高氯氟悬浮剂10毫升+15%三唑酮可湿性粉剂30克+99%磷酸二氢钾粉剂100克，兑水30~40千克均匀喷雾。

● **专业化统防统治与绿色防控融合**

1.**绿色防控** 小麦返青拔节期到灌浆期，示范区实施绿色防控措施。使用太阳能杀虫灯（图2）（30~40亩一台，安装高度离地1.5米左右）、高空灯（图3）（1 000~1 500

图2 太阳能杀虫灯

图3 高空诱虫灯

亩一台,安装高度离地1.2米左右)诱杀金龟子、金针虫等鞘翅目和黏虫、棉铃虫、地老虎等鳞翅目害虫成虫。

2.专业化统防统治 小麦返青拔节期,使用植保无人机或电动喷雾器开展专业化统防统治,预防纹枯病、条锈病、蚜虫、麦蜘蛛;抽穗扬花期,统一开展植保无人机专业化统防统治,预防小麦"两病",即锈病、赤霉病(图4)。

图4 植保无人机统防统治

效果与效益

● 防治效果

2018—2022年间,小麦纹枯病、条锈病、白粉病、赤霉病、蚜虫的平均综合防效达92.28%,其中,纹枯病防效为88.5%,赤霉病为95.6%,白粉病为92.2%,蚜虫为91.8%,条锈病为93.3%。

● 经济效益

绿色防控区平均亩产503.6千克,比农民自防区370.7千克增加了132.9千克,亩增效益305.67元;绿色防控区单季亩产值1 158.28元,每亩防治成本41元,其他农资人工成本452.6元,每亩纯收益664.68元。

● 生态效益

绿色防控区每亩化学农药使用量132克,比农民自防区165克降低了33克,降低率20%;绿色防控区田间蚜茧蜂、食蚜蝇、瓢虫等天敌密度1.2头/米^2,比农民自防区0.7头/米^{2}增加了0.5头/米^2,增加率71.4%。

● 社会效益

通过几年来示范推广,提高了当地农户的科技素质、绿色防控意识和防治水平。2022年度,息县农业病虫害专业化防治组织发展到28个,绿色防控覆盖率31.6%,小麦病虫害统防统治覆盖率95.34%,农药利用率41.3%,对稳定粮食生产,促进农业可持续发展提供了有力保障。

主要研发单位与人员

研发单位:息县植物保护植物检疫站
主要人员:张勇,吴长好,任玉国,韩军,唐立强,喻青

2. 驻马店市小麦病虫草害统防统治与绿色防控融合技术模式

驻马店市位于河南中南部，地处淮河上游的丘陵平原地区，西部为浅山丘陵，东部为广阔平原。驻马店市位于北亚热带与暖温带的过渡地带，具有亚热带与暖温带的双重气候特征，是典型的大陆性季风型半湿润气候，适宜多种农作物生长，是国家和河南省重要的粮油生产基地。全市常年农作物播种面积2 400万亩以上，小麦种植面积常年达1 200万亩以上，病虫草害发生面积4 500万～6 000万亩次，防治面积8 000万～10 000万亩次。病害以条锈病、赤霉病、纹枯病、叶锈病、叶枯病为主，虫害以小麦蚜虫、麦蜘蛛发生较重，草害以野燕麦、多花黑麦草、节节麦、早熟禾、看麦娘等禾本科杂草，野油菜、猪殃殃、繁缕、婆婆纳、播娘蒿、荠菜等阔叶杂草为主。驻马店市根据当地情况，集成农业防治、物理防治、生物防治和科学使用农药等多项技术措施，形成了一套小麦病虫草害绿色防控技术。

集成技术

● 播种期

1. 加强检疫 禁止从疫区调运小麦种子，使用经过严格检疫并合格的小麦种子。

2. 选择抗（耐）性品种 根据不同县区病虫害的优势种类和防控目标，推广使用有针对性的抗性品种。

3. 合理施肥 增施有机肥，控制氮肥使用量，分期调控，增施磷、钾肥。

4. 精细整地 秸秆还田的地块实行深耕，耕层深度达到25～30厘米；在没有进行深耕的地块，播种时使用带有深松铲的播种机（图1）。

5. 秸秆处理 玉米秸秆还田要充分粉碎，要求秸秆长度小于5厘米，均匀抛撒于地表，加入秸秆腐熟剂，结合深翻，加速秸秆腐解。

6. 清洁田园 清除地边、沟边、路边的杂草，减少病虫害初侵染来源。

图1　精细整地

7.药剂拌种 使用5%井冈霉素水剂100毫升，或1%申嗪霉素悬浮剂10～20毫升+5%阿维菌素悬浮种衣剂30毫升，或600克/升吡虫啉悬浮种衣剂40～60毫升+5%氨基寡糖素水剂100毫升，拌10千克麦种，防治小麦苗期病害和地下害虫，保证小麦一播全苗，促进小麦健壮生长(图2)。

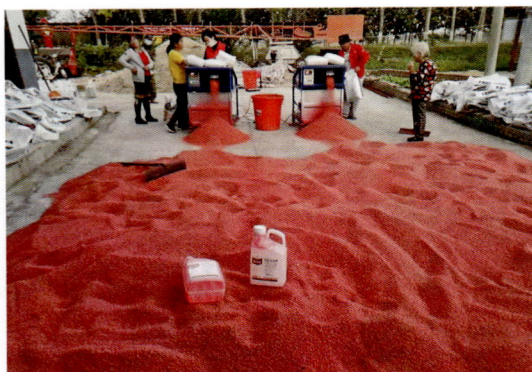

图2 药剂拌种

● 苗期

1.防治地下害虫 小麦出苗后，地下害虫造成死苗率达3%以上的地块，要及时使用50%辛硫磷乳油1 000～1 500倍液或48%毒死蜱乳油500～1 000倍液顺麦垄喷淋。

2.化学除草 以阔叶杂草为主的麦田，每亩使用10%苯磺隆可湿性粉剂10～15克+20%氯氟吡氧乙酸乳油30毫升，或5.8%唑嘧磺草胺·双氟磺草胺悬浮剂10毫升+20%双氟磺草胺·氟氯酯水分散粒剂5克+15毫升专用助剂，加水30～40千克，均匀喷雾；在野燕麦、看麦娘、稗草、棒头草等禾本科杂草发生严重的麦田，每亩使用10%精噁唑禾草灵乳油40～50毫升或15%炔草酸可湿性粉剂20克，加水30～40千克，均匀喷雾；在节节麦、雀麦、硬草、黑麦草严重发生区，每亩使用3%甲基二磺隆油悬浮剂25～35毫升，或3.6%甲基二磺隆·甲基碘磺隆钠盐水分散粒剂20～30克，或5%唑啉草酯乳油80毫升，加水30～40千克，均匀喷雾；在阔叶杂草和禾本科杂草混合发生的地块，将两类除草剂分别计量，分别稀释，现混现用。

● 返青拔节期

1.防治纹枯病、根腐病 当病株率达到15%以上时，每亩使用5%井冈霉素水溶性粉剂100～150克或4%井冈·蜡芽菌可湿性粉剂40克，兑水50千克，对准小麦茎基部喷淋。

2.挑治害虫 在麦蜘蛛发生严重的地块，当单行0.33米达到200头以上时，每亩使用1.8%阿维菌素乳油20毫升或10%烟碱乳油50～80毫升，兑水30～40千克喷雾，尽量不要全田喷雾，以便保护利用麦田天敌昆虫。

● 抽穗期

1.防治吸浆虫、蚜虫 在小麦抽穗70%～80%时，可用4.5%高效氯氰菊酯乳油，或2.5%高效氯氟氰菊酯乳油，或10%吡虫啉可湿性粉剂1 500～2 000倍液喷雾防治，重发区要连续用药2次，间隔4～5天，于成虫产卵之前杀灭。

2.预防赤霉病 在齐穗期每亩使用25%氰烯菌酯悬乳剂100～150毫升，或43%戊唑醇可湿性粉剂20～30克+4%井冈·蜡芽菌可湿性粉剂50毫升+0.3%四霉素水剂50～70毫升，加水40～50千克均匀喷雾，重点喷施小麦穗部，如果小麦抽穗至扬花期出现连阴雨、多露或雾霾天气，必须在第一次用药后5～7天开展第二次用药。

● 扬花灌浆期

扬花灌浆期是小麦生长的关键时期，也是多种病虫害混合发生时期，防治的重点是赤霉病、白粉病、锈病、叶枯病、蚜虫等病虫害，同时注意预防小麦后期早衰和干热风。根据病虫害发生情况，每亩使用10%吡虫啉可湿性粉剂10～20克（或25%吡蚜酮可湿性粉剂20克，或50%抗蚜威可湿性粉剂10～20克）+12.5%烯唑醇可湿性粉剂40～50克（或25%戊唑醇可湿性粉剂30克，或40%丙硫菌唑·戊唑醇悬浮剂40克，或30%吡唑醚菌酯悬浮剂20～30克）+98%磷酸二氢钾粉剂150～200克+0.01%芸苔素内酯可溶液剂10毫升，兑水30～40千克均匀喷雾（图3）。科学配伍药剂，提倡综合用药，一喷多防，尽量减少农药的使用量。

图3　植保无人机飞防

效果与效益

● 防治效果

绿色防控区返青期对茎基腐病、纹枯病综合防治效果达到92%，农民自防区仅为82%；抽穗扬花期对小麦条锈病和赤霉病综合防治效果达到96%，较常规防治田提高了4%；对麦田杂草综合防治效果达到95%，较常规防治区平均防效提高了18.75%。

● 经济效益

核心区小麦平均亩产671.8千克，比常规防治区增产69.2千克，每亩增加产值207.6元，节约防治成本50元，每亩增加纯收益257.6元，小麦籽粒品质提高。

● 生态效益和社会效益

捕食性天敌数量较常规防治田提高2～3倍，维护了自然生态平衡，减轻了病虫发生为害程度。通过统防统治和绿色防控技术的实施和经济效益引导，带动周边群众开展统防统治和绿色防控技术应用，生态效益和社会效益明显。

主要研发单位与人员

研发单位：1.驻马店市农业技术推广和植物保护检疫站；2.驻马店市农村能源环境保护站；3.驻马店市土壤肥料科技服务站

主要人员：吴方[1]，崔伟[1]，张亚丽[1]，彭爱华[2]，谢赟[3]

3. 确山县小麦病虫草害统防统治与绿色防控融合技术模式

确山县位于河南南部，地处桐柏、伏牛山系向黄淮平原过渡地带，是亚热带向暖温带的过渡区，气候条件和地形地貌丰富独特，气候温润，四季分明，光照充足，雨热同季。境内山区、丘陵、平原各占1/3，耕地面积120万亩，小麦种植面积90万亩。小麦上多种病虫害常年发生较重，主要有纹枯病、锈病、赤霉病、全蚀病、麦蚜、红蜘蛛、吸浆虫等，严重威胁着小麦产量和品质。确山县根据当地地貌特征和气候环境，经过常年探索，总结出一套小麦病虫草害绿色防控技术模式。

集成技术

● 播种期

1. 精细整地 每2～3年机械深耕一次，耕深20～25厘米，耙细整平，达到上虚下实。

2. 合理施肥 整地前每亩施用有机肥50千克并拌200亿/克枯草芽孢杆菌水溶性粉剂400克，尿素颗粒肥25千克、磷酸一铵水溶肥16.5千克、氯化钾8.5千克，每亩可增施复合微生物菌剂1千克。

3. 选用抗（耐）性品种 可选用西农979、西农9718、泛麦8号、衡观35、矮抗58、淮川916、郑麦7698、泛麦8号。

4. 适时适量播种 于10月中旬适时播种，精量播种，亩播种量10千克。

5. 药剂拌种 3%苯醚甲环唑悬浮种衣剂160克+60%吡虫啉悬浮剂160毫升+0.001%芸苔素内酯水剂20毫升，拌种100千克。

● 苗期

确山县麦田近年以猪殃殃、播娘蒿、荠菜、泽漆、野燕麦、看麦娘，节节麦、黑麦草等杂草发生较重，一般于11月下旬天气晴好时进行化学除草。对阔叶杂草重的麦田每亩使用20%氯氟吡氧乙酸乳油50克+10%苯磺隆可湿性粉剂50克，兑水30～40千克喷雾；对单子叶杂草较重的麦田每亩使用30%甲基二磺隆可分散油悬浮剂60毫升+20%甲基碘磺隆水分散粒剂10克，兑水30～40千克喷雾；对单、双子叶杂草都重的麦田每亩使用50克/升双氟磺草胺悬浮剂10毫升+10%唑草酮可湿性粉剂0.8克，兑水30～40千克喷雾。

● 返青拔节期

防治纹枯病和蚜虫。达到防治指标的田块，每亩喷施0.01%芸苔素内酯水剂7.5毫升+99%磷酸二氢钾粉剂200克+40%戊唑·咪鲜胺水乳剂20～30毫升+15%氯氟·吡虫啉悬浮剂15～20毫升+500克尿素+2%阿维菌素微囊悬浮剂30毫升+1%申嗪霉素悬浮剂50克，兑水30～50千克喷雾。

● 抽穗扬花期

防治小麦锈病、白粉病、赤霉病、吸浆虫、蚜虫，预防干热风等。①生物防治。4月中下旬穗蚜发生期，亩释放异色瓢虫1 500头，一周后田间蚜虫可明显减少。②科学用药。依据病虫害发生情况，搞好"一喷三防"，喷施氨基寡糖素（海岛素）或芸苔素内酯+生物农药+高效环保化学农药，依据小麦抽穗扬花期天气情况，用药1～2次，每亩使用25%氰烯菌酯悬浮剂100克+80%戊唑醇水分散粒剂10克+2%阿维菌素微囊悬浮剂30毫升+5%氨基寡糖素水剂750倍液（0.01%芸苔素内酯乳油1 500～2 000倍液）+99%磷酸二氢钾粉剂100克+尿素400克，防治小麦病虫及干热风。

主要研发单位与人员 ◆

研发单位：确山县农业技术推广中心
主要人员：李超，朱华伟，白敏，张明

4. 平舆县小麦病虫草害统防统治与绿色防控融合技术模式

平舆县位于河南省东南部，隶属于驻马店市，县域内地势平坦，土地肥沃，气候温和，雨量充沛，四季分明，是全国商品粮食生产基地，以种植小麦、玉米为主，小麦常年种植面积稳定在120万亩左右，产量达到500～600千克/亩，是河南省及全国的小麦主产区。平舆县处在淮北平原旱作麦区的南缘，小麦病虫害种类较多，小麦条锈病、赤霉病、蚜虫等重大病虫害连年暴发，加上纹枯病、白粉病、叶枯病、茎基腐病、红蜘蛛、吸浆虫、地下害虫等常发病虫的危害，对小麦生产构成严重威胁。通过多年试验示范和完善提高，逐渐形成了小麦病虫草害全程绿色防控技术模式，达到高产、优质、高效、生态、安全要求，取得了良好的效果和显著的经济效益、生态效益和社会效益。

集成技术 ◇

● 农业防治

农业防治措施旨在培养健壮植株，提高抵抗病虫能力。

1. 合理轮作　与油菜等作物隔年轮作，减轻病害发生。

2. 深耕灭茬　玉米秸秆留茬不超过15厘米，并充分打碎灭茬，深耕掩埋，精耕细整，旋耕田块要隔年深耕，提高保水保肥能力。

3. 合理施肥　增施土杂肥和磷、钾肥，每亩施土杂肥2～3米^3，化肥基施三元复合肥50千克和尿素10千克，返青期追施尿素10千克，配合叶面喷施99%磷酸二氢钾粉剂200克，孕穗抽穗期叶面喷施99%磷酸二氢钾粉剂200克，灌浆期叶面喷施多元水溶肥80克+0.01%芸苔素内酯水剂20毫升，防止早衰。

4. 适当晚播　随着全球气候变暖，小麦冬前旺长加剧，加之黄花叶病连年发生，适期晚播，至10月20日前后播种为宜，可促进小麦协调生长，提高抗病、抗寒性，减轻病害发生。

5. 合理密植　足墒下种，推广机械化宽幅条播，行距27厘米，麦垄宽10厘米，亩播量12～14千克，基本苗控制在20万左右，避免播种过密。

6. 注意排灌　田间积水时要及时排水防渍，出现干旱时要及时浇水，防止小麦出现旱涝灾害，促壮抗病；浇水时避免大水漫灌，使用自喷灌或滴灌，防止地表径流传病。

7.适时收获 小麦进入蜡熟期，趁晴天机械化快速收获，及时晒干，防止霉变。

● 生态调控

1.选择优良抗病品种 选择适宜本地种植的高产、适应性强、较抗（耐）病的小麦品种。对条锈病抗（耐）性较好的品种有周麦22、周麦28、郑麦7698、郑麦366、西农979、郑麦101等；小麦黄花叶病重发区可种植新麦208、衡观35、泛麦5号、泛麦8号、郑麦366、郑麦119、西农558、西农805、西农556、西农235、西农20等抗病品种；对赤霉病避病性较好的有西农979、西农9718、西农511等品种；对小麦茎基腐病抗（耐）性较好的有存麦20、兰考198、许科718、泛麦8号、周麦27、豫农201、华育198、豫保1号等。在生产中继续观察和筛选抗（耐）病性较好的小麦品种。

2.清洁田园 前茬为玉米的秸秆还田地块，清除多余的玉米秸秆和当茬小麦残体，减少病菌残留。

3.春季灌水 通过田间灌溉系统，在春季返青期对小麦灌水，恶化害虫栖息环境，促进小麦生长发育，增加耐病能力和生长补偿能力。

● 物理防治

1.日光晒种 在播种前进行日光晒种，杀灭种子表面病菌，并提高发芽率。

2.灯光诱杀 在开春后安装频振式杀虫灯，诱杀黏虫、金针虫等害虫（图1）。单灯控制面积为30～40亩，各灯间距120米左右，棋盘式分布，连片300亩以上效果更佳。

图1　太阳能杀虫灯

● 生物防治

1.播种期 防治纹枯病、根腐病等，每100千克种子可用100亿芽孢/克枯草芽孢杆菌可湿性粉剂500克拌种；防治黄花叶病，每100千克种子用0.136%赤·吲乙·芸苔可湿性粉剂10克，或5%氨基寡糖素水剂20～25克拌种。

2.返青期　纹枯病、黄花叶病、红蜘蛛混合发生田块，每亩可用12.5%井冈·蜡芽菌水剂40～60克+5%氨基寡糖素水剂40～50克+1.8%阿维菌素乳油30毫升，兑水50千克对麦株根部喷雾；对黄花叶病发生田块，每亩使用0.136%赤·吲乙·芸苔可湿性粉剂1～2克，或5%氨基寡糖素水剂30～40克喷雾（图2）。

图2　植保无人机飞防

3.拔节期至灌浆期　防治黏虫，每亩使用400亿孢子/克球孢白僵菌水分散粒剂30～50克，或80亿活孢子/毫升金龟子绿僵菌油悬浮剂60～90毫升，或16 000国际单位/毫升苏云金杆菌可湿性粉剂100～200克，兑水30千克喷雾；防治锈病、白粉病，每亩可用1 000亿孢子/克枯草芽孢杆菌可湿性粉剂20～40克，兑水30千克喷雾。对于旺长小麦，拔节初期每亩可用20.8%烯效唑·甲哌鎓微乳剂30～40克，或15%调环酸钙·烯效唑水分散粒剂15～20克，或10%多唑·甲哌鎓可湿性粉剂60克叶面喷施进行化控，防止徒长，增强抗病性；灌浆期每亩使用0.01%芸苔素内酯水剂10～20克喷雾，防止早衰。

● **科学用药**

　　加强病虫监测预报，抓住病虫害防治关键时期，选用高效低毒对症农药，优化施药技术和农药用量，安全施药，精准用药，科学防治。

1.播种期　每100千克种子可用3%苯醚甲环唑悬浮种衣剂300～400克+60%吡虫啉悬浮种衣剂300～500克，或18%噻虫胺·噻呋酰胺悬浮种衣剂1～1.5千克拌种，防治纹枯病、根腐病、地下害虫、蚜虫等。多花黑麦草发生区，每亩可用40%砜吡草唑悬浮剂20毫升+50%吡氟酰草胺水分散粒剂30克，兑水30千克在播后苗前进行土壤封闭处理。

2.苗期 适时化学除草，对阔叶杂草，每亩可用20%氯氟吡氧乙酸乳油50～70毫升，或5%双氟磺草胺悬浮剂7～10克，或10%唑草酮水分散粒剂15～25克，或50%吡氟酰草胺水分散粒剂20～30克等药剂及其二元或三元复配剂，兑水30千克喷雾防治；对禾本科杂草，每亩可用15%炔草酯乳油30～50克，或3%甲基二磺隆乳油30～50克，或5%唑啉草酯乳油60～80克喷雾防治。防治纹枯病、蚜虫、红蜘蛛，每亩使用27%噻呋酰胺·戊唑醇悬浮剂20～30克+10%联苯菊酯水乳剂20克，兑水30千克喷雾。

3.齐穗至扬花初期 防治赤霉病、条锈病、叶枯病、蚜虫等，每亩可用43%戊唑醇20～30克，或40%戊唑·咪鲜胺悬乳剂25～40克，或30%戊唑·福美双可湿性粉剂60～90克，或40%唑醚·戊唑醇悬浮剂15～25克，或48%甲硫·戊唑醇可湿性粉剂52～62克，或40%丙硫菌唑·戊唑醇悬浮剂40克，或48%氰烯·戊唑醇悬浮剂40～50克，或30%肟菌·戊唑醇悬浮剂40克，兑水30～45千克，于小麦齐穗至扬花初期喷雾，扬花至灌浆期降雨时，雨后及时补喷防治。

效果与效益

根据近年来的应用情况，小麦病虫草害绿色防控示范区总体防控效果达到90%以上，危害损失率控制在5%以下，天敌数量提升100%以上，农药使用量下降20%以上，农产品中农药残留量无超标，农产品质量明显提升，产量较农户自防区增加13.7%，每亩净收益增长158元（表1）。

表1 小麦病虫草害绿色防控技术模式示范效益统计表

模式	物化投入（元／亩）	人工投入（元／亩）	产量（千克／亩）	产值（元／亩）	净收益（元／亩）	天敌数量（头／百株）	农药用量（毫升／亩）
绿色防控模式	104	30	623.8	1 622	1 488	9.7	183
常规模式	71	25	548.6	1 426	1 330	2.3	233

主要研发单位与人员

研发单位：1. 平舆县农业技术推广和植物保护站；2. 平舆县农业综合行政执法大队；3. 平舆县农村社会事业发展服务中心

主要人员：冯贺奎[1]，陈韬[1]，郭承杰[1]，王书珍[2]，张化春[3]

5. 唐河县小麦病虫草害统防统治与绿色防控融合技术模式

唐河县位于河南省西南部，豫鄂二省交界处，处于北亚热带向暖温带过渡地区，属北亚热带大陆性季风气候，四季分明，气候温和。唐河县是全国著名的商品粮、油料基地县，全县总耕地面积为245.2万亩，常年种植小麦、玉米、油料作物等，其中，小麦常年种植面积在210万亩左右。唐河县小麦上发生的主要病虫害有小麦纹枯病、条锈病、赤霉病、麦蚜、麦蜘蛛、吸浆虫等，严重影响了小麦的产量和品质。为此，近年来唐河县积极开展生物防治试验、重大病虫害药剂防效试验、抗病品种筛选，以及生态调控示范等，探索出了操作性强、控害效果好，群众易于接受的小麦病虫草害绿色防控技术模式。

集成技术

● 农业防治

1. 选择优良抗病品种　小麦条锈病常发区，选用对条锈病抗性较好的品种，如周麦22、周麦28、郑麦7698、郑麦366、西农979、郑麦101等；预防赤霉病可选用抗（耐）赤霉病且适宜南阳种植的扬麦、宁麦系列品种及西农979、郑麦9023、西农511等品种；小麦茎基腐病发生严重的地区可种植兰考198、许科718、泛麦8号、豫保1号、周麦27、郑麦9023、豫农054等品种；小麦黄花叶病常发区可种植新麦208、豫麦70-36、泛麦5号、郑麦366、郑麦119、豫麦9023、西农558、西农556、西农235、西农20等较抗病品种。

2. 秸秆还田　推行前茬作物秸秆还田，先将秸秆粉碎，均匀铺在田间，使用大型拖拉机深耕犁深25厘米以上，将秸秆深翻入土中，然后耙细压实，使秸秆全部埋于地下。

3. 科学施肥　根据秸秆还田量、土质及养分状况，以及目标产量科学施肥：高产田，亩施45%复合肥55～60千克，中低产田，亩施45%复合肥50千克，秸秆还田量较大地块适当增加氮肥用量。另外，要重施有机肥，合理搭配中微量元素硼、锌。

4. 适期适量播种　视土壤墒情，适期播种，一般播种时间10月10—25日；根据品种特性及地力，合理密植，亩播量10～12.5千克，晚播时酌情增加播量。播种时要精量匀播，播深3～5厘米，宽窄行种植。

● **生态调控**

不同抗性小麦品种搭配种植，降低条件适宜时病虫害流行风险；间作或地头种植油菜，减轻蚜虫发生。

● **生物防治**

麦蜘蛛发生达到或接近防治指标（每0.33米200头）时，使用阿维菌素进行喷雾防治；蚜虫发生达到或接近防治指标（苗蚜300头/百株、穗蚜500头/百株）时，使用苦参碱或印楝素等生物农药进行防治；小麦纹枯病发生达到或接近防治指标（病株率15%）时，使用井冈·蜡芽菌进行防治。

● **科学用药**

加强田间监测，当病虫草害达到或接近防治指标时开展统防统治（图1）。

图1　施药技术示范田

1. 播种期　根据防治对象，播种前科学选择种子包衣剂，并添加诱抗剂进行包衣，预防苗期病虫害，提高小麦抗逆性。

2. 苗期　小麦秋苗期，杂草齐苗后，根据防除对象科学选择除草剂进行冬前化除，同时添加助剂激健，除草剂可减量30%。

①以野燕麦、看麦娘、日本看麦娘、碱茅、硬草为主的麦田，可选用炔草酯、精噁唑禾草灵、唑啉·炔草酯等除草剂进行防除；以节节麦、雀麦等为主的麦田，可选用甲基二磺隆、甲基二磺隆·甲基碘磺隆等药剂进行防除。②以双子叶杂草为主的麦田，可选用双氟磺草胺、氯氟吡氧乙酸异辛酯、唑草酮、吡氟酰草胺、苯磺隆、2甲4氯异辛酯等成分的除草剂进行防除。首选复配制剂或2～3种单剂混合使用，以提高防效并延缓抗药性产生。③对于阔叶杂草和禾本科杂草混生的麦田，可根据草相，选用氟唑磺隆、啶磺草

胺，或苯磺隆、氯氟吡氧乙酸和精噁唑禾草灵等按一定比例混配使用。④化学除草最佳时期是小麦4叶后到冬至前。为确保防治效果，选择气温10℃以上的晴好、无风中午时段（10:00—16:00）用药，不漏喷，不重喷，用药后5～7天天气晴朗，无明显降温天气。要采用二次稀释法配药，适当加大喷水量。施药时要注意避免对周边作物的飘移药害和对后茬作物的残留药害。喷洒后施药机械一定要冲洗干净，以免交叉污染，造成药害（图2）。

3.拔节期至穗期 特别是扬花期和灌浆期，综合使用杀菌剂、杀虫剂、调节诱抗剂和营养成分，达到一喷多效。同时添加助剂激健，杀虫剂、杀菌剂减量40%。着重喷好三遍药：①第一遍，拔节至孕穗期。以防控小麦条锈病为主，选用戊唑醇、咪鲜胺、丙硫菌唑、腈菌唑及其复配制剂，根据地块虫害发生情况酌情添加杀虫剂。②第二遍，小麦扬花初期（见花打药）。重点预防小麦赤霉病，兼治条锈病。选用丙唑·戊唑醇、氰烯菌酯·戊唑醇、氰烯菌酯·己唑醇、戊唑醇·咪鲜胺、丙硫菌唑·戊唑醇等，注意交替轮换用药，延缓抗药性产生，建议不要使用多菌灵。③第三遍。上次药后5～7天喷施，重点预防小麦赤霉病，兼治条锈病，酌情防治麦蚜。

注意事项：要尽量使用自走式喷杆喷雾机、植保无人机（亩药液量在1升以上）等高效植保机械，选用小孔径喷头喷雾，避免使用拉管式喷雾机。同时，应添加适宜的功能助剂、沉降剂等，提高施药质量，保证防治效果（图3）。

图2 苗期除草

图3 植保无人机飞防

效果与效益

● 防治效果

1.草害　化学除草一个月后，核心示范区平均每平方米杂草10.3棵，辐射带动区平均每平方米杂草34.5棵，农民自防区平均每平方米杂草37.2棵，完全不防治区平均每平方米杂草115.7棵。核心示范区草害防治效果为91.1%，辐射区为70.2%，常规防治区为67.8%。

2.病害　核心示范区小麦纹枯病防治效果为73.6%，辐射带动区为58.8%，常规防治区为55.7%。核心示范区小麦条锈病防治效果为91.4%，辐射带动区为77.2%，常规防治区为57.8%。核心示范区小麦赤霉病防治效果为93.3%，辐射带动区为62.4%，常规防治区为27.4%。

3.害虫　核心示范区麦蜘蛛防治效果为96.4%，辐射带动区为70.4%，常规防治区为69.0%。核心示范区蚜虫防治效果为97.3%，辐射带动区为93.8%，常规防治区为93.6%。

● 经济效益

核心示范区平均亩产小麦603.7千克，较常规防治区亩增产112.4千克，除去防治成本每亩增加纯收益226.3元（按市价2.12元/千克，下同）；较完全不防治区亩增产241.6千克，每亩增加纯收益420.2元。辐射区平均亩产小麦522.4千克，较常规防治区亩增产31.1千克，每亩增加纯收益56.9元；较完全不防治区亩增产160.3千克，每亩增加纯收益250.8元。

主要研发单位与人员

研发单位：唐河县植物保护植物检疫站
主要人员：李晓清，樊骅，胡小丽，李燕

6.邓州市小麦病虫草害统防统治与绿色防控融合技术模式

邓州市地处河南省西南部,地势西北高东南低,地貌特点为"山少岗多平原广"。耕地面积17.07万公顷,盛产小麦、玉米、花生等农作物,常年小麦种植面积在14万公顷左右,年产小麦10亿千克以上。邓州市是国家粮食生产出口基地,素有"粮仓"之称。邓州属亚热带季风型大陆性气候,处于南北气候过渡地带,气候温和,雨量适中,农作物病虫发生种类多、面积大、程度重,素有"虫库"之称。常年小麦病虫草害发生总面积达100多万公顷,主要发生种类有麦蚜、麦蜘蛛、纹枯病、茎基腐病、条锈病、叶锈病、白粉病、叶枯病、赤霉病、猪殃殃、播娘蒿、荠菜、繁缕、婆婆纳、野燕麦、节节麦、多花黑麦草等。特别是近年来,小麦赤霉病、条锈病、茎基腐病、节节麦、多花黑麦草等重发频次高,呈逐年加重趋势,导致防治次数增多、化学农药用量加大。为贯彻"公共植保、绿色植保、科学植保"理念,实现农药减量控害,近几年来,邓州市大力推进病虫害综合防治与绿色防控融合技术,在合理使用抗病品种和加强农业防治、生物防治的基础上,加强免疫诱抗和科学用药技术,推广小麦病虫草害全程绿色防控技术,达到控制病虫危害,减少化学农药使用量,降低小麦生产成本,保护农田生态环境,促进小麦绿色高质高效发展的目标。

集成技术

● 播种期

防治对象:地下害虫、土传和种传病害。

1.选用抗(耐)病虫品种　选用对小麦条锈病抗性较好的先麦10号、先麦12、郑麦101、郑麦366、郑麦7698等品种;选用对抗赤霉病有一定作用的郑麦9023、西农511或扬麦系列等品种;小麦纹枯病、茎基腐病常发生区可种植新麦208、泛麦8号、郑麦119、郑麦9023、豫麦51等较抗病品种。

2.科学施肥　测土配方施肥,增施有机肥。可根据土质及养分状况,一般亩施复合肥40千克,秸秆还田量较大地块适当增加氮肥用量,同时增施有机肥,每亩施用40%有机肥100千克,适当搭配硼、锌等微量元素。

3.深耕改土　秸秆连续还田的地块每3年深耕1次,耕层深度达到25～30厘米。

4.**清洁田园** 清除地边、沟边、路边的杂草和秸秆，减少病虫害初侵染来源和基数。

5.**适期播种，合理密植** 适期播种，播种日期为10月15—25日，最迟不超过11月10日，使用宽窄行精细匀播，播深为3～5厘米；11月1日后播种，增加播种量，每推迟3天，每亩增加播种量0.5～1千克。

6.**秸秆还田** 玉米秸秆还田要充分粉碎，要求秸秆长度小于5厘米，均匀抛撒于地表，加入秸秆腐熟剂，结合深翻，加速秸秆腐解。

7.**拌种包衣** 大力推广种子拌种包衣技术（图1）。使用30%嘧菌酯·咪鲜胺铜盐·噻虫嗪悬浮种衣剂

图1　种子包衣处理

60克+0.007 5%芸苔素内酯水剂10毫升拌种12.5千克，防治小麦苗期病害和地下害虫，诱导小麦产生抗病性。

● **苗期**

防治对象：杂草、地下害虫等。

1.**小麦出苗后处理** 地下害虫造成死苗率达3%以上的地块，及时使用20%噻虫胺悬浮剂1 000～1 500倍液顺麦垄喷淋。

2.**化学杂草** 11月中旬至12月上旬开展麦田化学除草。以播娘蒿、荠菜、猪殃殃等阔叶杂草为主的麦田，每亩使用10%苯磺隆可湿性粉剂10～15克+20%氯氟吡氧乙酸乳油30毫升，或20%双氟磺草胺·氟氯酯水分散粒剂5克+15毫升专用助剂，加水30～45千克，均匀喷雾；在野燕麦、看麦娘、稗草等禾本科杂草发生严重的麦田，每亩使用10%精噁唑禾草灵乳油50～70毫升或15%炔草酸可湿性粉剂20克，加水30～45千克，均匀喷雾；在节节麦、雀麦严重发生区，每亩使用3%甲基二磺隆油悬浮剂25～35毫升或3.6%甲基二磺隆·甲基碘磺隆钠盐水分散粒剂20～30克，加水30～45千克，均匀喷雾；在阔叶杂草和禾本科杂草混合发生的地块，将两类除草剂分别计量，分别稀释，现混现用。

● **返青拔节期**

防治对象：纹枯病、茎基腐病、根腐病、麦蜘蛛等。

1.**重要病害防治** 纹枯病、茎基腐病、根腐病发生区，当病株率达到15%以上时，每亩使用5%井冈霉素水溶性粉剂100～150克，或4%井冈·蜡芽菌可湿性粉剂40～60克、6%井冈·枯草芽孢杆菌可湿性粉剂100克，兑水40～50千克，对准小麦茎基部喷淋。喷药时，加入5%氨基寡糖素水剂100毫升/亩或0.01%芸苔素内酯可溶液剂10毫升/亩，提高小麦的抗病性，促进小麦健壮生长。冬前未开展化学除草的麦田，结合纹枯病防治，加入适宜的除草剂防除杂草，方法同苗期。

2.挑治麦蜘蛛 当麦蜘蛛每0.33米单行虫量达到防治指标以上时，每亩使用1.8%阿维菌素乳油20毫升或1%苦参碱可溶液剂50～70毫升，配合20%哒螨灵可湿性粉剂30～40克，兑水30～45千克，均匀喷雾防治。

● **抽穗扬花期**

防治对象：赤霉病、吸浆虫、蚜虫等。

吸浆虫发生严重的麦田，在小麦抽穗70%～80%时，用4.5%高效氯氰菊酯乳油+2.5%高效氯氟氰菊酯乳油+10%吡虫啉（或25%吡蚜酮可湿性粉剂）1 500～2 000倍液喷雾防治，重发区要连续用药2次，间隔4～5天，于成虫产卵之前杀灭。喷雾时要喷匀喷透，亩药液量不少于30千克。成虫期防治效果显著优于其他时期，应当大力推广。

预防小麦赤霉病，在齐穗期每亩使用25%氰烯菌酯悬乳剂100～150毫升，或43%戊唑醇可湿性粉剂20～30克+30%丙硫菌唑可分散油悬浮剂40～45毫升，兑水40～50千克均匀喷雾，重点喷施小麦穗部。在优质专用小麦生产基地，每亩推广使用0.3%四霉素水剂50～70毫升+10亿/克枯草芽孢杆菌可湿性粉剂200～250克+4%井冈·蜡芽菌可湿性粉剂100～130克，兑水50千克均匀喷雾。如果小麦抽穗至扬花期间出现连阴雨、多露或雾霾天气，必须在第一次用药后5～7天开展第二次用药。

● **灌浆期**

防治对象：灌浆期防治的重点是赤霉病、白粉病、锈病、叶枯病、蚜虫等，同时注意预防小麦后期早衰和干热风危害。

每亩使用25%吡蚜酮可湿性粉剂20克（或4.5%高效氯氰菊酯乳油30毫升，或50%抗蚜威可湿性粉剂10克）+12.5%烯唑醇可湿性粉剂40～50克（或25%戊唑醇可湿性粉剂30克，或12.5%氟环唑悬浮剂45～60毫升）+98%磷酸二氢钾粉剂150～200克+0.01%芸苔素内酯可溶液剂10毫升，兑水30～45千克，均匀喷雾。科学配伍药剂，提倡综合用药，一喷多防，尽量减少用药次数和用药量。

● **注意事项**

1.根据当地病虫害发生情况，有选择地推广应用抗病品种。

2.加强病虫害预测预报，有针对性地进行病虫害防治，避免盲目用药。

3.科学放宽防治指标，尽量推迟第一次全田使用杀虫剂的时间，充分发挥自然天敌的控害作用。

4.推广高效新型施药机械，提高施药质量和农药利用率，严防农药中毒事故发生（图2，图3）。

图2 机械施药

图3　植保无人机统防统治

效果与效益

● 防治效果

1.草害防效　5年来，核心区防治效果为93%～99%，平均防治效果为96%，常规区防治效果为88%～92%，平均防治效果为90%，核心区防治效果较常规区防治效果提高6%。

2.病害防效　5年来，核心区平均防治效果条锈病为98%，赤霉病为97%，纹枯病为92%，常规区平均防治效果条锈病为90%，赤霉病为80%，纹枯病为80%，核心区防治效果比常规区防治效果条锈病提升了8%，赤霉病提升了17%，纹枯病提升了12%。

3.害虫防效　5年来，核心区平均防治效果麦蚜为97.6%，吸浆虫为96.9%，常规区防治效果麦蚜为89.6%，吸浆虫为86.4%，核心区防治效果比常规区防治效果麦蚜提高了8%，吸浆虫提高了10.5%。

● 经济效益

示范区相比农民自防区，平均每亩增产71.1千克，平均每亩增加纯效益198.4元。相比空白对照区，平均每亩增产344.9千克，平均每亩增加纯效益800.8元。

● 生态效益

专业化统防统治与绿色防控融合采用高效、低毒、低残留化学农药和环保的农业、物理、生物防治技术，有效减少了农药使用次数，降低了农药使用量，优化了农业生态环境，保护了天敌。小麦融合核心示范区比农民自防区平均用药次数减少1.7次，化学农药使用量逐年减少，邓州市农药总使用量从2017年的725.84吨减少到2021年的690.31吨，减少了4.88%。同时，农业生态环境有了较大改善，田间害虫天敌明显增多。达到了"无生产性中毒事故发生，无农药包装废弃物污染，无高毒农药及违禁农药下田，无农产品农药残留超标"的"四无"目标，降低了农业面源污染，农产品质量得到明显改善。

● 社会效益

通过多年示范，有效推动了农作物病虫草害统防统治工作和绿色综合防控技术的推广应用，引导农户科学用药，减少了对环境的污染，保持了生态平衡。邓州市农作物统防统治面积由2017年的448 891万米^2、绿色防控面积由2017年的208 771万米^2，提高到2021年的540 270万米^{2}和483 575万米^2。通过专业化统防统治和绿色防控技术融合示范，进一步扩大了全域统防统治和绿色防控面积，提高了小麦品质，具有明显的社会效益。

主要研发单位与人员

研发单位：邓州市植保植检站
主要参与人员：张光先，贾建平，王浩然，张浩，彭凤晓

7. 镇平县小麦病虫草害统防统治与绿色防控融合技术模式

镇平县位于河南省西南部，南阳盆地西北侧，伏牛山南麓，山地、丘陵、平原各占 1/3，总面积 1 500 千米^2，耕地面积 112.7 万亩。镇平县属亚热带大陆性季风气候，年均气温 15.1℃，年均降水量 709 毫米，适宜多种农业病虫害的发生。小麦常年种植面积 82 万亩，主要病虫害包括小麦纹枯病、锈病、赤霉病，以及蚜虫、麦蜘蛛、吸浆虫、地下害虫。此外，近年来小麦茎基腐病、黄花叶病等病虫害逐年加重。镇平县积极推行秸秆粉碎还田、选用抗（耐）病虫品种、隐蔽用药等措施，同时结合生物防治、物理防治以及低毒低残留化学药剂的应用，因地制宜，集成了一套农业防治、物理防治、生物防治、化学防治等措施相结合的病虫草害全程可持续治理技术模式，实现了农业节本增效，确保了农作物生产安全。

集成技术

● 播前农业措施

实行秸秆还田（图1），统一深耕、耙细整实（图2），耕深 25～30 厘米；施用小麦配方肥，每亩增施生物有机肥 40～50 千克，硼、锌微肥各 1 千克；选用郑麦 1860、西农 511、郑麦 369、泛麦 8 号、中麦 578 等抗病虫小麦品种；适期精量匀播，每亩播量 10～12.5 千

图1　播种前秸秆还田

图2　播种前深翻整地

克，播期为10月10—20日；实行宽窄行播种，做到农机农艺配套，宽行28厘米，窄行10厘米，这种播种方式既保证了小麦的通风透光性，又便于后期作业时不碾压小麦。

● 生物防治

释放异色瓢虫防治蚜虫（图3），仅适用于种粮大户、农民专业合作社等小麦连片种植区。在小麦蚜虫始盛期，每亩释放一至二龄商品化的异色瓢虫1 000头。若蚜虫繁殖过快，则需补充释放异色瓢虫。

● 植物免疫诱抗技术

在小麦防治的每个关键期，每亩施用5%氨基寡糖素水剂20毫升或0.01%芸苔素内酯水剂10毫升进行拌种或喷雾，以提高小麦的抗病虫、抗逆能力，从而减少施药量。

图3　释放天敌昆虫

● 黄板诱杀技术

小麦穗蚜发生始期，在田间放置规格为24厘米×20厘米的黄色粘虫板，每亩插30块，高于小麦15厘米，每隔7天更换一次，用于诱杀蚜虫、吸浆虫（图4）。

图4　悬挂黄色粘虫板

● 科学用药

1.播种期种子包衣　小麦种子使用24%苯醚·咯·噻虫悬浮剂80毫升、31.9%戊唑·吡虫啉悬浮剂50毫升或60%苯甲·吡虫啉悬浮剂50克，拌种25千克进行包衣，用于防治蝼蛄、蛴螬、蚜虫、纹枯病、茎基腐病等，并减轻后期蚜虫、条锈病等病虫发生程度（图5）。

图5　小麦拌种

2.**苗期化学除草** 11月中下旬至12月上旬在小麦4叶期以后、杂草2～4叶期、日均温5℃以上的晴天进行化学除草。每亩使用70.5%二甲·唑草酮可湿性粉剂25克+50克/升双氟磺草胺悬浮剂12毫升+15%炔草酯乳油30毫升（或5%唑啉草酯乳油80毫升）防除播娘蒿、麦家公、猪殃殃、宝盖草、野燕麦、黑麦草等阔叶和禾本科杂草，每亩使用药液量25～30千克；针对节节麦每亩使用30克/升甲基二磺隆可分散油悬浮剂30毫升+280克/升烷基乙基磺酸盐可溶液剂100毫升防除。冬前未化除的麦田，在小麦拔节前及时进行化除。

3.**返青拔节期** 早春小麦病虫防治，每亩使用15%井冈·戊唑醇悬浮剂40克（或50%苯甲·丙环唑水乳剂18克，或32.5%苯甲·嘧菌酯悬浮剂14克）+20%联苯·三唑磷微乳剂20克+0.001%芸苔素内酯水剂20毫升兑水喷雾，防治小麦纹枯病，挑治蚜虫、麦蜘蛛、条锈病等。

4.**抽穗扬花期** 小麦齐穗期，每亩使用15%丙唑·戊唑醇悬浮剂50克（或48%氰烯·戊唑醇悬浮剂50毫升，或30%丙硫菌唑可分散油悬浮剂30毫升）+3.4%甲氨基阿维菌素苯甲酸盐微乳剂20毫升（或2.5%高效氯氟氰菊酯水乳剂20毫升），防治小麦条锈病、赤霉病、吸浆虫，挑治蚜虫（图6）。

图6 小麦穗期病虫害统防统治

5.**灌浆期** 每亩使用30%肟菌·戊唑醇悬浮剂40克（或40%丙硫菌唑悬浮剂10克+43%戊唑醇悬浮剂20克）+10%吡虫啉乳油20毫升+99%磷酸二氢钾粉剂100克，防治小麦锈病、赤霉病、穗蚜，抗干热风、防早衰。每次施药时，化学农药均按常规用量的70%与激健15克/亩混用，以达到减量增效的目的。

效果与效益

● **经济效益**

此模式有效控制了病虫害发生，病虫害防治效果达到90%以上，增产明显。2017—2023年小麦示范区比对照区每亩增产210.3～336千克，增产率50.8%～137.5%；比农民自防区每亩增产74.5～180.3千克，增产率为15.4%～38.9%。

● **生态效益**

化学农药使用量大大减少，农药利用率显著提高，生态效益明显。一是生物防治、植物免疫诱抗剂、减量增效助剂激健的应用，每年减少化学农药使用0.5～1次，农药减量30.5%，投入减少8.23元，有益生物种类每年增加1～2种，平均每平方米益虫比农民自防区多0.2头以上，全县农作物绿色防控覆盖率达31.5%。二是小麦专业化统防统治面积逐年增加，专业化统防统治覆盖率达44.5%，通过自走式喷杆喷雾机、无人机等大型植保机械的使用，保证了防治效果，提高了农药利用率、防效，农药有效利用率达40%。农药使用量的减少，减轻了农田生态环境污染，有益生物增加，生态环境得到改善，形成了良性循环（图7）。

图7　绿色防控技术模式成效显著（左边为对照区，右边为示范区）

● 社会效益

通过各项绿色防控技术的实施，辐射带动了大面积推广应用，提高了农民综合防治意识，有效减少了农民传统防治中化学农药使用量和使用次数，降低了农产品农药残留，增加了收益，稳定了粮食生产。同时推动了多个绿色、优质农产品品牌创建。至2021年镇平县有6家企业申报小麦、玉米绿色产品认证，认证面积11 266.7亩。

主要研发单位与人员 ◇

研发单位：镇平县植保植检站
主要人员：牛朝阳，耿丰华，孙小平，任晓云

8. 内乡县小麦病虫害统防统治与绿色防控融合技术模式

内乡县是河南省南阳市下辖县，地处河南省西南部，位于秦岭山脉的南麓，南阳盆地的西沿。内乡县地处暖温带向北亚热带过渡地带，为亚热带季风气候，具有明显的过渡气候特征：春季冷暖多变，温度呈跳跃上升，夏季炎热，冬季寒冷，但无严重冻害。与同纬度的平原地区相比，内乡县的年日照时数较少，光能资源属于全省低值区，年平均气温略高，地形雨和对流雨较多，年平均湿度较大。内乡县常年小麦播种面积52.8万亩，小麦病虫害主要包括麦蚜、麦蜘蛛、黏虫、纹枯病、锈病和赤霉病等，小麦年病虫害发生面积超过200万亩次。为保障农产品安全、农田生态环境安全以及南水北调汇水区的水质安全，内乡县经过多年的探索与实践，积累并形成了一整套小麦病虫害绿色防控技术模式。

集成技术 ◇

● 农业防治

1. 品种选择 选用抗病虫性能好的小麦品种。

2. 秸秆还田 将玉米秸秆粉碎后还田，并深耕细耙（图1）。

3. 配方施肥 根据土壤取样化验的结果，进行科学配比，实现平衡施肥。

4. 适期播种 半冬性品种适播期为10月10—20日，弱春性品种适播期为10月20—25日。

图1　秸秆还田

● 化学防治

1. 茎基部病害和条锈病冬前防治 在条锈病、纹枯病、茎基腐病等病害的常发区域，选用戊唑醇或苯醚甲环唑悬浮种衣剂＋咯菌腈悬浮种衣剂进行种子包衣处理。在小麦黄矮病和丛矮病发生区域，选用吡虫啉进行拌种处理。

2. 赤霉病和锈病的防治 在小麦齐穗扬花期，每亩使用430克/升戊唑醇悬浮剂50克＋30%丙硫菌唑可分散油悬浮剂40毫升（或25%氰烯菌酯悬浮剂100毫升），兑水30千克后均匀喷雾，以预防小麦赤霉病、锈病等。

3. "一喷三防" 在小麦灌浆期，每亩使用325克/升苯甲·嘧菌酯悬浮剂40克+32%联苯·噻虫嗪悬浮剂10克+磷、钾肥100克，混合均匀后喷雾，以防治小麦后期的多种病虫害，预防干热风，防止早衰。

● 生物防治

1. 用天敌防治蚜虫 每亩释放异色瓢虫1 000头或蚜茧蜂1 500头（图2）。

2. 用Bt防治黏虫 每亩使用120亿孢子/毫升Bt乳剂150～200毫升，加水40千克，于黏虫三龄幼虫高峰期施药。

● 生理调节

在小麦返青拔节期，每亩喷施5%氨基寡糖素750倍液+2%阿维菌素30毫升+4%井冈·蜡芽菌40克，在诱导小麦产生免疫抗性的同时，可预防纹枯病、条锈病、麦蜘蛛等病虫。

● 物理防治

小麦抽穗期，用太阳能杀虫灯诱杀迁飞性害虫（图3），同时，用杀虫板诱杀小麦吸浆虫等。

图2 应用天敌

图3 太阳能杀虫灯

效果与效益

示范区小麦纹枯病病株率较对照田降低26.3%～31.4%；小麦茎基腐病病株率较对照田降低27%～39.5%；小麦锈病病株率较对照田降低12.4%左右，病叶率降低34.5%～42%；赤霉病病穗率较对照田降低11.7%左右，病粒率较对照田降低33.5%～42.7%；蚜虫密度降低66.5%～72.1%；小麦千粒重较对照田增加0.72～1.3克；亩增产效果达15%～32%。

主要研发单位与人员

研发单位：内乡县植物保护植物检疫站
主要人员：赵运杰，闫佩，张峰

9. 淅川县小麦病虫草害统防统治与绿色防控融合技术模式

　　淅川县位于河南省西南，豫、鄂、陕三省七县市交界处，是南水北调中线工程核心水源区及渠首所在地，属北亚热带向暖温带过渡的季风性气候，具有气候温和、雨量充沛、四季分明等气候特点，适宜多种农作物的生长，也有利于农业病虫害的发生。全县耕地面积102万亩，小麦常年种植面积50多万亩。小麦主要病虫害有小麦条锈病、赤霉病、纹枯病、白粉病、蚜虫、红蜘蛛、吸浆虫等，尤其是小麦条锈病已经成为淅川县小麦生产上常发、早发和重发病害。为做好小麦主要病虫害绿色防控，淅川县探索出一套"播前深翻+抗病品种+药剂拌种+冬前化除+返青拔节及穗期科学用药防治"的集成技术模式。

集成技术

● 农业防治

　　1. 选用抗（耐）病品种　精选郑麦366、郑麦132等抗病品种，于10月20日左右适时播种，精量匀播。

　　2. 精耕细作　在前茬作物收获后，统一实行秸秆粉碎还田，机械深耕25厘米，耙细整实。

　　3. 合理施肥　整地前亩施有机肥50千克、尿素10千克、45%复合肥（15-15-15）50千克。

● 科学用药

　　1. 播种期　播种时采取统一组织、统一供药、统一拌种对种子进行药剂处理，用27%苯·咯·噻悬浮种衣剂500克+0.01%芸苔素内酯30毫升拌种子100千克，防治纹枯病、条锈病、地下害虫、蚜虫等，要充分拌匀，随拌随播（图1）。

　　2. 苗期　①冬前化学除草。淅川县小麦田主要杂草有猪殃殃、宝盖草、婆婆纳、播娘蒿、野燕麦、看麦娘等。冬前化除适期在11月下旬至12月上旬，对于年前没有进行

图1　拌种处理

化除的或化除效果不好的，可在小麦返青后再进行化除。以阔叶杂草发生为主的麦田，每亩可用20%氯氟吡氧乙酸乳油60毫升，或56%2甲4氯钠可溶粉剂40克，或10%苯磺隆可湿性粉剂15克，兑水喷雾；以禾本科杂草发生为主的麦田，每亩可用7.5%精噁唑禾草灵水乳剂70克，或15%炔草酯乳油30克，兑水喷雾；对于阔叶杂草和禾本科杂草混合发生的麦田，每亩使用10%苯磺隆可湿性粉剂10克+20%氯氟吡氧乙酸乳油50毫升+15%炔草酯乳油30克兑水喷雾防除。②冬前或早春防治小麦条锈病。冬前或早春发现小麦条锈病后，如果发现单片病叶，应及时对其50米半径区域内的麦田进行防治；如果发现单个发病中心，应对其半径100米区域内的麦田进行防治；如果田间条锈病平均病叶率为0.5%～1%，应及时组织开展大面积统防统治，防治药剂可用43%戊唑醇可湿性粉剂5 000倍液，或12.5%烯唑醇可湿性粉剂1 000倍液，或20%三唑酮乳油500倍液，喷雾防治（图2）。

图2　机械施药

3.返青拔节期　每亩使用15%井冈·戊唑醇悬浮剂40克+2%阿维菌素微囊悬浮剂30毫升+0.01%芸苔素内酯可溶液剂10毫升，兑水喷雾，既可防治纹枯病、条锈病、麦蜘蛛，又可提高小麦抗逆性。防治采用自走式喷杆喷雾机统一喷雾，亩施药液30千克。

4.抽穗扬花期　在小麦抽穗扬花初期，每亩使用40%丙硫菌唑·戊唑醇悬浮剂40毫升+25%噻虫嗪水分散粒剂10克+0.01%芸苔素内酯可溶液剂15毫升+99%磷酸二氢钾粉剂100克，兑水喷雾，防治小麦赤霉病、锈病、蚜虫、吸浆虫及抗干热风。根据天气情况，防治1～2遍。使用植保无人机统一喷雾（图3）。

图3　植保无人机飞防

效果与效益

● 防治效果

纹枯病：核心示范区防效为95%，农民自防区防效为90%。茎基腐病：核心示范区防效为100%，农民自防区防效为90%。麦穗蚜：核心示范区防效为89.6%，农民自防区防效为81.0%。化学除草效果：核心示范区防效为98.6%，农民自防区防效为94.4%。增产效果：核心示范区亩产为526.94千克，农民自防区亩产为500.13千克，核心示范区比农民自防区增产5.36%。

● 经济效益

核心示范区比完全不防治区每亩新增纯收益324.07元，辐射带动区比完全不防治区亩增纯收益252.48元。核心示范区的防治成本比农民自防区低14.3%。

● 生态效益

示范区每亩使用药量230克（商品量），农民自防区每亩使用药量270克（商品量），示范区准确监测、适时用药、精量用药、喷施均匀，用药量减少17.4%，天敌数量增多，生态环境改善。

● 社会效益

农民思想观念得到了转变。通过绿色防控示范区的成功防治，使示范区及其周边农民不仅认识了条锈病、赤霉病、蚜虫等小麦病虫害的基本特征，还掌握了小麦病虫害绿色防治技术，也使他们认识到新型现代植保机械在小麦病虫害防治中能够发挥很大的作用及开展统防统治的重要性。提高了他们运用新型现代植保机械和开展小麦病虫害统防统治的主动性。辐射带动示范区所在乡镇乃至全县农民防治小麦病虫害的积极性。

主要研发单位与人员

研发单位：淅川县植保植检站
主要人员：刘勇，孙惠东，全辉，杨芳

10. 周口市淮阳区小麦病虫草害统防统治与绿色防控融合技术模式

周口市淮阳区地处豫东平原，是河南省冬小麦主产区之一，拥有耕地面积9.87万公顷，常年小麦种植面积约7.73万公顷。近年来，由于耕作制度、气候变化、机械作业等诸多因素的影响，小麦病虫害呈多发、重发态势，危害程度日趋严重。其中小麦重大病虫害主要有条锈病、赤霉病、纹枯病、全蚀病、白粉病、叶锈病、麦蚜、麦蜘蛛及地下害虫等，新发生的病害如小麦茎基腐病也在逐年加重；加之在小麦病虫害防治中仍存在一部分农民专业化综合防治意识淡薄，盲目使用化学农药，导致病虫抗药性上升，某些病虫害周期性大暴发的情况时有发生，给防治工作带来了困难，成为制约当地小麦绿色高质高效生产的主要因素。为探索病虫防控低碳、环保、可持续发展新模式，提高保障农业生产、农产品质量、生态环境安全能力，淮阳区大力推进小麦病虫草害绿色防控与专业化统防统治融合技术示范，集成了一套小麦全程绿色防控技术模式。

集成技术 ◇

● 农业防治

1.选用抗（耐）病品种 因地制宜选用优良抗（耐）病虫品种，如周麦28、周麦36、郑麦518、百农4199、丰德存麦等。

2.深耕细作 统一实行秸秆返田，机械深耕25 ～ 30厘米、精细整地（图1）。

3.科学施肥 科学配方施肥，增施生物有机肥。

4.适期播种 适期、精量播种，播种时间为10月中下旬，每亩播种量12.5 ～ 15千克。

● 科学用药

1.播种期 于播种前每15千克小麦种

图1 播种前深耕土地

子用3%苯醚甲环唑悬浮种衣剂40毫升+25克/升咯菌腈悬浮种衣剂20毫升+600克/升吡虫啉悬浮种衣剂30毫升（或48%苯甲·吡虫啉悬浮种衣剂50克，或45%烯肟·苯·噻悬浮种衣剂50克）+0.136%赤·吲乙·芸苔（碧护）可湿性粉剂1克进行包衣处理，重点预防纹枯病、茎基腐病、全蚀病、地下害虫，兼治苗期蚜虫及增强植株抗逆能力，减轻小麦中后期病虫防控压力（图2）。

图2　种子集中进行包衣

2. 秋苗期　提倡冬前化除，于11月下旬至12月上旬根据麦田草相，选用药剂配方为：每亩使用70.5%二甲·唑可湿性粉剂30克+5%双氟磺草胺悬浮剂18克（或3%双氟·唑草酮悬乳剂50毫升）+85%2甲4氯异辛酯乳油20克+15%炔草酯微乳剂40毫升喷雾防治麦田猪殃殃、播娘蒿、荠菜、泽漆等阔叶杂草和以野燕麦为主的禾本科杂草。节节麦严重地块每亩可用30克/升甲基二磺隆可分散油悬浮剂30毫升+专用助剂进行局部防除。若冬前没有进行化学除草，可在春季小麦返青至拔节前喷施。

3. 返青拔节期　根据田间病虫监测结果，若纹枯病病株率达15%，麦蜘蛛0.33米单行达200头防治指标时，每亩使用430克/升戊唑醇悬浮剂20毫升（或6%井冈霉素·枯草芽孢杆菌可湿性粉剂100克，或1%申嗪霉素悬浮剂30毫升）+1.8%阿维菌素乳油20毫升均匀喷雾。注意将药液喷淋在麦株茎基部（图3）。若未达防治指标，不进行喷药防治。

图3　返青期早控纹枯病

4. 抽穗扬花至灌浆期　于小麦抽齐穗至扬花初期每亩使用40%咪鲜胺·戊唑醇悬浮剂30毫升（或40%咪铜·氟环唑40克，或15%丙唑·戊唑醇悬浮剂60克，或40%丙硫菌唑·戊唑醇悬浮剂50克，或430克/升戊唑醇悬浮剂30毫升）+70%吡虫啉水分散粒剂5克（或22%噻虫·高氯氟悬浮剂10毫升）+0.007 5%羟基芸苔素内酯水剂10毫升+99%磷酸二氢钾粉剂水溶肥100克+飞防助剂10毫升（使用植保无人机时）喷雾防治，预防和控制赤霉病、锈病、白粉病、穗蚜等。根据天气预报，若阴雨天气较多，需间隔5～7天再用杀菌剂防治，预防赤霉病暴发流行；若穗蚜未达到防治指标，不用加入杀虫剂。灌浆期根据田间病虫发生情况用上述药剂科学混合施用。

效果与效益

● 防治效果

对小麦纹枯病、茎基腐病、赤霉病、条锈病、叶锈病、白粉病、叶枯病、穗蚜及吸浆虫等重大病虫害和杂草的综合防效，核心示范区平均达92.3%，辐射带动区平均达87.6%，较常规防治区73.7%分别提高了18.6%和13.9%。此外，小麦植株的抗逆性显著提高。核心示范区一般每亩受冻害小麦数0.2～0.3穗，严重时为3穗左右；农户大田冻害情况一般每亩受冻害小麦数5～6穗，严重时达30穗以上。

● 经济效益

核心示范区、常规防治区、空白对照区平均亩产量分别为616.1千克、518.9千克和347.1千克，核心示范区较常规防治区每亩增产率达18.7%。核心示范区每亩防控成本为98.7元，常规防治区为84.4元，按每千克小麦价格2.4元计算，核心示范区每亩较常规防治区增加产值233.3元，每亩增加纯收益219.0元，经济效益显著。小麦籽粒品质显著提高，据室内考种测算，核心示范区小麦籽粒平均容重810.6克/升，较常规防治区781.9克/升提高了28.7克/升，核心示范区小麦品质较常规防治区更优。

● 生态效益

核心示范区通过农药减量控害增效助剂及碧护的使用，每亩较常规防治区化学农药使用减少30%以上。播种期采用常规种衣剂加碧护进行种子包衣处理，中后期喷洒碧护等增强植株抗逆能力，有效减轻了小麦中后期病虫防控压力，减少蚜虫防治用药1～2次，农药减量控害增效明显，减少了环境污染。

主要研发单位与人员

研发单位：周口市淮阳区植物保护植物检疫站
主要人员：杜桂芝，张新颜，宁艳丽，钱永，杨海霞

11. 项城市小麦病虫草害统防统治与绿色防控融合技术模式

项城市位于河南东部，周口东南部，居黄河冲积平原南部，属亚热带向暖温带过渡区，为暖温带大陆性季风气候。气候冷暖适中，兼有南北之长，高温期与多雨期一致，能满足多种作物栽培和生长的需要。项城市是典型的农业市，小麦常年种植面积100万亩左右，种植的小麦品种主要有周麦系列、存麦系列、百农系列等。土壤类型主要有潮土、沙姜黑土、两棕壤土，pH7.0左右，有机质20克/千克左右。项城市小麦种植过程中的典型特点是病虫害种类多、危害重，常年发生的病虫害主要有小麦纹枯病、根腐病、茎基腐病、赤霉病、条锈病、白粉病、叶枯病、蚜虫、红蜘蛛等。为了提高小麦病虫草害的综合防治水平，项城市连续多年开展了小麦病虫专业化统防统治与绿色防控融合示范项目的实施工作，通过一系列措施综合应用，集成了一套小麦病虫草全程绿色植保技术模式，落实了一种小麦全生育期专业化统防统治服务模式。

集成技术

● 播种期

1.**科学选种** 选择百农系列、存麦系列、周麦系列等种子纯度高的品种，以优质麦品种为主。

2.**实行深耕、深松** 深度达20～30厘米（图1），秸秆还田（图2），在玉米秸秆还

图1　深耕翻土

图2　秸秆还田

田的田块增施氮肥30千克/亩,测土配方施肥,增施有机肥100千克/亩,增加土壤耕层,改善土壤结构,增加土壤有机质含量,按小麦的需肥规律和产量要求进行科学施肥。

3.拌种 使用高效新型的种衣剂处理小麦种子,用70%吡虫啉种子处理可分散粉剂70克+10%苯醚甲环唑微乳剂40克,或28%噻虫胺·咯菌腈·嘧菌酯种子处理悬浮剂100克,拌种25千克,综合防治小麦纹枯病、根腐病、苗蚜等苗期病虫害。

4.播种方式 采取宽窄行14–14–24播种方式(图3),即宽行行距为24厘米,窄行行距为14厘米,既增产又为后期机械施药留下作业道。

图3 小麦宽窄行种植

● 秋苗期

科学防控病虫草害。冬前11月下旬至12月上旬,日平均温度6℃以上,开展化学除草。防治阔叶杂草,推广使用10%苯磺隆可湿性粉剂10克/亩+20%氯氟吡氧乙酸乳油30毫升/亩,或5.8%唑嘧磺草胺·双氟磺草胺悬浮剂10毫升/亩,均匀喷雾。防治野燕麦、看麦娘、棒头草等禾本科杂草,用6.9%精噁唑禾草灵水乳剂50～70毫升/亩或15%炔草酸可湿性粉剂20克/亩,均匀喷雾。在节节麦发生严重麦田,用3%甲基二磺隆油悬浮剂30毫升/亩均匀喷雾。在阔叶杂草和禾本科杂草混合发生的地块,将两类除草剂分别计量,分别二次稀释,混合使用。除草同时可加入80%戊唑醇可湿性粉剂10克/亩,预防小麦纹枯病、根腐病等病害。在蚜虫达到防治指标的田块,用2.5%联苯菊酯微乳剂50毫升/亩均匀喷雾。在红蜘蛛达到防治指标的田块,用1.8%阿维菌素乳油30毫升/亩均匀喷雾。防治指标为单行0.33米的蚜虫或红蜘蛛数量达到200头。

● 返青拔节期

推广氮肥晚施技术,在拔节期追施氮肥。用325克/升苯甲·嘧菌酯悬浮剂40克/亩+32%联苯·噻虫嗪悬浮剂10克/亩+微量元素水溶肥50克/亩,主要防治小麦白粉病、锈病、纹枯病、茎基腐病等。冬前没有进行化学除草的示范区可以将除草剂与杀菌剂混合使用,化学除草必须在小麦拔节前完成。为了减少农药使用量,应当开展系统调查,麦蜘蛛达到防治指标时进行防治,苗蚜可适当放宽防治指标,避免打保险农药,充分发挥麦田害虫天敌的作用。防治指标为纹枯病平均病株率15%,单行0.33米的蚜虫或红蜘蛛数量达到200头。

● 抽穗灌浆期

在小麦开始见花时,以赤霉病预防为中心,实施综合防治,兼治锈病、白粉病、叶枯病、颖枯病、吸浆虫、黏虫等。根据天气预报，于小麦齐穗期至灌浆期，用40%吡唑·氟环唑悬浮剂20～25克/亩+325克/升苯甲·嘧菌酯悬浮剂40克/亩+32%联苯·噻虫嗪悬浮剂10克/亩+磷、钾肥100克/亩，混合后均匀喷雾，防治小麦后期多种病虫害，预防干热风，防早衰。可视病虫发生情况，选择使用杀菌剂或杀虫剂加植物生长调节剂，尽量减少不必要的药剂。如果灌浆期遇连阴雨天气，必须在第一次用药后7～10天第二次用药，以保证防控效果。防治指标：赤霉病见花预防；穗蚜每百穗500头；大田条锈病平均病叶率0.5%，叶锈病平均病叶率10%；白粉病上3叶平均病叶率15%。

实行统防统治。选用大型喷杆喷雾机（图4）、无人机（图5）等大型高效植保机械进行精准喷雾，喷杆喷雾机施药液量为15～20升/亩，植保无人机施药液量为1～1.5升/亩，并加入碧护、激健等调节剂，减少农药用量，达到减量控害的目的。

图4　大型喷杆喷雾机防治小麦病虫害

图5　植保无人机防治小麦病虫害

效果与效益

● 防治效果

该技术模式对小麦整个生育期的重大病虫害均有很好的防治效果。其中，对小麦纹枯病的防治效果为82.86%，对小麦赤霉病的防治效果为97.84%，对小麦白粉病的防治效果为99.07%，对小麦穗蚜的防治效果为98.72%，对杂草的防治效果为98.03%。

● 经济效益

核心示范区平均亩产小麦593.34千克，较空白对照田增产260.77千克，扣除农药和人工成本110.5元，每亩增加纯收益467.77元，平均投收比为1∶4.23。

● 生态效益

示范区科学防控技术措施落实到位，实行机械化统防统治，平均防效较农民自防区提高10个百分点以上。示范区农药利用率提高，用药次数减少1～2次，平均每亩化学农药用量为368毫升，较农民自防区（470毫升）减少102毫升，减少21.7%。示范区天敌情况和生态环境明显改善。

● 社会效益

通过示范区的技术模式推广应用和示范带动，提高了科技应用率，提升了农户防治水平，减少了小麦病虫草害的发生，通过专业化统防统治，壮大了统防统治队伍，同时规范了社会化服务，促进了农村劳动力就业。

主要研发单位与人员

研发单位：项城市植物保护检疫站
主要人员：韩景红，路敏，樊秀琴，胡玉红，孔令圆，高荣

12. 郸城县小麦病虫草害统防统治与绿色防控融合技术模式

郸城县隶属于周口市，是典型的农业大县，小麦常年种植面积140万亩以上。受气候变化、耕作模式、机械作业等综合因素影响，小麦病虫害呈多发、重发态势，危害程度日趋严重，主要病虫害有小麦条锈病、茎基腐、赤霉病、纹枯病、根腐病、白粉病、叶锈病、全蚀病、麦蚜、麦蜘蛛及地下害虫等，对该县小麦安全生产影响日益突出。近年来，郸城县积极开展小麦病虫害绿色防控示范区建设，大力推广小麦病虫草害全程绿色防控技术，成效显著。

集成技术

● 播种期

①精细整地，秸秆还田。每年秋作物成熟收获后，及时进行秸秆还田并深耕（图1）。

图1　精细整地，旋耕碎土

②增施有机肥。在耕地前每亩施用生物有机肥100千克。③科学选种。选用优良耐病虫品种，如周麦38、周麦36、周麦28、百农419、丰德存等。④适期适量播种。播种时间为10月中下旬，每亩播种量12～15千克。⑤种子处理（图2）。使用高效新型种衣剂处理小麦种子，每亩使用1.6%苯甲·咯菌腈悬浮种衣剂30克+50%二嗪磷乳油10克，兑水250毫升拌麦种12～15千克。重点预防纹枯病、茎基腐病、全蚀病、地下害虫，兼治苗期蚜虫等，减轻小麦中后期病虫防控压力。

图2　小麦拌种

● 秋苗期至返青拔节期

秋苗期建议进行冬前化学除草，若冬前没有进行化学除草，可在小麦拔节前统一进行化学除草和防治茎基腐病、纹枯病（图3）。每亩使用5%双氟·唑草酮悬浮剂25毫升+20%氯氟吡氧乙酸异辛酯30毫升+24%噻呋酰胺悬浮剂20毫升+0.007 5%芸苔素内酯可溶乳剂10毫升，混合后喷雾防治。

图3　集中施药，统防统治

● 抽穗扬花期至灌浆期

　　小麦抽穗扬花初期，每亩使用40％丙硫·戊唑悬浮剂50毫升+2.5％联苯菊酯水乳剂30毫升+0.007 5％芸苔素内酯乳油可溶乳剂10毫升，兑水40千克喷雾防治，预防和控制赤霉病、锈病、蚜虫、吸浆虫等。若遇连阴雨天气，需在第一次用药后5 ～ 7天再用杀菌剂进行第二次防治，预防赤霉病暴发流行。穗蚜达到防治指标时，再加入60％啶虫脒可湿性粉剂10毫升进行混合喷施。灌浆期根据田间病虫发生情况科学用药。

● 统防统治

　　小麦全生育期采用大中型地面植保机械、植保无人机等进行统一防治，选用大包装农药，便于回收农药包装废弃物。

效果与效益

● 防治效果

　　通过示范区健康栽培、种子包衣处理、农药减量及科学化学防控等集成应用技术，核心示范区对小麦纹枯病、茎基腐病、全蚀病、赤霉病、锈病、白粉病、叶枯病、穗蚜及吸浆虫等重大病虫害和杂草的平均综合防效达92.1％，辐射带动区为87.6％。较常规防治区（75.6％）分别提高了21.8％和15.5％。核心示范区防控效果明显。

● 经济效益

　　示范区实施绿色防控以后，小麦产量明显提高。2023年收获期测产结果显示，核心示范区、常规防治区、空白对照区平均每亩产量分别为604.24千克、501.56千克和350.91千克，核心示范区比常规防治区每亩增产102.68千克，增产率达20.5％。核心示范区每亩防控成本为52.5元，常规防治区为79.5元，按每千克小麦价格2.2元计算，核心示范区每亩较常规防治区每亩增加纯收益为252.9元（表1）。

表1　核心示范区与常规防治区防控投入、效益对照表

项目	核心示范区	常规防治区
化学防治次数	4	5
较常规防治区化学防治次数（+/−）	−1	—
化学药剂（元/亩）	27	32
杀虫剂购买成本（元/亩）	4.5	4.5
杀菌剂购买成本（元/亩）	16	21.5
除草剂购买成本（元/亩）	6.5	6
化学防治每亩使用折百量（克/毫升）	64.28	92.35
较常规防治区每亩使用折百量（+/−）	−30.4	—

（续）

项目	核心示范区	常规防治区
植物生长调节剂购买成本（元/亩）	7.5	9.5
用工成本（元/亩）	18	38
各项防控成本合计（元/亩）	52.5	79.5
理论产量（千克/亩）	604.24	501.56
较常规防治区每亩增产（千克）	102.68	—
较常规防治区每亩增产率（%）	20.5	—
较常规防治区每亩增加产值（元）	225.9	—
较常规防治区每亩增加纯收益（元）	252.9	—

● 生态效益

　　绿色防控技术减少了农药及其废弃物造成的面源污染，降低了生产过程中人畜中毒的风险。示范区较农民自防区用药量明显减少，使农业生态环境得到明显改善。

● 社会效益

　　农业病虫种类多，农药新品种、新剂型也多，长期以来农民对新农药缺乏了解。绿色防控技术开展以后，通过试验区示范、技术培训、田间指导和媒体宣传，示范区农户和辐射区农户对绿色防控技术有了不同程度的认识，绿色防控技术的推广使当地农民了解了植保新技术的应用知识，增强了安全用药意识，同时也提高了用药水平，保障了农产品的质量安全。

主要研发单位与人员 ◆

　　研发单位：郸城县植物保护植物检疫站
　　主要人员：钱晓梅，史素英，郑静华，王梅

13. 商水县小麦病虫草害统防统治与绿色防控融合技术模式

商水县属周口市，位于河南省东南部，周口市西南部，地处冲积洪积平缓平原过渡区，地势平坦，西北高东南低，地处暖温带南部，属亚热带向暖温带过渡区，为半湿润季风气候，全年温度适宜，四季分明。商水县地势平坦，土质以砂姜黑土、黄潮土、沙壤土为主，耕地面积139万亩，常年农作物种植面积256万亩，病虫草害发生面积560万亩次。商水县小麦病虫害主要有纹枯病、赤霉病、条锈病、白粉病、麦蜘蛛、蚜虫。为了发展绿色农业，保障农业生产安全，商水县通过近年来试验示范，总结出以下小麦病虫草害绿色防控技术模式。

集成技术

● 播种期

1.农业措施　①选用抗病品种。可选择种植新麦207、新麦307、存麦21、存麦5号、周麦36、百农418等丰产抗病品种。②实施秸秆还田。玉米成熟后，采用联合收获机械边收获边切碎秸秆，长度4厘米左右，使其均匀覆盖地表，利用机械将秸秆翻埋入土中，耕深23～27厘米（图1）。③施用缓释肥。耕地前和播种时分两次每亩施用脲甲醛缓释复合肥（25-10-5）40～50千克。耕地前撒施60%，播种时施

图1　麦播前深耕土地

入40%。④增施有机肥。在耕地前每亩施用生物有机肥100千克。⑤适期播种，合理密植。足墒播种，适期播种。播种时间为10月7—25日，播种量10～15千克。实施健身栽培，培植丰产防病的小麦群体结构，防止田间郁蔽，避免倒伏，减轻病害发生。

2.药剂拌种　防治地下害虫及生长期蚜虫、纹枯病、根腐病。播种前每亩使用6%戊唑醇悬浮种衣剂7克+70%噻虫嗪水分散粒剂10克+0.5%氨基寡糖素水剂50克，兑水250毫升拌麦种12～15千克。

43

● **冬前分蘖期**

防治麦田婆婆纳、牛繁缕、猪殃殃、荠菜、播娘蒿、野燕麦、赤角芽等杂草 冬前(11月上旬至12月上旬)，每亩使用50%吡氟酰草胺可湿性粉剂15克+50克/升双氟磺草胺悬浮剂15克+15%炔草酯乳油40毫升，兑水30千克喷雾。

● **返青拔节期**

1.**防治麦蜘蛛** 如麦田麦蜘蛛发生量达到每麦行0.33米200头以上，每亩使用1.8%阿维菌素乳油30毫升，兑水30千克喷雾。

2.**防治纹枯病、茎基腐病** 如纹枯病、茎基腐病病株率达到10%以上，每亩使用24%噻呋酰胺悬浮剂20毫升，兑水40千克喷雾。

3.**防治杂草** 冬前未进行杂草防治的麦田，每亩使用50%吡氟酰草胺可湿性粉剂20克+50克/升双氟磺草胺悬浮剂15克+3%甲基二磺隆油悬浮剂30～40毫升，兑水30千克均匀喷雾，可防治麦田节节麦、婆婆纳、牛繁缕、猪殃殃、荠菜、播娘蒿、野燕麦、赤角芽等杂草。

● **抽穗扬花期**

防治赤霉病、白粉病、蚜虫等 小麦齐穗至扬花期，根据预报及调查结果，如赤霉病可能发生流行、蚜虫已发生，每亩使用45%戊唑·咪鲜胺悬浮剂50毫升，或48%氰烯菌酯·戊唑醇悬乳剂50毫升+0.3%苦参碱水剂200毫升，兑水40千克喷雾(图2)。

● **灌浆期**

防治小麦中后期病虫害及干热风 每亩使用1.5%多抗霉素水剂100毫升+0.5%氨基寡糖素水剂100克+99%磷酸二氢钾粉剂150克，兑水30～40千克均匀喷雾。

● **统防统治**

在小麦抽穗扬花期，赤霉病防治的关键时期，依托专业化统防统治组织，使用自走式喷杆喷雾机、植保无人机等先进的大中型植保机械开展专业化统防统治(图3)，有效降低化学农药使用量，提高防治效果，保护生态环境。

图2 小麦赤霉病统防统治

图3 植保无人机飞防作业

效果与效益

● 防治效果

绿色防控区小麦茎基腐病、赤霉病、条锈病、白粉病、蚜虫的综合防效达91.5%。其中，茎基腐病防效为89.4%，赤霉病为94.8%，白粉病为89.5%，蚜虫为92.6%，条锈病为91.2%。

● 经济效益

绿色防控区平均亩产571.9千克，较农民自防区（513.3千克）增加58.6千克，每亩增加效益140.7元。绿色防控区单季亩产值为1 258.2元，每亩防治成本为58.9元，其他成本共计441.1元，每亩纯收益为758.2元。

● 生态效益

绿色防控区每亩化学农药使用量为176.7克，较农民自防区（224.3克）降低47.6克，用药量降低21.2%。绿色防控区田间蚜茧蜂、食蚜蝇、瓢虫等天敌密度1.1头/米^2，农民自防区仅为0.6头/米^2。

● 社会效益

通过几年来的示范推广，提高了县内广大种植户的绿色防控意识和技术水平。截至2021年，商水县农业病虫害专业化防治组织发展到75个，绿色防控覆盖率50.48%，病虫害统防统治覆盖率41.7%，农药利用率41%。对稳定粮食生产、促进农业可持续发展提供了有力保障。

主要研发单位与人员

研发单位：商水县植保植检站
主要人员：李新良，苏士贤，党坤，贾凤侠，王华伟

14. 舞阳县小麦病虫草害统防统治与绿色防控融合技术模式

　　舞阳县隶属于漯河市，位于河南省中部偏南，属温带大陆性季风气候，四季分明，光照充足，雨量充沛，气候温和。现有耕地面积74万亩，土壤肥沃，质地为壤土、沙壤土或黑黏土，粮食作物以小麦、玉米为主，兼有大豆、甘薯、花生及其他杂粮。舞阳县是小麦种植大县，常年种植小麦60万亩左右，小麦病虫害主要是小麦纹枯病、茎基腐病、条锈病、白粉病和蚜虫、红蜘蛛等。为响应农药化肥零增长、减量增效的种植模式，舞阳县探索出一套集"农业防治+生态调控+科学用药"于一体的小麦主要病虫草害绿色防控技术模式。

集成技术

　　主要采用播前深翻、精选优质品种、药剂拌种或种子包衣、冬前化除等技术措施，在返青拔节期主要防治小麦纹枯病、茎基腐病、根腐病等，穗期重点做好小麦赤霉病、锈病、白粉病、蚜虫等病虫防治工作。特别是小麦赤霉病，可防不可治，一定要在小麦抽穗扬花期根据天气情况，做好预防，防止其大范围流行。蚜虫、红蜘蛛等害虫尽量挑治，减少用药量的同时，不影响防治效果，降低成本，提升小麦品质。

● 农业防治

　　1. 选用优良品种　选择种子纯度高、质量好的主推品种，如郑麦113、漯麦18、新麦23、偃高21、郑麦101、西农585、百农201、华麦999、囤麦126、囤麦127、囤麦128等。

　　2. 精细整地　上茬作物收获后，及时统一秸秆还田，深耕耙实耙细，加深耕层，耕深25～30厘米，精细整地，上虚下实，地表平整（图1）。

图1　精细整地

3.优化播种方式 统一采取宽窄行14-14-24播种方式（宽行行距为24厘米，窄行行距为14厘米），或者宽幅匀播方式（播幅6～8厘米，行距22～26厘米），既增产又为后期机械施药留下作业道。适时适量播种，适时晚播，减轻冬前病虫危害。

● **生态调控**

小麦与辣椒套种，或套种油菜、春花生、姜、甘蔗等作物，增加田间生物多样性，涵养天敌。

● **科学用药**

1.播种期 使用高效新型的种衣剂统一进行种子包衣或者拌种。如使用苯醚·咯·噻虫悬浮种衣剂拌种，拌种时可加入碧护、芸苔素内酯等生长调节剂（图2）。

2.秋苗期 根据天气、温度、苗情和杂草情况，选用适宜的除草剂田间化除。注意小麦冬前病虫害发生情况，确保小麦安全越冬。11月下旬至12月上旬开展化学除草，除草剂采用氟唑磺隆·炔草酯+二甲·双氟+氯氟吡氧乙酸。预防小麦赤霉病，可用氰烯菌酯、咪鲜胺、甲基硫菌灵、井冈霉素、申嗪霉素、枯草芽孢杆菌等及其复配剂，按产品说明书要求均匀喷雾防治。

图2 种子包衣处理

3.返青拔节期 主要防治小麦纹枯病、茎基腐病、根腐病等，可选用井冈霉素、井冈·蜡芽菌等药剂喷雾防治。麦蜘蛛达到防治指标的田块，使用阿维菌素或哒螨灵等药剂进行防治，尽量挑治，推迟第一次大面积使用杀虫剂的时间。苗蚜可适当放宽防治指标，可以减少农药使用量，充分发挥麦田害虫天敌的作用（图3）。

4.抽穗灌浆期 重点做好小麦赤霉病、锈病、白粉病、蚜虫等病虫防治。协调好职能部门、农户、资金，使用无人机和自走式大型机械，统防统治与群防群治双管齐下。根据天气预报，于小麦齐穗期预防赤霉病，可用氰烯菌酯、咪鲜胺、甲基硫菌灵、井冈霉素、申嗪霉素、枯草芽孢杆菌等及其复配剂，按产品说明书要求兑水

图3 机械施药

均匀喷雾防治。防治小麦锈病、白粉病、蚜虫等病虫，在小麦灌浆初期，可用烯唑醇、戊唑醇、己唑醇、吡唑醚菌酯等及其复配剂+吡虫啉、噻虫嗪等，按照说明书要求兑水均匀喷雾。防病治虫时可添加磷酸二氢钾粉剂、氨基寡糖素、芸苔素内酯等，预防干热风，防早衰。如果小麦灌浆期遇连阴雨天气，必须在第一次用药后7～10天第二次用药，以保证防控效果（图4）。

图4　植保无人机飞防

5.收获期　在小麦收获期，统一机收，加快进度，确保品质，颗粒归仓。

效果与效益

● 防治效果

绿色防控技术示范区对主要病虫的综合防治效果达87.4%。其中，赤霉病防效为84.5%，条锈病为88.3%，白粉病为82.6%，蚜虫为94.2%。

● 经济效益

绿色防控技术示范区平均亩穗数为36.7万穗，平均穗粒数45.5粒，平均千粒重43.0克，平均亩产量610.3千克；农民自防区平均亩穗数34.7万穗，平均穗粒数45.3粒，平均千粒重42.0克，平均亩产量561.0千克。示范区较农民自防区平均每亩增产49.3千克。按每千克市场保护价3元计算，每亩增加收入147.9元。绿色防控技术模式吸引到大批合作社、种粮大户、家庭农场等新型主体观摩学习，起到了良好的示范效果。

主要研发单位与人员

研发单位：舞阳县植保植检站
主要人员：曹新丽、王卫、李培

15. 临颍县小麦病虫草害统防统治与绿色防控融合技术模式

　　临颍县在杜曲镇颍河西建立小麦全程绿色防控示范区10 000亩，辐射带动100 000亩。示范区集成了小麦全程绿色防控技术，主栽品种为周麦27、囤麦127、中麦578，综合运用农业、生态、物理方法以及施用生物农药、高效低毒低残留化学农药，保护田间天敌生物，最大限度减少化学农药施用次数和使用量，将病虫害控制在经济允许损失范围以内。

集成技术

● 农业、生态、物理防控

　　1.种植抗（耐）病虫品种　种植抗（耐）病虫品种是最经济有效的方式。示范区统一种植周麦27、囤麦127等抗纹枯病、白粉病的品种。

　　2.测土配方施肥　运用测土配方技术，增施有机肥，补充微肥和生物肥料。无病田秸秆直接粉碎还田，部分病害秸秆直接移除田外集中处理，隔年深翻土壤，提高整地质量。根据小麦的生育特点进行水肥管理，创造有利于小麦生长的环境，实行小麦健身栽培。

　　3.深翻种麦和统一播种　深耕种麦，覆盖病残体，减轻病虫害发生程度。统一播种，有利于赤霉病统一防治。统一机械深耕，精细整地，适期、精量播种，播种时间10月中下旬，采取宽窄行14–14–24（宽行行距为24厘米，窄行行距为14厘米）播种，每亩播量10 ~ 12.5千克。

　　4.保护利用天敌　小麦生长后期利用七星瓢虫、草蛉等天敌控制害虫。在麦田周围种植天敌寄生植物，扩大天敌数量。

　　5.采用植保机械进行统防统治　示范区在进行病虫害防治时，采用植保无人机、自走式喷杆喷雾机进行统一防治，提高化学农药利用率，增加防效，达到农药减量不减效（图1）。

　　6.生物农药防治　秋季麦苗不防治病虫害，春季麦田不使用化学农药，采用井冈霉素、井冈·蜡菌等生物农药防治纹枯病，充分保证天敌的繁殖。

图1　小麦病虫害统防统治

● 化学防治

1. 种子包衣　采用23％苯·咯·噻悬浮种衣剂100克拌25千克小麦种子进行种子包衣（图2）。

2. 冬季化学除草　11月下旬每亩采用5％双氟磺草胺悬浮剂15克+70.5％二甲·唑草酮可湿性粉剂30克进行防治杂草。2月下旬至3月上旬每亩采用70.5％二甲·唑草酮可湿性粉剂30克+15％双氟磺草胺悬浮剂15毫升进行防治。

3. 返青拔节期施药　3月中旬每亩采用15％氯氟·吡虫啉悬浮剂20克+430克/升戊唑醇悬浮剂20毫升混合喷洒，防治小麦纹枯病和红蜘蛛。

4. 齐穗至扬花初期施药　4月中下旬或小麦齐穗后每亩采用45％戊唑醇·咪鲜胺水乳剂40克+15％氯氰·吡虫啉悬浮剂20克+99％磷酸二氢钾粉剂100克，加水30千克均匀喷雾，防治小麦赤霉病、锈病、白粉病、蚜虫、吸浆虫等病虫害。

图2　小麦药剂拌种

5. 灌浆期施药　5月上旬每亩采用45％戊唑醇·咪鲜胺水乳剂40克+99％磷酸二氢钾粉剂100克，加水30千克均匀喷雾，防治小麦赤霉病、锈病、白粉病等病害。

效果与效益

● 防治效果

示范区对土传病害防治效果为87.6%，杂草防治效果为92.4%，麦蜘蛛、纹枯病综合防治效果为93.5%，蚜虫、锈病、白粉病、赤霉病综合防治效果为92.6%。

● 经济效益

示范区平均亩穗数为47.2万，穗粒数38.5粒，千粒重为42.2克，测得亩产量为651.83千克。辐射带动区平均亩穗数为46.9万，穗粒数为37.4粒，千粒重为42.1克，测得亩产量为627.69千克。农民自防区平均亩穗数为47.1万，穗粒数为35.2粒，千粒重41.8克，测得亩产量为589.06千克。完全不防治区平均亩穗数43.5万，穗粒数为28.6粒，千粒重为40.8克，测得亩产量为431.45千克。示范区比农民自防区每亩增产62.77千克，增产率为10.7%，每亩增加效益181.31元。

● 生态效益

示范区通过采取适期播种、生态调控、种子包衣等措施，农药使用量比常规防治区减少22%左右，有效降低了农药残留，改善了生态环境。

主要研发单位与人员

参与单位：临颍县植保植检站
参与人员：罗小杰，龚乔，徐丽，尼军领，吴鹏飞

16. 许昌市建安区小麦病虫草害统防统治与绿色防控融合技术模式

　　许昌市建安区是中原腹地，属黄河冲积平原，地势平坦，属暖温带大陆性季风气候，形成春暖、夏热、秋爽、冬寒的季节特征，同时也易出现旱、涝、风、虫交替发生的自然灾害。建安区常年小麦种植面积70万亩左右，主要病虫害有小麦纹枯病、茎基腐病、条锈病、赤霉病、白粉病、叶锈病和蚜虫、红蜘蛛等。针对小麦病虫发生特点开展绿色防控技术应用，包括农业防治、生态调控、生物防治、科学用药等，实现小麦主要病虫草害全程绿色防控，提高小麦的产量和品质。

集成技术

● 农业防治

　　1. 选用抗病品种　根据本地病虫发生特点，选择抗逆能力强的小麦品种。
　　2. 深耕灭茬　深耕耙实耙细，加深耕层，精细整地，上虚下实，地表平整。
　　3. 适期播种　适时适量播种，适时晚播，减轻冬前病虫危害。
　　4. 清理田园　清除地边、沟边、路边的杂草，减少病虫害初侵染来源。

● 生态调控

　　小麦地块周边种植2.8米甘蓝型油菜（图1）。油菜用于涵养天敌，为蚜茧蜂、瓢虫

图1　小麦–油菜绿色种植模式

等天敌昆虫提供栖息场所，用于控制麦田蚜虫。

● 生物防治

　　4月下旬至5月上旬在小麦–油菜种植区，调查天敌涵养量，可人为补充瓢虫，防治小麦穗蚜（图2至图4）。

图2　人工释放瓢虫卵卡

图3　瓢虫卵卡

图4　瓢虫幼虫

● 科学用药

　　1.播种期　选用1 000亿芽孢/克枯草芽孢杆菌100克+80亿孢子/克金龟子绿僵菌可湿性粉剂500倍液，或27%苯醚·咯·噻虫嗪悬浮种衣剂30～60毫升，拌种12.5千克（图5）。

图5　种子包衣

　　2.化学除草　11月中旬至12月上旬或次年2月中下旬，日平均气温在5℃以上的晴朗无风天气下进行化学除草。①以播娘蒿、荠菜、猪殃殃等阔叶杂草和野燕麦等禾本科杂草为主的麦田，每亩选用70.5%二甲·唑草酮可湿性粉剂30克+50克/升双氟磺草胺悬浮剂15毫升+15%炔草酯微乳剂50毫升，二次稀释兑水15～20千克喷雾防治。②节节麦发生严重的麦田，每亩使用30克/升甲基二磺隆油悬浮剂30毫升+280克/升烷基乙基磺酸盐可溶液剂80毫升，二次稀释兑水15～20千克喷雾。

3. 返青拔节期　重点防治小麦纹枯病，挑治麦蜘蛛，兼治苗蚜。①每亩选用4%井冈·蜡芽菌可湿性粉剂防治小麦纹枯病。②当小麦单行0.33米达麦蜘蛛200头的防治指标时，每亩可选用1.8%阿维菌素乳油8～10毫升或使用1%苦皮藤素水剂60克，兑水50千克喷雾防治。

4. 抽穗扬花期　重点做好小麦条锈病、赤霉病、白粉病、蚜虫等病虫防治。①生物农药防治。于小麦抽穗扬花期，每亩使用80亿孢子/克金龟子绿僵菌可湿性粉剂30～40克防治小麦蚜虫；每亩使用1 000亿芽孢/克枯草芽孢杆菌60克预防小麦条锈病、赤霉病。②化学防治。防治蚜虫、兼治吸浆虫，每亩使用15%氯氟·吡虫啉悬浮剂20毫升或10%噻虫·高氯氟悬浮剂30毫升等；防治条锈病、白粉病，预防赤霉病，每亩使用45%戊唑·咪鲜胺悬浮剂30毫升或40%丙硫菌唑·戊唑醇悬浮剂40毫升等新型高效低毒药剂。如果小麦扬花期间出现连阴雨、多露或雾霾天气，必须在第一次用药后5～7天第二次用药。

5. 灌浆期　重点控制穗蚜，兼治锈病、白粉病和叶枯病。选用25%噻虫嗪水分散粒剂8～10克（或15%氯氟·吡虫啉悬浮剂20毫升）+43%戊唑醇悬浮剂30毫升（或45%戊唑·咪鲜胺悬浮剂30毫升）+99%磷酸二氢钾粉剂100克+0.01%芸苔素内酯可溶液剂10毫升，兑水30千克喷雾。科学配伍药剂，提倡综合用药，一喷多防，尽量减少农药的使用量。

效果与效益

● 防治效果

核心示范区对主要病虫害绿色防控效果达到95.2%。其中，纹枯病防效为94.4%，赤霉病防效为97.7%，叶锈病防效为88.9%，穗蚜防效为99.5%。

● 效益分析

核心示范区平均产量达到598千克，农民自防区平均产量为541千克，核心示范区增产10.5%。采用病虫害绿色防控后，示范区平均减少农药使用次数1～2次，节省开支30元。通过各项绿色防控技术的实施，病虫防控及增产效果显著，带来的生态效益、社会效益显著，有利于今后绿色防控关键技术的推广应用。

主要研发单位与人员

研发单位：许昌市建安区植保植检站
主要人员：郭华，杨浩，黄烨臻，王晨述，屈怡琳

17. 长葛市小麦病虫草害统防统治与绿色防控融合技术模式

长葛市位于河南省中部，为许昌市下辖县级市，地处暖温带，日光充足，地热资源丰富，耕地面积65万亩，高标准粮田面积50万亩。主要农作物为小麦、玉米、花生、大豆。小麦常年种植面积稳定在57万亩以上，主栽品种有新麦26、伟隆169、百农207、百农307、圣源619、囤麦127、百农4199等，总产量约28.5万吨。近年来小麦病虫草害总体发生程度为中度或偏重发生，主要病虫草害有纹枯病、锈病、白粉病、赤霉病、蚜虫、麦蜘蛛、地下害虫"四病三虫"等，杂草优势种群为播娘蒿、荠菜、泽漆、猪殃殃、野燕麦。长葛市积极推广绿色防控技术，优先采用农业防治、理化诱控、生态调控、生物防治，并结合病虫草害发生情况开展化学防治，形成了一套适合当地发展的小麦主要病虫草害绿色防控技术模式。

集成技术

● 农业防治

优化农田生态环境，提高小麦抵抗病虫侵害和自身补偿能力，减轻病虫害的发生。

1.选择综合抗性强、稳产高产且品质优良的小麦品种 强筋优质小麦品种选择新麦26、伟隆169、中麦578、郑麦366、运旱618等。中筋小麦品种可选用百农207、百农307、圣源619、囤麦127、百农4199、烟农1212等。

2.精细整地，减少麦株根部菌源积累 秋作物收获后，及时整地，实行秸秆还田，要将秸秆粉碎切细、深耕掩埋，并进行耙耱压实（图1）。根部病害重发地块可以把带病秸秆带出田园后整地。整地时土壤相对含水量应达到75%左右，如果土壤墒情较差，要浇水造墒。每2～3年进行深耕深松土壤，要求土壤深耕25厘米以上，深松应达到30～35厘米。

3.合理轮作，平衡施肥 有机肥、微生物

图1 播前深耕土壤

55

菌肥和无机肥配施，基肥追肥结合，氮素后移；根据土壤硼、锌、锰等元素含量有针对性地补充使用微肥。改善土壤团粒结构，改善土壤环境。

4.播种方式 建议采用宽幅（播幅7～8厘米，行距22～26厘米）匀播的播种方式，既增产又为后期大型机械追肥、施药留下作业道。

5.足墒适期适量播种，确保一播全苗 半冬性品种适宜播期为10月10—20日（即日平均气温下降到14～16℃时），每亩播量控制在8～10千克；半冬性偏春性品种适宜播期为10月18—25日（即日平均气温下降到12～14℃），每亩播量控制在10～12千克。播种深度以3～5厘米为宜，播种时要用带镇压装置的播种机随播镇压，压实土壤，确保一播全苗。

● 生态调控

利用天敌蚜茧蜂控制蚜虫，当蚜茧蜂寄生率超过30％或益害比达到1：（80～100）时，可不使用药剂进行防治。田边或者田内穿插种植油菜，增加田间生物多样性，涵养天敌（图2），并有利于控制早期蚜虫。

● 化学防治

1.播种期种子处理 选择药剂拌种，100千克小麦种选用26％苯甲·吡虫啉悬浮种衣剂500毫升，或31.9％戊唑·吡虫啉悬浮种衣剂500毫升，或27％苯·咯·噻虫嗪悬浮种衣剂500毫升，与种子充分搅拌均匀（图3），晾干后即可播种。地下害虫严重地块，每亩使用40％辛硫磷乳油500毫升，兑水2千克后拌细土20千克，整地前均匀撒施。

2.冬前化学除草 立足麦草秋治，注重冬前化学除草。冬前未能及时除草的麦田，返青期及时进行化学除草。对于阔叶杂草，每亩选用50克/升双氟磺草胺悬浮剂5～6毫升，或200克/升氯氟吡氧乙酸异辛酯悬浮剂50～65毫升，或10％唑草酮悬浮剂16～20毫升；对于禾本科杂草，每亩选用15％炔草酯水乳剂20～30毫升，

图2 种植油菜涵养天敌

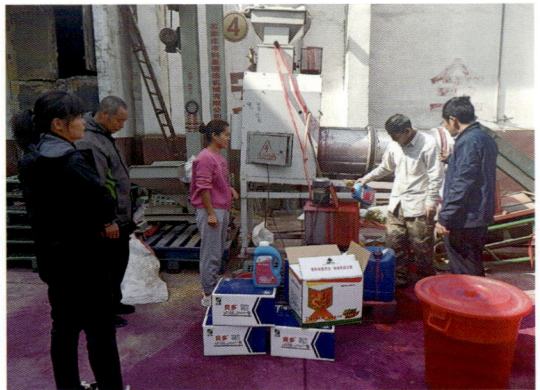
图3 种子包衣

在小麦分蘖初期至分蘖末期根据草相选择使用单剂或复配制剂，加水20～30千克喷雾防治。施药时及施药前、后一周内最低气温应在5℃以上，注意农药的安全间隔期。

3.小麦生长中后期病虫害防治　以小麦锈病、赤霉病、纹枯病、白粉病、麦蚜、红蜘蛛"四病两虫"等为重点防控对象，选择对天敌杀伤力小的高效低毒化学农药，避开自然天敌对农药的敏感时期开展防治。

（1）小麦返青至拔节期。在小麦纹枯病、茎基腐病达到防治指标时，每亩用16%井冈霉素A可溶性粉剂40～50克（或30%苯甲·丙环唑悬浮剂30毫升）+5%甲氨基阿维菌素苯甲酸盐微乳剂10克，兑水30～40千克，喷浇防治小麦纹枯病、茎基腐病、麦蜘蛛，用药安全间隔期为21天。防治麦蜘蛛，尽量挑治，推迟第一次大面积使用杀虫剂的时间。在拔节初期对群体较大或抗倒伏能力较差的品种，每亩可加施5%烯效唑可湿性粉剂30～40克，增强抗逆性，预防后期倒伏。

（2）小麦抽穗至灌浆期。以小麦赤霉病、锈病、白粉病、蚜虫为防控对象。在小麦齐穗期，根据天气预报，若赤霉病可能发生流行，每亩用15%井冈·戊唑醇悬浮剂80～100毫升或25%甲硫·戊唑醇悬浮剂40～50毫升，加水20～30千克喷雾，安全间隔期35天。在小麦灌浆初期，每亩用30%戊唑·嘧菌酯悬浮剂30毫升，或25%丙环唑30毫升，或12.5%氟环唑悬浮剂60毫升，防治小麦锈病、白粉病，安全间隔期为21天。每亩用25%噻虫嗪悬浮剂8～10毫升或70%吡虫啉水分散粒剂2～4克防治蚜虫，安全间隔期为14天。预防干热风、防早衰可选用磷酸二氢钾粉剂、氨基寡糖、芸苔素内酯等植物生长调节剂。在防治过程中，应根据病虫发生情况灵活选择使用杀菌剂、杀虫剂或植物生长调节剂，并尽量减少不必要的药剂使用。如果灌浆期遇连阴雨天气，必须在第一次用药后7～10天进行第二次用药，以保证防控效果。

4.施药器械的应用　选用喷杆喷雾机（图4）或植保无人机（图5）等。施药前检查药械器件是否完好、管道是否畅通。用清水试喷，查看是否有跑冒滴漏现象。喷施除草剂前、后，应及时用碱水或专用清洗剂浸泡，多次清洗施药机械，以防残留除草剂交叉对其他敏感作物产生药害。喷杆喷雾机每亩施药液量为15～20升，植保无人机每亩施药液量为1～1.5升。

图4　自走式喷杆喷雾机开展统防统治

图5　植保无人机飞防作业

效果与效益

● 防治效果

核心示范区防治效果地下害虫为97.2%，杂草为99.1%，赤霉病达到80%以上，纹枯病为81.4%，白粉病为85%，叶锈病为80.2%。小麦整个生育期中核心区蚜虫发生程度均没有达到防治指标。示范区病虫草综合防治效果在95%以上，比常规防治区提高10个百分点以上。

● 经济效益

示范区小麦长势均匀，落黄较好，平均亩产550千克，较常规防治区增产50～80千克，较空白对照区增产200～300千克。

● 生态效益

核心区与常规防治区相比，农药用量减少20%左右，田间蚜茧蜂、食蚜蝇、瓢虫等天敌种类及数量均明显增多，生态多样性提高，促进了生态平衡和农业可持续发展。

● 社会效益

核心示范区病虫草害防治及时率100%，科学用药和精准作业实现率100%，绿色防控技术覆盖率100%，药害、中毒和农残超标事故率为0。示范区通过技术绿色化、模式标准化、防治专业化、作业精准化，展示专业化统防统治与绿色防控融合新技术应用效果，专家和技术人员免费对群众进行技术培训和指导，提高了群众科学种田素质及小麦有害生物科学治理水平。同时培育出"河南豫粮种业有限公司""长葛市禾润植保专业合作社"等带头应用新技术的规模经营主体和植保服务组织，推广新型药剂和器械等植保产品，探索植保社会化服务有效形式，为当地小麦稳粮增收、提质增效起到保驾护航作用。

主要研发单位与人员

研发单位：长葛市植保植检站
主要人员：张秋红，马会江，罗秋锋，代晓娅，王祯

18.鄢陵县小麦病虫草害统防统治与绿色防控融合技术模式

鄢陵县隶属于许昌市，位于河南省中东部，地处华北平原腹地，属黄河泛滥和双泊河冲积而成的冲积平原。鄢陵县属温带季风气候，四季分明，全县耕地面积99.6万亩，小麦种植面积稳定在67万亩左右，是农业生产的重要组成部分。病虫害是影响小麦产量和品质的主要因素，常发种类有纹枯病、茎基腐病、条锈病、麦蚜、红蜘蛛等，危害严重的年份，总发生面积可达144.5万亩次。对此，鄢陵县坚持"科学植保、公共植保、绿色植保"理念，融合推进专业化统防统治与绿色防控，协调应用健康栽培、种子包衣处理、农业防治、生物防治、科学用药等集成应用技术模式，采用自走式喷杆喷雾机、背负式喷雾机和植保无人机作业，建设绿色防控融合示范区1 000亩，示范带动2万亩，有效控制了各种病虫危害，形成了小麦主要病虫草害绿色防控技术模式。

集成技术

● 生态调控

1.选用抗（耐）病虫品种，合理布局，避免单一化种植。

2.播种前清洁田园（包括田边地头自生麦苗、杂草、残存秸秆），增施腐熟有机肥，深翻土壤，提高整地质量，清除地表菌源，优化农田环境，恶化病虫生存条件。

3.根据品种特性、产量水平、土壤湿度和气象因素，大力推广精量、半精量播种技术，控制播种深度，创造合理群体，培育健壮个体，提高小麦自身抗逆能力。

4.推广适期或适期迟播技术，以减轻多种病虫的发生和危害。

● 生物防治

在小麦生长后期，可以通过七星瓢虫、龟纹瓢虫等来防治蚜虫，一般情况下当天敌和蚜虫的比例在1∶150时不需要通过药物进行防治。

● 物理防治

充分利用成虫的趋光性、趋色性等习性，在成虫高发时在田间设置高空测报灯、频振式杀虫灯等进行害虫诱杀。

● **科学用药**

1.播种期 每25千克种子用24%苯醚·咯·噻虫悬浮种衣剂150克包衣处理。重点防治全蚀病、纹枯病、地下害虫，兼治苗期蚜虫，以减轻小麦中后期病虫害防治压力。

2.3叶期 根据杂草种类、草龄等，达防治指标时，每亩施用20%双氟·氟氯酯水分散粒剂6克，防治一年生阔叶杂草，部分田块节节麦等禾本科杂草发生量大时，添加3%甲基二磺隆可分散油悬浮剂30毫升。

3.返青拔节期 重点防治纹枯病、红蜘蛛等，达到防治指标时，每亩使用45%戊唑·咪鲜胺悬浮剂25克+1.8%阿维菌素乳油40毫升。

4.抽穗扬花期 重点防治条锈病（图1）、赤霉病，每亩使用25%咪鲜胺乳油30毫升+7.5%氯氟·吡虫啉悬浮剂30毫升+24–表芸苔素内酯可溶液剂10毫升。

图1 小麦锈病症状

5.灌浆期 每亩使用30%肟菌·戊唑醇悬浮剂35克+25%吡蚜酮可湿性粉剂20克+98%磷酸二氢钾粉剂150克，重点防治叶锈病、叶枯病、蚜虫等，预防干热风，防早衰。

● **农机农艺融合**

施药器械可选用自走式喷杆喷雾机、背负式喷雾机、植保无人机等。在不减少播种量和亩穗数的前提下，根据3WSH-500自走式喷杆喷雾机机械参数，优化调整种植模式，对小麦播种间距进行调整，种幅8厘米，行距30厘米，确保施药器械通行自如，能够全程开展小麦病虫害作业防治。由于植保无人机施药量少，农药浓度大，减少农药使用量可能会导致防治效果差，因此建议无人机作业亩喷液量应适当增加1～1.2升（图2）。

图2 植保无人机飞防作业

效果与效益

通过示范指导，实现了对症施药、科学用药，施药效率大幅提高，防治效果在90%以上，农药利用率达到40%以上，化学农药使用量比常规防治区减少25%以上。示范区平均每亩增产50千克，节本增效180余元，经济效益明显提高。相比农民自防区，绿色防控技术降低了农产品的农药残留，显著提高了小麦的产量和质量。

主要研发单位与人员

研发单位：1. 鄢陵县植保植检站；2. 鄢陵县农业技术推广中心
主要人员：牛平平[1]，李登奎[1]，蔡富贵[1]，周国友[1]，胡喜芳[2]

19. 夏邑县小麦病虫草害统防统治与绿色防控融合技术模式

　　夏邑县地处豫东平原，属暖温带季风气候。当地土壤肥沃，质地为壤土或沙壤土，中性偏碱土壤，pH 7.3 ~ 7.9。小麦品种主要有新麦26、丰德存麦1号、华伟305、百农207、周麦36、郑麦186、郑麦136、郑麦7698。主要病虫害为纹枯病、锈病、白粉病、赤霉病、蚜虫、麦蜘蛛、地下害虫等。杂草优势种群为播娘蒿、荠菜、猪殃殃、泽漆、野燕麦。为探索病虫绿色防控新模式，保障农业生产安全和保护生态环境，夏邑县经过多年探索，总结出一套适合当地发展的小麦病虫草害全程绿色防控技术模式。

集成技术

● 农业防治

　　1.秸秆还田　秋季作物收获后，清洁田园，统一实行秸秆还田，秸秆要充分粉碎（图1），播前深松旋耕，耕层深度达到25 ~ 30厘米，精细整地（图2），减少土传病害和地下害虫发生。

图1　秸秆还田

图2　精细整地

　　2.合理轮作，平衡施肥　有机肥、微生物菌肥和无机肥配施，基肥追肥结合，氮素后移；根据土壤硼、锌、锰等元素含量，改善土壤团粒结构，改良土壤环境。

3.足墒适期适量播种，确保一播全苗 适期播种，半冬性品种播种时间为10月10—20日，一般亩播量12.5～15千克，做到播量准确、深浅一致，播种深度3～5厘米，播种后及时进行镇压，采取宽窄行种植。

● **生物防治**

不同抗性的小麦品种搭配种植，减轻条件适宜时病害的大面积流行；田间地头种植油菜，引诱蚜虫，减轻麦田蚜虫发生（图3）。当麦蜘蛛达到或接近单行0.33米200头的防治指标时，使用阿维菌素进行防治，当蚜虫达到防治指标时，使用0.3%苦参碱水剂等生物农药进行防治。

● **化学防治**

1.播种期种子处理 用27%苯醚·咯·噻虫悬浮种衣剂70毫升包衣25千克小麦种子，或26%苯甲·吡虫啉悬浮种衣剂50毫升包衣10千克小麦种子，或者16%噻虫嗪悬浮种衣剂100毫升+25克/升咯菌腈悬浮种衣剂30毫升，包衣50千克小麦种子（图4）。地下害虫严重地块，每亩使用40%辛硫磷乳油500毫升兑水2千克，拌细沙土20千克，整地前均匀撒施。

2.冬前化学除草 根据防除对象科学选择除草剂，同时，添加助剂可使除草剂减量30%。小麦秋苗期是防治杂草的关键时期，抓住有利时机进行化学除草，提高防治效果（图5）。

以野燕麦、看麦娘为主的麦田，可选用15%炔草酯乳油30～50克/亩，或10%精噁唑禾草灵乳油40～50毫升/亩等进行防除。以节节麦、雀麦等为主的麦田，可选用30克/升甲基二磺隆

图3　种植油菜引诱蚜虫

图4　播前拌种

图5　麦田化学除草

可分散油悬浮剂等药剂进行防除。双子叶杂草可选用5%双氟磺草胺悬浮剂10毫升/亩，或20%氯氟吡氧乙酸异辛酯悬浮剂50～60毫升/亩，或10%唑草酮悬浮剂16～20毫升/亩。对于禾本科杂草，选用15%炔草酯水乳剂20～30毫升/亩。在小麦分蘖初期至分蘖末期，根据草相选择使用单剂或复配制剂，加水20～30千克喷雾防治，安全间隔期为一季一次。

3.中后期病虫害防治　小麦中后期特别是扬花期和灌浆期，以小麦锈病、赤霉病、纹枯病、白粉病、麦蚜、红蜘蛛等"四病两虫"为重点防控对象，综合使用杀菌剂、杀虫剂、植物生长调节剂，添加助剂，一喷多效。

（1）返青拔节期，在小麦纹枯病、茎基腐病达到防治指标时，用16%井冈霉素可溶性粉剂50克/亩（或43%戊唑醇悬浮剂20毫升/亩）+1.8%阿维菌素乳油40毫升/亩，兑水30千克喷施。在拔节初期对群体较大或抗倒伏能力偏差的品种可添加15%多效唑可湿性粉剂30克/亩，增强抗逆性，预防后期倒伏。

（2）小麦扬花灌浆期，以小麦赤霉病、锈病、白粉病、蚜虫为防控对象。在小麦齐穗期用43%戊唑醇悬浮剂20毫升/亩（或15%井冈·戊唑醇悬浮剂100毫升/亩，或30%肟菌酯·戊唑醇悬浮剂50毫升/亩）+15%联苯·呋虫胺可分散油悬浮剂40毫升/亩（或15%噻虫·高氯氟悬浮剂30毫升/亩，或25%噻虫嗪悬浮剂10毫升/亩），防治小麦纹枯病、全蚀病、锈病和红蜘蛛。同时可添加磷酸二氢钾粉剂、氨基酸水溶液、芸苔素内酯等，预防干热风，抗倒伏。可视病虫发生情况，选择使用杀菌剂或杀虫剂加植物生长调节剂，尽量减少不必要的药剂。如果灌浆期遇连阴雨天气，必须在第一次用药7～10天后第二次用药，以保证防控赤霉病的效果。

4.施药器械的使用　依托夏邑县标普农业科技有限公司使用3WSH-1000水旱两用自走式喷杆喷雾机，亩喷施药量40～50升；大疆T30植保无人机，亩喷施药量1.2～1.5升。选用大型高效植保机械进行精准喷雾，并加入助剂，减少农药用量，达到减量控害的目的（图6）。

图6　植保无人机飞防作业

效果与效益

● 防治效果

　　核心示范区对杂草的防治效果为88.9%，较农民自防区提高4.74%；对纹枯病的防治效果为89.08%，较农民自防区提高6.58%；对条锈病的防治效果为99.24%，较农民自防区提高0.38%；对赤霉病的防治效果为99.7%，较农民自防区提高2.77%；对麦蚜的防治效果为97.44%，较农民自防区提高5.4%；对吸浆虫的防治效果为99.75%，较农民自防区提高3.2%。

● 经济效益

　　核心示范区较空白对照平均每亩增产204.51千克，平均每亩增加产值490.82元；较农民自防区每亩增产115.22千克，平均每亩增加产值276.53元。示范区农药和人工成本平均每亩64.33元，农民自防区农药和人工成本为51元。

● 生态效益

　　绿色防控模式技术合理，措施得当，综合防效较农民自防区提高10%以上，减少农药使用次数1～2次，农药用量减少，利用率提高，减少了环境污染，天敌也得到保护，维护了农田生态环境，具有明显的生态效益。

● 社会效益

　　示范区进行了广泛的宣传、技术培训、技术咨询、技术指导等工作，提高了农民的科技素质和综合防治意识，减少了小麦病虫草害的发生，稳定了粮食生产。专业化统防统治队伍逐渐壮大，不仅规范了社会化服务，还促进了农村劳动力就业。

主要研发单位与人员

　　研发单位：夏邑县植保植检站
　　主要人员：张如意，杨翠丽，高红花

20. 洛阳市偃师区小麦病虫草害统防统治与绿色防控融合技术模式

偃师区隶属于洛阳市，位于河南省中西部地区的洛阳盆地东隅，属暖温带大陆性季风气候。偃师区常用耕地面积约46万亩，小麦种植面积约32万亩，是中国小麦高产、稳产、优质、低成本栽培技术发源地，还是中国优质专用粮生产基地和全国重要的小麦良种繁育基地。小麦病虫害总体中度发生，其中白粉病、纹枯病、叶锈病、穗蚜、红蜘蛛中度发生；麦叶蜂、条锈病、根腐病轻发生；吸浆虫偏轻发生；赤霉病、茎基腐病零星发生。偃师区立足预防为主的指导思想，以综合运用多种防治措施为基础，以推广应用绿色防控技术为手段，以减量使用农药和减少农业面源污染为目标，重点抓好小麦播种期、苗期、返青至拔节期和穗期4个病虫害防治关键时期，同时大力推行种子包衣、灯光诱杀技术，建立了一套小麦病虫草害绿色防控融合技术模式。

集成技术 ◆

● 播种期

防治对象主要有蛴螬、金针虫、蝼蛄、蚜虫、麦蜘蛛、纹枯病、全蚀病、茎基腐病等。

1.品种选用　根据本地病虫害发生特点，选用抗（耐）纹枯病、叶锈病、穗蚜的适宜当地种植的小麦品种，同时注意品种的更新利用，如丰德存麦系列、周麦系列、郑麦136、新麦20等。

2.深翻土壤　每2～3年秋播前统一深翻、精细整地。

3.轮作　全蚀病、纹枯病、根腐病、小麦胞囊线虫病、茎基腐病、吸浆虫等土传病虫害发生严重的田块，实行小麦与油菜、大蒜等蔬菜或绿肥等非寄主作物轮作倒茬，切断传染源，降低发生概率。

4.清除病虫残体　小麦播种前应科学实施秸秆还田，清除地头杂草，消灭传染源。种子繁育基地应在小麦乳熟期去除病穗、病株、杂草，集中无害化处理。

5.种子处理　每100千克小麦种子用27%苯醚·咯·噻虫悬浮种衣剂400毫升或32%戊唑·吡虫啉悬浮种衣剂350毫升进行种子包衣或药剂拌种，减少病菌侵染。拌种时将药剂加水1.5千克，用喷雾器边喷边拌，拌后堆闷1～2小时，再摊开晾干即可播种。可以有效防治地下害虫、纹枯病、茎基腐病、全蚀病等病虫害（图1）。

● 科学防除杂草

于头年秋季11月中旬至12月上旬或次年2月中下旬晴朗无风的天气开展化学除草（图2）。每亩选用3%双氟磺草胺·唑草酮悬乳剂30毫升+10%苯磺隆可湿性粉剂10克，兑水30～40千克，采用车载式喷杆喷雾机喷雾。节节麦、雀麦、野燕麦、看麦娘等严重地块可每亩采用3%甲基二磺隆油悬浮剂30毫升，在杂草3叶期兑水15～20千克喷雾。

图1　秋播拌种

● 返青至拔节期

返青后期纹枯病达标田块，每亩使用井冈·蜡芽菌可湿性粉剂（有效成分：井冈霉素4%、蜡质芽孢杆菌16亿个/克）26克，或50%苯甲·丙环唑水乳剂9克，选择上午有露水时施药，适当增加用水量，使药液能流到麦株基部。重病区首次施药后10天左右再防

图2　冬前除草

一次，采用车载式喷杆喷雾机作业。遇涝时及时清沟沥水，降低田间湿度，减轻病害发生程度。防治苗期蚜虫每亩使用70%吡虫啉水分散粒剂4克或30%噻虫嗪悬浮剂2.5克兑水喷雾，防治红蜘蛛每亩使用1.8%阿维菌素乳油30毫升或15%哒螨灵乳油20毫升兑水喷雾。返青期蚜虫、红蜘蛛发生不重可不防治。

● 孕穗至成熟期

预防赤霉病，选择渗透性、耐冲刷、持效性较好且对锈病、白粉病、叶枯病、颖枯病、吸浆虫、黏虫等有兼治作用的农药，采用40%戊唑·咪鲜胺悬浮剂30毫升+30%氯氟·吡虫啉悬浮剂兑水喷雾预防（图3）。若花期多雨或多雾露，应在药后5～7天，再喷施防治一次。发病严重田块应用上

图3　无人机防治条锈病、赤霉病

67

述药剂适当加大用量,立即进行补治,以减轻后期损失。

● **物理诱杀**

防控小麦田黏虫、棉铃虫等鳞翅目害虫,从3月中旬开始悬挂频振式杀虫灯,每30~50亩安装一台,每台间隔距离30米(图4)。采用灯光诱杀方式诱杀金龟子、金针虫等鞘翅目害虫,以及黏虫、棉铃虫、地老虎等鳞翅目害虫。

图4 安装振频式太阳能杀虫灯

效果与效益

● **防治效果**

示范区小麦条锈病平均防效为92.6%,小麦叶锈病为83.56%,白粉病为86.35%,赤霉病为97.65%,红蜘蛛为96.65%,蚜虫为98.42%。

● **经济效益**

示范区平均每亩防治成本为124.4元,农民自防区为135.1元,示范区较农民自防区减少10.7元。示范区较农民自防区平均每亩增产272.8千克,平均每亩增加产值627.06元。

● **生态效益和社会效益**

示范区病虫防治效果明显提高,化防次数减少1~2次,化学农药使用量减少36.31%。同时农业生态环境有了较大改善,田间害虫天敌明显增多,促进了生态改善和农业可持续发展。绿色防控示范区的面积大幅提高,引导农户科学用药、统防统治、绿色防控,减少了对环境的污染,保持了生态平衡,提高了小麦品质。

主要研发单位与人员

研发单位:偃师区植保植检站
主要人员:赵要辉,铁春晓,刘向斌,张庆伟

21. 获嘉县小麦病虫草害统防统治与绿色防控融合技术模式

获嘉县隶属于河南新乡市，地处豫北平原，属暖温带大陆性季风气候，常年种植小麦面积40余万亩，总产量2.2亿千克以上。小麦茎基腐病、纹枯病、赤霉病、锈病、白粉病、蚜虫等病虫害是影响小麦产量与品质的主要因素。近年来获嘉县连续开展小麦病虫草害绿色防控示范区建设，积累了大量绿色防控技术和经验，形成了一套绿色防控技术模式。

集成技术

● 农业防治

1. 选用良种　选用抗逆性强、优质、高产、稳产的小麦品种。
2. 耕翻整地　实施深耕、配方施肥、秸秆还田等丰产栽培技术，提高小麦抗逆、抗病性。前茬秸秆全量还田，用玉米秸秆还田机将秸秆粉碎2遍，秸秆长度≤5厘米。耕深25～30厘米，耕翻后及时耙地镇压，防止耕层过虚导致土壤失墒、影响播种出苗。
3. 适时冬灌　小麦越冬前，对土壤过于疏松和缺墒的麦田进行冬灌。在12月初日平均气温3℃左右时进行，日平均气温下降到0℃时停止冬灌。保持地温不降低，促进根系发育，同时物理振落麦蜘蛛减轻螨害。

● 生物防治

在经济阈值范围内释放瓢虫、蚜茧蜂等天敌，生物防治穗蚜，通过生物防治手段有效防控病虫害，减少农药残留量。

● 科学用药

1. 播种期　播种期是防治小麦多种病虫害的有利时机，抓好此阶段的防治工作，是预防烂种死苗、确保一播全苗和健壮越冬的关键，还可有效减轻小麦中后期病虫危害，重点防控对象为小麦纹枯病、茎基腐病、蚜虫，兼治根腐病、全蚀病、地下害虫等。播种前每100千克小麦种子用48%苯醚甲环唑·吡虫啉悬浮种衣剂300毫升进行包衣处理，同时加入适量5%氨基寡糖素水剂、0.136%赤·吲乙·芸苔（碧护）可湿性粉剂等诱抗剂和植物生长调节剂，促进小麦出苗、生根、分蘖，提高植株抗逆能力。

2.苗期 在11月中下旬至12月上旬，小麦进入分蘖期后，选择日均温10℃以上晴天、无风时进行化学除草。根据当地草情、草相，选准对路药剂，采用适宜剂量，进行麦田杂草防除。以双子叶杂草为主的麦田，每亩使用44%二甲·双氟·唑草酮悬浮剂50毫升，兑水15千克进行喷雾防治。节节麦、硬草等禾本科杂草严重地块，每亩采用30克/升甲基二磺隆可分散油悬浮剂20～30毫升加安全剂进行防控。选用雾化性能好的喷杆喷雾机施药，避免重喷漏喷，严防周边作物或后茬作物发生药害。

越冬前每行0.33米麦蜘蛛数量达到200头时，选用1.8%阿维菌素乳油、20%哒螨灵可湿性粉剂等喷雾防治，也可采取灌水时振动麦株的方法杀死害螨。

3.返青拔节期 3月上中旬是防治纹枯病、茎基腐病和麦蜘蛛等病虫的关键时期，在小麦纹枯病病株率达15%时，选择使用5%井冈霉素水剂、30%己唑醇悬浮剂、24%噻呋酰胺悬浮剂、430克/升戊唑醇悬浮剂、25%丙环唑乳油、1%申嗪霉素悬浮剂、12.5%井冈·蜡芽菌水剂等药剂进行喷雾防治，小麦茎基腐病可选用430克/升戊唑醇悬浮剂、50%多菌灵可湿性粉剂、30%丙硫菌唑可分散油悬浮剂和25%氰烯菌酯悬乳剂等药剂防治。严重发生田，间隔7～10天再喷1次，要注意加大用水量，将药液喷淋在麦株茎基部，以确保防治效果。

麦蜘蛛达到防控指标时，选用1.8%阿维菌素乳油、20%哒螨灵可湿性粉剂等喷雾防治。对于冬前未化学除草的麦田，宜在小麦返青起身期日平均气温稳定在6℃以上时，选择无风晴天进行化除，拔节后禁止化学除草。

4.抽穗扬花期 以预防小麦赤霉病为主，兼治锈病、白粉病、蚜虫并调节小麦生长。4月中下旬小麦扬花初期每亩采用45%戊唑醇·咪鲜胺水乳剂25毫升进行喷药，预防小麦赤霉病，同时混配22%联苯·噻虫嗪悬浮剂6毫升+0.007 5% 14-羟基芸苔素甾醇水剂8毫升。在小麦抽穗至扬花期遇到阴雨、露水和多雾天气，首次施药时间应提前至齐穗期。要用足药液量，施药后3～6小时内遇雨，雨后应及时补治。

5.灌浆期 以防治小麦穗蚜、白粉病、锈病、叶枯病、吸浆虫，预防干热风、后期早衰，增加千粒重为主。推荐每亩使用10%吡虫啉可湿性粉剂40克+2.5%高效氯氟氰菊酯水乳剂30毫升+45%戊唑醇·咪鲜胺25毫升+98%磷酸二氢钾粉剂100克+0.007 5% 14-羟基芸苔素甾醇水剂8毫升喷雾防控。

6.施药器械 使用自走式喷杆喷雾机、植保无人机（亩药液量在1.5升以上）等高效植保机械，选用小孔径喷头喷雾，避免使用拉管式喷雾机（图1）。同时添加适宜的功能助剂、沉降剂等，提高施药质量，保证防治效果。通过应用农业防治、物理防治、生态调控和生物防治相结合的绿色防控技术，减少用药次数，降低防治成本。

图1 植保无人机飞防作业

效果与效益

● 防治效果

核心示范区对主要病虫害的综合防治效果显著，对小麦纹枯病防效为80.7%，小麦赤霉病为100%，小麦白粉病为92.74%，小麦叶锈病为100%，小麦茎基腐病为70.7%，小麦穗蚜为100%，麦田杂草的综合防效为95.66%。

● 经济效益

示范区增产效果明显，平均亩产量达到587.3千克，较完全不防治区亩增产174.9千克，较农民自防区亩增产45.7千克，且每亩防治成本下降7元。

● 生态效益

通过推广种子包衣、植保无人机防控，以及大量采用物理、生物、农业防治措施，最大限度降低了化学农药使用量，示范区整个生长季农药使用量为378克，农民自防区农药使用量为860克，示范区比农民自防区减少农药使用量56.05%。

主要研发单位与人员

研发单位：获嘉县农业农村局
主要人员：张清军，申瑞红，常盼盼，李天逗，张倩倩

22. 博爱县小麦病虫草害统防统治与绿色防控融合技术模式

　　小麦是博爱县的主要粮食作物，常年种植面积在1.34万公顷左右，病虫草害是影响小麦丰产丰收的主要障碍因素之一。博爱县小麦害虫主要有蚜虫、红蜘蛛、蛴螬、金针虫等；病害主要有赤霉病、茎基腐病、锈病、白粉病等；杂草有婆婆纳、猪殃殃、播娘蒿、节节麦、野燕麦等。随着种植结构的改变及秸秆常年还田，造成小麦茎基腐病等土传病害呈加重趋势，同时，赤霉病、条锈病等病害严重影响小麦的产量和品质。为了减少化学农药使用量，减少农药残留，针对小麦不同生育期重大病虫草害，博爱县开展以植物检疫、健身栽培、生物防治和化学防治等技术措施为主的绿色防控技术体系，逐步形成了小麦主要病虫草害绿色防控技术模式。

集成技术

● 植物检疫

　　购买经过检疫部门检疫的健康种子（图1），控制检疫性病虫草害的发生蔓延，识别种子是否经过检疫部门检疫的方法，一是查看是否有植物检疫编号，二是查看是否有植物检疫标识，二者缺一不可。

图1　使用健康种子

● 农业防治

　　1.选择抗性品种　根据病害主要种类，选择抗茎基腐病、白粉病、锈病等病害的抗性品种。

　　2.轮作倒茬　病害发生重的地块，定期轮作倒茬，小麦收获后，复种一季甘薯、花生、大豆、高粱、秋菜（白菜、萝卜）等非寄主作物，避免小麦与玉米连作。

　　3.合理播种　播种前要清洁田园，提高整地质量，清除地表菌源，优化农田环境，恶化病虫生存条件。播种深度3～5厘米，每亩播种量10～12.5千克，创造合理群体结构，培育健壮个体，提高小麦自身抗逆能力。播种时间一般在10月中下旬，适期或适期迟播，以减轻多种病虫的发生和危害，为做好全程控制病虫害打下基础。

4.农机与农艺相融合 播种时按照 15 ～ 25 厘米的宽窄行种植模式进行播种，即窄行15厘米，宽行25厘米（图2），田间通风透光，创造不利于小麦红蜘蛛、小麦白粉病、锈病等病虫害发生的田间小环境，减轻病虫危害，同时为小麦中后期病虫害防治预留出植保机械行走通道，方便小麦全生育期开展病虫草害统防统治工作。

5.合理灌溉 结合土壤墒情合理灌溉，在红蜘蛛潜伏期浇水，使虫体被泥水粘于地表而死亡；在红蜘蛛为害期喷灌，使红蜘蛛假死落地，粘于地表而死。

图2 小麦宽窄行种植

● 物理防治

人工拔除抗性杂草，在小麦灌浆初期，对田间零星杂草尤其是节节麦、野燕麦、黑麦草等进行人工拔除，同时将杂草带出田间进行深埋等无害化处理。

● 生物防治

1.播种前拌种 每100千克种子用1%申嗪霉素悬浮剂100 ～ 200毫升或5亿芽孢/克荧光假单胞菌可湿性粉剂1 000 ～ 1 500克进行拌种，防治小麦全蚀病，兼治纹枯病、根腐病等根部病害（图3）。

2.返青拔节期重点防治根部病害 防治茎基腐病、纹枯病、根腐病、全蚀病等根部病害，每亩使用井冈·蜡芽菌悬浮剂（蜡质芽孢杆菌含量：8亿个/克，井冈霉素含量：2%）200 ～ 260克或16%井冈霉素可溶粉剂43.8 ～ 56.3克，兑水对准小麦基部喷淋。严重发生田，隔7 ～ 10天再喷1次。

3.扬花初期防治赤霉病 每亩使用井冈·蜡芽菌可湿性粉剂（蜡质芽孢杆菌含量：16亿个/克，井冈霉素含量：4%）100 ～ 130克，或1%申嗪霉素悬浮剂100 ～ 120毫升，或0.3%四霉素水剂50 ～ 65毫升，或5%氨基寡糖素水剂75 ～ 100毫升，或6%低聚糖素水剂60 ～ 80毫升，兑水均匀喷雾，视病情和天气发展，间隔7 ～ 10天连续施药2 ～ 3次，注意喷雾要均匀。

图3 小麦播前拌种

● 化学防治

1.播前 播种期种子包衣拌种，重点防控茎基腐病和蚜虫，兼治纹枯病、根腐病、全蚀病和地下害虫，防治茎基腐病，可选用25克/升咯菌腈悬浮种衣剂、30%戊唑醇悬浮剂、10%苯醚甲环唑微乳剂等药剂进行种子处理，药剂用量要足，拌种要均匀，以确保预防效果，可兼治纹枯病、根腐病等。

预防病害，用9%氟环·咯·苯甲种子处理悬浮剂100～200毫升或5%苯甲·戊唑醇种子处理悬浮剂55～70毫升，兑水后拌麦种100千克。预防蚜虫，用600克/升吡虫啉悬浮种衣剂200～600毫升或30%噻虫嗪种子处理悬浮剂200～400毫升，加适量清水，混合均匀调成浆状药液后，拌麦种100千克。地下害虫发生严重时，每亩使用3%辛硫磷颗粒剂3～4千克进行土壤处理，犁地前均匀撒施于地面，随犁地翻入土中。采用杀菌剂（戊唑醇、苯醚甲环唑、咯菌腈）与杀虫剂（吡虫啉、噻虫嗪等）混合拌种或种子包衣，起到"一拌多效"的作用。

2.苗期 小麦4叶期后，平均气温6℃，在11月下旬至12月上旬开展化学除草（图4）。以婆婆纳、猪殃殃、播娘蒿、荠菜、泽漆等阔叶杂草为主的田块，每亩使用34%氯吡·唑草酮可湿性粉剂15～30克，或9%双氟·唑草酮悬浮剂15～20毫升，或48%2甲·氯·双氟悬浮剂50～60毫升，兑水均匀喷雾；以蜡烛草、野燕麦等禾本科杂草为主的田块，每亩使用15%炔草酯微乳剂25～30毫升兑水均匀喷雾；节节麦发生严重田，每亩使用30克/升甲基二磺隆可分散油悬浮剂20～30毫升兑水均匀喷雾。

图4 自走式喷杆喷雾机进行化学除草

3.返青拔节初期 防治纹枯病、根腐病、全蚀病等根部病害，每亩使用240克/升噻呋酰胺悬浮剂20～25毫升或12.5%烯唑醇可湿性粉剂45～60克，兑水对准小麦茎基部喷雾，连喷2次，间隔10天。

4.抽穗扬花期 防治重点是蚜虫、锈病、白粉病、叶枯病、赤霉病等，对达到防治指标的麦田进行药剂防治。防治蚜虫：每亩使用35%联苯·噻虫嗪悬浮剂6～10毫升或25%噻虫嗪水分散粒剂8～10克，兑水均匀喷雾。防治白粉病、锈病：每亩使用12.5%烯唑醇可湿性粉剂32～64克，或30%戊唑醇悬浮剂10～15毫升，兑水均匀喷雾，7～10天喷药一次，可兼治叶枯病等其他多种病害。预防赤霉病：当小麦抽穗扬花期遇3天以上连阴雨时，在小麦扬花初期（最佳时期为小麦扬花10%左右），每亩使用40%丙硫菌唑·戊唑醇悬浮剂30～40毫升，或45%戊唑·咪鲜胺悬浮剂20～25毫升，或480克/升氰烯·戊唑醇悬浮剂40～60毫升，兑水均匀喷雾，隔7天再施药一次，兼治白粉病、锈病等。病虫混生麦田：分别选用杀虫剂、杀菌剂、植物生长调节剂和叶面肥，混合喷雾，起到一喷多防的作用。植物生长调节剂可选用0.01% 14-羟基芸苔素甾醇水剂，叶面肥可选用99%磷酸二氢钾粉剂。

5.灌浆期　重点防治小麦穗蚜、白粉病、叶锈病、干热风等。根据病虫发生的种类和程度，统筹兼顾，科学配方，混合作业，综合防治，一喷多防（图5）。每亩使用40%丙硫菌唑·戊唑醇悬浮剂30～40毫升（30%唑醚·戊唑醇悬浮剂30～40毫升）+25%吡蚜酮可湿性粉剂20克（或5%啶虫脒可湿性粉剂40克）+0.01% 14-羟基芸苔素甾醇水剂20～30毫升+99%磷酸二氢钾粉剂200克，兑水喷雾。

图5　植保无人机飞防作业

效果与效益

● 防治效果

示范区对小麦重大病虫草害防效均在95%以上，对锈病、白粉病、纹枯病、赤霉病的防效明显高于农户自防区，有效减少了因病虫害而造成的损失（表1）。

表1　各处理对小麦重大病虫草害的防效

处理	杂草（%）	蚜虫（%）	纹枯病（%）	赤霉病（%）	白粉病（%）	锈病（%）
核心示范区	99.57	99.86	87.2	96.06	100	100
辐射带动区	99.13	99.78	86.4	95.45	100	100
农民自防区	99.57	99.93	65.6	89.39	77.03	34.51

● 经济效益

核心示范区增产效果显著，示范区小麦平均亩产624.0千克，较农户自防区（585.2千克）增产38.8千克，增产率达6.6%。示范区防病治虫及增产效果十分显著，辐射带动作用明显。不同处理亩成本差异主要表现在用药和人工成本上，核心示范区每亩成本比农户自防区减少5元，每亩纯收益增加98.1元（表2）。

表2　各处理小麦投收比

处理	亩成本（元）			亩产量（千克）	亩收益（元）	亩纯收益（元）	投收比
	农药	人工	合计				
核心示范区	36	15	51	624.0	1 497.6	1 446.6	1 ∶ 10.6
辐射带动区	36	15	51	622.2	1 493.3	1 442.3	1 ∶ 10.5
农户自防区	32	24	56	585.2	1 404.5	1 348.5	1 ∶ 8
对照	0	0	0	376.9	904.6	904.6	—

　　注：小麦价格按每千克2.4元计算。投收比＝（处理亩纯收益－对照亩纯收益）/病虫防治投入。

● **生态效益**

　　示范区每亩使用化学农药274克，用量较自防区减少123克，农药使用量降低了30.98%，减少了化学农药对生态环境的影响。

主要研发单位与人员 ◇

　　研发单位：1.博爱县农业农村发展服务中心；2.焦作市农业技术推广中心
　　主要人员：王守宝[1]，王香芝[1]，武海波[2]

23.鹤壁市小麦病虫草害统防统治与绿色防控融合技术模式

鹤壁市位于河南省北部，太行山东麓和华北平原的过渡地带，属暖温带半湿润型季风气候，四季分明，光照充足，温差较大。小麦是鹤壁市主要粮食作物，常年种植面积135万亩左右，小麦病虫草害是影响小麦丰产丰收的主要障碍因素之一。鹤壁市小麦主要病虫草害为茎基腐病、纹枯病、白粉病、赤霉病、蚜虫、麦蜘蛛等。为贯彻"公共植保，绿色植保，科学植保"理念，实现农药减量控害，减少农药残留，鹤壁市根据近几年小麦重大病虫害综合防治示范区示范结果，初步探索形成了鹤壁市平原灌区小麦病虫草害绿色防控技术模式。

集成技术

● 播种期

1.植物检疫　禁止从疫区调运小麦种子，使用检疫合格的小麦种子。

2.农业措施　选用抗病虫品种。合理施肥，控制氮肥用量、增施磷钾肥。深耕深松，秸秆还田地块每3年深耕1次，耕深25～30厘米。适时适量足墒播种。

3.化学措施　种子包衣。采用2.5%咯菌腈悬浮剂20毫升+60%吡虫啉悬浮种衣剂30毫升拌种10千克，防治土传病害及地下害虫。

● 苗期

1.防治地下害虫　地下害虫造成死苗率达3%时，选用50%辛硫磷乳油1 000～1 500倍液或48%毒死蜱乳油500～1 000倍液顺麦垄喷淋到麦苗根部。

2.冬前化学除草　在小麦3～5叶期、杂草2～4叶期时，开展化学除草。以野燕麦、看麦娘、日本看麦娘、硬草为主的麦田，每亩可选用10%精噁唑禾草灵乳油40～50毫升，或15%炔草酯可湿性粉剂20～30克，兑水30～45千克，均匀喷雾防治；以节节麦、雀麦等为主的麦田，每亩选用3%甲基二磺隆油悬浮剂25～35毫升，或3.6%甲基二磺隆·甲基碘磺隆钠盐水分散粒剂20～30克，兑水30～45千克喷雾防治；以阔叶杂草为主的麦田，可选用10%苯磺隆可湿性粉剂10～15克+20%氯氟吡氧乙酸乳油30毫升进行防除。首选复配制剂或2～3种单剂混合使用来提高防效并延缓抗药性产生。施药时间选择在上午9时至下午4时之间、晴天无风且平均气温不低于6℃时用药,阴雨天、大风天禁止用药,以防药效降低及雾滴飘移产生药害。

● 返青拔节期

1.防治根茎部病害 3月中旬,纹枯病、茎基腐病、根腐病病株率达到15%以上地块,选用12.5%烯唑醇可湿性粉剂30～50克或43%戊唑醇可湿性粉剂20克,兑水40～50千克,对准小麦茎基部喷雾防治。喷药时加入5%氨基寡糖素水剂100毫升或0.01%芸苔素内酯可溶液剂10毫升,提高小麦抗病性,促进小麦健壮生长。

2.早春化学除草 冬前没有开展化学除草的麦田,在小麦返青后,小麦拔节前喷施除草剂,使用药剂和施药方法同冬前苗期。

3.挑治病虫害 4月中旬每亩使用2.5%联苯菊酯微乳剂60毫升+60%吡虫啉悬浮剂6克+43%戊唑醇可湿性粉剂20毫升,防治麦叶蜂、红蜘蛛、蚜虫和白粉病、叶锈病、赤霉病。

● 抽穗扬花期

1.防治吸浆虫 吸浆虫发生严重地块,在小麦抽穗70%～80%时,可选用4.5%高效氯氰菊酯乳油,或2.5%高效氯氟氰菊酯乳油,或10%吡虫啉乳油,或25%吡蚜酮悬浮剂等,稀释1 500～2 000倍喷雾防治,于成虫产卵之前杀灭,兼治麦叶蜂、蚜虫。

2.防治赤霉病 小麦抽穗至扬花期出现连续阴雨、多露或雾霾天气且持续3天以上,全面开展赤霉病防治。每亩选用25%氰烯菌酯悬乳剂100～150毫升或43%戊唑醇可湿性粉剂20～30克,兑水40～50千克喷雾防治。使用无人机施药时每亩喷药量1升以上,使用自走式喷杆喷雾机时每亩喷药量15升以上。

● 灌浆期

以防治蚜虫为主,兼防白粉病、锈病、叶枯病,以及防早衰、防干热风等。推广"一喷三防"技术,每亩使用150克磷酸二氢钾粉剂+5%高效氯氟氰菊酯水乳剂50毫升+50%吡蚜酮可湿性粉剂20克+45%戊唑·咪鲜胺悬浮剂40克+43%戊唑醇10克+5%氨基寡糖素水剂30克。

效果与效益

● 防治效果

采用绿色防控技术模式,在小麦纹枯病、白粉病、赤霉病、茎基腐病等病害中度偏重发生年份,防治效果达到77.8%～93.5%,防效比农民自防区提高30%～40%;麦蜘蛛、麦穗蚜防治效果均能达到80%以上,比农民自防区提高5%;常发杂草防治效果无差异,防效均在85%以上。

● **经济效益**

采用绿色防控技术模式，每亩可产小麦600～650千克，农民自防区亩产为500～550千克，示范区比农民自防区每亩增产50～150千克。示范区每亩防控成本为115元，农民自防区为70元。示范区比农民自防区每亩增加纯收益300元左右。

主要研发单位与人员 ◇

研发单位：1.鹤壁市农业农村发展服务中心；2.浚县植保站；3.淇县植保站
主要人员：毕桃付[1]，耿利宾[2]，豆玉靖[3]，耿园[2]

24. 濮阳市小麦病虫草害统防统治与绿色防控融合技术模式

　　濮阳市位于河南省东北部，属黄河冲积平原。黄河横贯全境，地势平坦，土层深厚，酸碱适度，灌溉便利，光照充足，适宜多种农作物种植。主要粮食作物有小麦、玉米、大豆、花生、水稻等。濮阳市耕地面积378.8万亩，常年小麦种植面积稳定在350万亩以上，是我国重要的商品粮供应基地。小麦主要病虫害包括小麦纹枯病、茎基腐病等根茎类病害，白粉病、叶锈病等叶部病害，赤霉病、条锈病等气候性、流行性病害，以及地下害虫、蚜虫、麦蜘蛛、麦叶蜂、吸浆虫等主要害虫，还有以播娘蒿、节节麦等为主的麦田杂草。近年来，濮阳市植保植检站联合清丰县、南乐县植保植检站等技术部门探索并建立了一套小麦病虫草害全程绿色防控技术模式。

集成技术 ◇

　　根据小麦不同生育期，科学判断重点防控对象。例如播种期采用药剂拌种等种子处理技术，可有效预防小麦纹枯病、茎基腐病和蚜虫；越冬前适时防除杂草，压低蚜虫、麦蜘蛛等越冬基数；返青至拔节期重点查治纹枯病、茎基腐病、麦蜘蛛、地下害虫以及麦田杂草；孕穗期重点防治吸浆虫、麦蚜、白粉病、纹枯病、锈病；抽穗期以后重点防治条锈病、白粉病和穗蚜，预防赤霉病。

● 防治指标

　　小麦纹枯病病株率达到15%，小麦白粉病病叶率达到5%，小麦穗蚜百穗平均蚜虫达500头，麦蜘蛛单行0.33米有麦圆蜘蛛200头。

● 播种期

　　1. 品种选择　选择目前生产上主要推广的品种或在当地有代表性的小麦品种，种子纯度要高，品种要统一。

　　2. 种子处理　大力提倡采用苯醚甲环唑、咯菌腈、戊唑醇等杀菌剂与吡虫啉、噻虫嗪等杀虫剂进行混合拌种或种子包衣。也可选用合理的杀菌剂和杀虫剂配方或复配种衣剂，起到"一拌多效"的作用。要慎重选择农药品种，严格按照农药安全使用规范操作或在植保技术人员指导下使用，防止药害和人畜发生安全事故。药剂拌种或种子包衣时，可以加入适量氨基寡糖素、芸苔素内酯、碧护（有效成分：天然赤霉素、吲哚乙酸等）等诱抗剂和植物生长调节剂一起处理种子，促进小麦出苗、生根、分蘖和健壮生长，提高抗逆能力。

3.播种方式 采取宽窄行播种方式，即宽行行距为24～28厘米，窄行行距为14～16厘米，既有利于增产，又为后期机械施药留下作业道。

● 秋苗期

小麦秋苗期是防治杂草的关键时期，应大力宣传推广"麦草秋治"措施，抓住有利时机进行化学除草，提高防治效果。以野燕麦、看麦娘、碱茅、硬草为主的麦田，可选用炔草酯、精噁唑禾草灵、唑啉·炔草酯等除草剂进行防除；以节节麦、雀麦等为主的麦田，可选用甲基二磺隆、甲基二磺隆·甲基碘磺隆等进行防除。双子叶杂草可选用双氟磺草胺、氯氟吡氧乙酸异辛酯、唑草酮、吡氟酰草胺、苯磺隆和2甲4氯异辛酯等进行防除。首选复配制剂或2～3种单剂混合使用，以提高防效并延缓抗药性产生。冬前除草最佳时期是小麦4叶后至浇冬水之前，时间约在11月上旬至12月上旬。为确保防治效果，选择气温10℃以上的晴朗、无风的中午时段（10:00—16:00）用药，用药后5～7天天气晴朗、无明显降温天气。采用二次稀释法配药，适当加大喷水量。施药时要注意避免对周边作物的飘移药害和对后茬作物的残留药害。喷洒后施药机械一定要冲洗干净，以免交叉污染，造成药害。

● 返青拔节期

主要防治小麦纹枯病、茎基腐病、根腐病、麦蜘蛛等，每亩使用5%井冈霉素水溶性粉剂100～150克或43%戊唑醇悬浮剂20～30克，兑水50千克，对准小麦茎基部喷雾。返青期尽量不用杀虫剂，麦蜘蛛发生严重的麦田，当单行0.33米有麦圆蜘蛛200头以上时使用1.8%阿维菌素乳油20毫升，兑水30～40千克喷雾，尽量挑治，推迟第一次大面积使用杀虫剂的时间。

为了减少农药使用量，应当开展系统调查，麦蜘蛛达到防治指标时进行防治，苗蚜可适当放宽防治指标，一般不专门进行防治，避免打保险农药，充分发挥麦田害虫天敌的作用。

● 齐穗期

主要防治小麦赤霉病、蚜虫，兼治小麦吸浆虫、锈病、白粉病等。在小麦齐穗期可使用多菌灵、戊唑醇、氰烯菌酯、丙硫菌唑等药剂防治小麦赤霉病。在小麦蚜虫、吸浆虫发生严重的麦田，用10%高效氯氰菊酯乳油2 000～3 000倍液或10%吡虫啉可湿性粉剂1 500～2 000倍液喷雾防治。重发区要连续用药2次，间隔4～5天，消灭成虫于产卵之前。喷雾时要喷匀打透，每亩药液量不少于30千克。若选用植保无人机喷药，应保证每亩药液量在1升以上。

● 灌浆期

灌浆期是小麦生长的关键时期，也是多种病虫害混合发生、危害严重的时期，重点做好小麦锈病、白粉病、叶枯病、蚜虫等病虫防治工作，要根据病虫害的发生种类和危害情况，组织开展大面积的"一喷三防"工作。在小麦灌浆初期，每亩使用12.5%烯唑醇可湿性粉剂40～50克（或25%戊唑醇可湿性粉剂30～40克）+10%高效氯氰菊酯乳油10～20毫升（或10%吡虫啉可湿性粉剂20～30克）+0.02%芸苔素内酯可溶液剂20毫升+98%磷酸二氢钾粉剂150克，加水50千克均匀喷雾，防治小麦生长后期多种病虫害，预防干热风，防早衰。可视病虫发生情况，选择使用杀菌剂或杀虫剂加植物生长调节剂，尽量减少不必要的药剂。如果灌浆期遇连阴雨天气，必须在第一次用药后7～10天第二次用药，以保证防控效果。若选用植保无人机喷药，应保证每亩药液量在1升以上。

● 示范品种

1.濮兴8号

（1）播种期。深耕土壤，精细整地，配方施肥；统一用使用2.5%咯菌腈悬浮种衣剂80毫升+22%噻虫胺·嘧菌酯悬浮种衣剂80毫升包衣拌种12.5千克小麦种子，重点预防纹枯病、全蚀病、地下害虫等，兼治苗期蚜虫。

（2）第一遍用药。于3月上中旬喷施多效唑30克+2.5%高效氯氟氰菊酯20克+48%甲硫·戊唑醇50克+0.01%芸苔素内酯可溶液剂10毫升+激健15毫升，防治小麦白粉病、麦叶蜂、蚜虫、纹枯病等。

（3）第二遍用药。于4月下旬每亩使用25%噻虫嗪水分散粒剂4毫升+2.5%高效氯氟氰菊酯20克+50%甲硫·己唑醇50克+0.01%芸苔素内酯10毫升，预防小麦蚜虫、纹枯病、白粉病、麦叶蜂等。

（4）第三遍用药。于5月上旬每亩使用4.5%联苯菊酯水乳剂30克+23%吡唑·甲基硫菌灵可溶性粉剂50克+99%磷酸二氢钾水剂100克+激健15毫升，预防小麦蚜虫、赤霉病、条锈病等，提高植株抗逆能力。

2.周麦22

（1）播种期。深耕土壤，精细整地，配方施肥；统一使用22%噻虫·咯菌腈悬浮种衣剂40毫升包衣拌种12.5千克小麦种子，预防纹枯病、全蚀病、苗期蚜虫、地下害虫等，综合防治小麦苗期病虫害。

（2）返青拔节期。于3月上旬喷施50克/升双氟磺草胺悬浮剂10毫升+10%氟氯吡啶酯乳油5克+助剂15毫升，防治麦田杂草。使用25%多效唑40克+2.5%高效氯氟氰菊酯30克+430克/升戊唑醇20克+0.01%芸苔素内酯可溶液剂10毫升，预防小麦蚜虫、纹枯病、白粉病、麦叶蜂等。

（3）抽穗扬花至灌浆期。每亩使用5%高效氯氟氰菊酯30克+0.01%芸苔素内酯可溶液剂10毫升+70%吡虫啉5克+45%戊唑·咪鲜胺20毫升+磷酸二氢钾水剂100克，预防小麦蚜虫、赤霉病、条锈病等，提高植株抗逆能力，延缓叶片衰老。

（4）绿色防控组织形式。实行植保机械化全程绿色防控，所用施药机械为永佳动力有限公司生产的水旱两用自走式喷杆喷雾机（型号3WSH-1000），或大疆植保无人机。

效果与效益

以2023年的统计数据为例，清丰县核心示范区对主要病虫害的融合防治效果达98.3%（其中纹枯病防效为98.5%，赤霉病为95%，白粉病为98%，麦穗蚜为99%），平均亩产量605千克，较农民自防区提高45千克，增产率16%。南乐县完全不防治区亩穗数38.6万穗，穗粒数33.6粒，千粒重41.0克，平均亩产451.9千克；农民自防区亩穗数40.5万穗，穗粒数35.5粒，千粒重45.3克，平均亩产553.6千克；核心示范区亩穗数41.5万穗，穗粒数36.8粒，千粒重46.4克，平均亩产602.3千克。核心示范区较农民自防区每亩增产48.7千克，增产率8.8%。核心示范区、农民自防区亩防治成本分别为60元、53元，示范区较农民自防区每亩增加纯收益124.5元。

主要研发单位与人员

研发单位：1.濮阳市植保植检站；2.南乐县植保植检站；3.清丰县植保植检站；4.濮阳县植保植检站

主要人员：柴宏飞[1]，秦根辉[2]，曹现彬[3]，冯平[1]，化世光[4]

25. 清丰县小麦病虫草害统防统治与绿色防控融合技术模式

　　清丰县隶属于濮阳市，位于冀、鲁、豫三省交界处，耕地面积85.05万亩，常年种植小麦76万亩。清丰县小麦病虫草专业化统防统治与绿色防控融合项目示范基地面积为2 000亩，其中核心区500亩，辐射带动10 000亩。示范区土质为两合土质，排灌方便，小麦品种为卓麦6号、濮兴5号等。小麦返青至拔节期以纹枯病、红蜘蛛为主治对象，兼治其他病虫；抽穗扬花期以赤霉病、条锈病、穗蚜为主治对象，兼治白粉病、蚜虫等。

集成技术

● 播种期

　　深耕土壤，精细整地，配方施肥。统一使用22%噻虫·咯菌腈悬浮种衣剂40毫升+125克/升硅噻菌胺悬浮种衣剂20毫升，拌12.5千克小麦种子，重点预防纹枯病、全蚀病、苗期蚜虫、地下害虫等，综合防治小麦苗期病虫害。

● 返青拔节期

　　于3月上旬喷施50克/升双氟磺草胺悬浮剂10毫升+10%氟氯吡啶酯乳油5克+助剂15毫升，防治麦田杂草（图1）。使用25%多效唑可湿性粉剂40克+2.5%高效氯氟氰菊酯水乳剂30克+430克/升戊唑醇悬浮剂20克+0.01%芸苔素内酯水剂10毫升+1.8%阿维菌

图1　水旱两用自走式喷杆喷雾机除草

图2　植保无人机飞防作业

素乳油30毫升+6%寡糖·链蛋白可湿性粉剂15克，预防小麦蚜虫、纹枯病、白粉病、麦叶蜂等（图2）。

● 抽穗扬花至灌浆期

每亩使用5%高效氯氟氰菊酯水乳剂30克+0.01%芸苔素内酯水剂10毫升+70%吡虫啉水分散粒剂5克+45%戊唑·咪鲜胺悬浮剂20毫升+磷酸二氢钾水剂100克+6%寡糖·链蛋白可湿性粉剂15克，预防小麦蚜虫、赤霉病、条锈病等，提高植株抗逆能力。

效果与效益

● 防治效果

1.草害防效 化学除草前（2月上旬），示范区内杂草平均密度为75.6株/米²，农民自防区为73.8株/米²。化学防除后（3月上旬），示范区内杂草平均密度为3.2株/米²，防效达96.8%，农民自防区为5.7株/米²，防效为92.5%。

2.病虫防效 3月上旬和4月中旬的调查显示，示范区内纹枯病侵茎率分别为4%和5.7%，农民自防区则高达12%和12.5%。4月下旬调查，示范区内平均百穗蚜量为56头，农民自防区为142头。施药7天后，示范区蚜虫防效达98.8%，较农民自防区高出5.3%。示范区病虫害防治效果均优于农民自防区。

● 经济效益

示范区小麦亩产量为628.8千克，农民自防区和对照区分别为476.6千克和550.1千克。核心区比农民自防区每亩增产152.2千克，增加收益350元。

● 生态效益

通过示范指导，实现了对症施药，科学合理用药，防治效果均在90%以上，防治效果提高10～20个百分点，减少用药1～2次，节约用药约30%，天敌数量明显增加，生态环境明显改善。

● 社会效益

通过示范应用和推广，提高了农民科技素质，提升了用药水平，防治效果大幅提升，对稳定粮食生产，实现植保社会化服务和规范化运作起到了积极作用。

主要研发单位与人员

研发单位：1.清丰县植保植检站；2.濮阳市植保植检站
主要人员：董彦防[1]，马志超[1]，曹现彬[1]，柴宏飞[2]，陈艳利[2]，冯萍[2]

26. 安阳市小麦病虫草害统防统治与绿色防控融合技术模式

安阳市是全国重要的小麦商品粮生产基地，全市多采用小麦–玉米连作模式，冬小麦常年种植面积30.67万公顷左右。受复种指数高、秸秆还田多、品种抗逆性差等影响，小麦茎基腐病、纹枯病、根腐病等病害，红蜘蛛、金针虫等地下害虫及婆婆纳、猪殃殃、播娘蒿、节节麦等杂草逐年加重。此外，受气候条件、种植结构、农村劳动力转移等影响，小麦赤霉病、锈病、白粉病、蚜虫等病虫害频发难控，严重威胁安阳小麦产业的高质量发展。近年来，安阳市积极开展小麦病虫草害绿色防控技术的探索，从加强植物检疫开始，在播种期选用适宜药剂对种子进行拌种包衣、土壤处理，综合采取农业防治、理化诱控、生态调控、生物防治等措施，以及小麦生长中后期开展航空植保统防统治，有效地控制了小麦重大病虫害的发生危害，减少了化学药剂使用。

集成技术

● 播种期

1. 深耕细耙，精细整地　选用抗（耐）病品种，全面实行种子药剂拌种、包衣，严禁白籽下地。播种时间一般在10月5—17日，播种深度3～5厘米，行距16～20厘米，宽窄行种植模式播种，预留出植保机械行走通道；每亩播种量10～12.5千克，下种要均匀，深浅应一致，适期或适期迟播，创造合理群体结构，培育健壮个体，提高小麦自身抗逆能力。

2. 土壤处理　地下害虫、小麦吸浆虫发生区，整地时每亩使用3%辛硫磷颗粒剂2～3千克，拌细干土25千克，耕地后均匀撒施，然后混土，进行土壤处理。小麦全蚀病、茎基腐病、根腐病、纹枯病、黑穗病等土传（种传）病害重发区，每亩使用70%甲基硫菌灵可湿性粉剂2～3千克或50%多菌灵可湿性粉剂3～5千克，加细土20～25千克制成毒土，耕地前均匀撒施于田间，随地翻入土中。

3. 种子处理　对小麦全蚀病、茎基腐病、根腐病、纹枯病、黑穗病等土传（种传）病害，可选用3%苯醚甲环唑悬浮种衣剂40毫升+2.5%咯菌腈悬浮种衣剂20毫升，拌麦种10～15千克，或1%申嗪霉素悬浮剂10～20毫升拌麦种10千克。对地下害虫、小麦吸浆虫发生区，每亩使用60%吡虫啉悬浮种衣剂30毫升拌麦种10～15千克，或30%噻虫嗪悬浮种衣剂45～60毫升拌麦种10千克进行包衣。

● 苗期

重点做好冬前杂草防除。冬前播种期化学除草，一般在11月中下旬至12月上旬的无风晴天进行，冬前最佳时期是小麦4叶期后，平均气温6℃以上时；早春最佳时期在小麦拔节前，平均气温6℃以上时。喷洒除草剂时，尽量采用大中型喷杆喷雾机，避免对周边产生飘移药害和对后茬作物产生残留药害。施药时，采用二次稀释法配药，适当加大喷水量。施药后施药机械要及时彻底冲洗干净。

以野燕麦、看麦娘、日本看麦娘、碱茅草等杂草居多的麦田，每亩使用15%炔草酸可湿性粉剂13.3～20克或6.9%精噁唑禾草灵乳油40～50毫升，兑水30～40千克进行防除。以节节麦、蜡烛草等为主的麦田，每亩使用30克/升甲基二磺隆可分散油悬浮剂30毫升或3.6%甲基二磺隆·甲基碘磺隆钠盐水分散粒剂25～35克，兑水30～40千克进行防除。以播娘蒿、荠菜、米瓦罐、猪殃殃等一年生阔叶杂草为主的麦田，每亩使用10%苯磺隆可湿性粉剂10～15克，或20%氯氟吡氧乙酸乳油50～60毫升，或40%唑草酮水分散粒剂4～5克，兑水30～40千克均匀喷雾。以双子叶杂草和禾本科杂草混生的麦田，可根据草相，选用相应药剂混配使用。所选药剂要严格按照使用说明书推荐剂量和方法使用，不得随意加大使用剂量（图1）。

图1　化学除草

● 返青至拔节期

返青拔节期重点防治纹枯病、根腐病等根部病害及红蜘蛛、地下害虫、蚜虫等害虫。冬前未及时除草地块要于拔节期前进行补除。

1. 防治纹枯病 一般在2月下旬至3月上旬，当麦田病株率达到15%时，每亩使用20%井冈霉素可溶性粉剂40～50克，或井冈·蜡芽菌可湿性粉剂（蜡质芽孢杆菌含量：16亿个/克）100～130克，或12.5%烯唑醇可湿性粉剂60～80克，或25%丙环唑乳油30～35克等，兑水50千克均匀喷洒，发病较重田块，间隔7～10天再施一次药，连喷2～3次。施药时注意加大用水量，重点喷洒茎基部，以提高防效。

2. 防治红蜘蛛 返青浇灌前，先扫动麦株，使红蜘蛛假死落地，然后浇水，淹死红蜘蛛。释放天敌捕食螨、草蛉、瓢虫、花蝽等，控制红蜘蛛危害。当小麦单行0.33米有麦圆蜘蛛200头或麦长腿蜘蛛100头以上时，每亩可用1.8%阿维菌素乳油3 000倍液，或73%炔螨特乳油1 500～2 500倍液，或20%哒螨灵可湿性粉剂1 500～2 000倍液喷雾防治。

3. 防治蚜虫 苗期蚜虫百株虫量达到100头以上时，每亩可用绿僵菌可分散油悬浮剂（80亿孢子/毫升）60～90毫升，或600克/升吡虫啉悬乳剂3～4毫升，或50%抗蚜威可湿性粉剂6～8克，或4.5%高效氯氰菊酯水乳剂40毫升，兑水40～50千克均匀喷雾。

4. 防治地下害虫 虫害严重的地块，每亩可选用30%毒·辛微囊悬浮剂或50%辛硫磷乳油500～800倍液灌根，结合灌浇可提高防效。

● **孕穗期**

重点防治小麦吸浆虫，预防倒春寒。

1. 防治吸浆虫 每亩使用30%毒·辛微囊悬浮剂1～1.5千克，或3%辛硫磷颗粒剂2～4千克，或5%毒死蜱颗粒剂1.5～2千克，拌细土20千克，均匀撒在地表，土壤墒情好或撒毒土后浇水效果更好。

2. 预防倒春寒 当天气预计有3天以上日平均气温低于12℃时，每亩使用98%磷酸二氢钾粉剂200克+0.01%芸苔素内酯可溶液剂15～20毫升兑水喷雾，增强小麦抗寒性。

● **抽穗扬花期**

害虫重点防治蚜虫，挑治吸浆虫，兼治麦叶蜂等。病害重点防治赤霉病、白粉病等，兼治叶枯病、锈病等。

1. 防治蚜虫 ①释放瓢虫。释放蚜虫天敌，当百株蚜量在1 000头以上时，释放瓢虫量和蚜虫存量的比例是1∶100；当百株蚜量500～1 000头时，释放瓢虫量和蚜虫存量的比例为1∶150；当百株蚜量500头以下时，释放瓢虫量和蚜虫存量的比例为1∶200。释放时间以傍晚为宜。蚜虫天敌还包括食蚜蝇、蚜茧蜂等，也有很好的防治效果。②生物制剂。每亩使用150亿孢子/克球孢白僵菌可湿性粉剂15～20克兑水喷雾防治。③科学用药。每亩使用25%吡蚜酮可湿性粉剂20～30克，或25%噻虫嗪水分散粒剂8～10克，或20%呋虫胺悬浮剂20～40毫升，或10%吡虫啉可湿性粉剂20～30克，兑水均匀喷雾，兼治小麦吸浆虫成虫，保护瓢虫、草蛉、食蚜蝇等天敌。

2. 防治赤霉病 当小麦抽穗扬花期遇3天以上连阴雨时，在小麦扬花初期（扬花10%左右），每亩使用井冈·蜡芽菌可湿性粉剂（蜡质芽孢杆菌含量：16亿个孢子/克，井冈霉素含量：4%）100 ~ 130克，或1%申嗪霉素悬浮剂100 ~ 120毫升，或80%多菌灵可湿性粉剂60 ~ 80克，或45%戊唑·咪鲜胺悬浮剂20 ~ 25毫升/亩，或50%戊唑·多菌灵悬浮剂50 ~ 60毫升，兑水均匀喷雾。为减少抗性，应选用不同作用机制的杀菌剂轮换使用。

3.防治白粉病、锈病　每亩使用1 000亿芽孢/克枯草芽孢杆菌可湿性粉剂15 ~ 20克，或75%肟菌·戊唑醇水分散粒剂10克，或60%嘧菌酯水分散粒剂10 ~ 20克，或30%戊唑醇悬浮剂10 ~ 15毫升，兑水均匀喷雾，7 ~ 10天喷药一次。可兼治叶枯病等其他多种病害。

4.病虫混合发生的防治　以蚜虫、白粉病、赤霉病为主时，每亩使用1 000亿芽孢/克枯草芽孢杆菌可湿性粉剂15 ~ 20克（或45%戊唑·咪鲜胺悬浮剂20 ~ 25毫升）+25%吡蚜酮可湿性粉剂20克（或25%噻虫嗪水分散粒剂8 ~ 10克）。若麦叶蜂等食叶害虫较多时，在上述配方中另加入1.8%阿维菌素乳油10 ~ 20毫升。

● **灌浆期**

防治重点是小麦穗蚜、白粉病、叶锈病、干热风等。

1.防治病虫　在小麦灌浆初期（5月上旬）进行，防治重点是小麦穗蚜、白粉病、叶锈病、干热风等，每亩使用600克/升吡虫啉悬乳剂6克+5%高效氟氯氰菊酯水乳剂7 ~ 10毫升+430克/升戊唑醇悬乳剂10 ~ 20克+45%咪鲜胺水乳剂+氨基酸叶面肥水剂30克+飞防助剂1毫升，进行均匀喷雾（图2）。为确保小麦质量安全，严禁使用国家明令禁止使用的高毒、高残留农药，且最后一次施药距收获期应不少于10天。

图2　植保无人机飞防作业

2.人工除草　对于前期播娘蒿、节节麦、野燕麦等杂草防效不佳的田块，在小麦灌浆前期要进行人工拔除，以减轻来年防治压力。

效果与效益

● 防治效果

小麦主要病虫害整体防效在90%以上，对蚜虫、白粉病、锈病和杂草等有害生物防效在98%以上。

● 经济效益

示范区每亩小麦产量较农户自防区增产60千克左右，增产率达11%，防治成本投入减少10元，每亩增加纯收益140元左右。

● 生态效益

示范区每亩使用化学农药较农户自防区减少约120克，农药使用量降低约30%，减少了化学农药对生态环境的残留风险，生态效益显著。

主要研发单位与人员

研发单位：安阳市植物保护检疫站
主要人员：王刚，王林晓，李亚萍，白雪莉，武汗青，张同琴

27. 滑县冬小麦病虫草害统防统治与绿色防控融合技术模式

　　滑县隶属于安阳市，地处河南省北部，小麦常年种植面积达120万亩，被誉为"中国小麦第一县"及河南省的首要产粮大县，素有"豫北粮仓"之称。该县气候湿润，雨量充沛，日照时间长，十分适宜小麦、玉米、花生等农作物的生长，其中小麦是当地最为主要的粮食作物之一。受耕作方式、施肥习惯以及连年秸秆还田等因素的影响，小麦面临的病虫草害问题也随之发生变化。当前，滑县小麦主要病害包括赤霉病、纹枯病、茎基腐病以及白粉病等，虫害主要有麦蚜、蛴螬、蝼蛄、金针虫和红蜘蛛等，常见草害包括播娘蒿、婆婆纳、猪殃殃、繁缕、节节麦和燕麦等。针对滑县频发的病虫草害种类及其危害特点，该县积极推广并应用小麦绿色防控技术新模式。经过多年的试验与示范，对小麦不同生育期的病虫草害防治关键技术进行了不断地提升与优化，最终总结出了一套适合滑县和豫北地区的小麦病虫草害全程绿色防控技术模式。

集成技术

● 播种期

　　1. 选用抗（耐）病品种　对小麦茎基腐病发生较重的区域，优先选用中麦895、郑麦379、丰德存20、周麦27、周麦18等，但还要结合品种缺点采取针对性的措施。

　　2. 选用检疫合格种子　购买经过植物检疫部门检疫的合格小麦种子，主要查看小麦品种名称、品种审定或登记编号、检疫证明编号、种子生产经营许可证编号和信息代码、品种适宜种植区域、质量指标等是否齐全。

　　3. 提高整地质量　玉米收获后立即用玉米秸秆还田机粉碎2遍，秸秆粉碎长度在5～10厘米，并要彻底破除玉米根茬。耕地前每亩均匀撒施秸秆腐熟剂2千克，耕深不小于25厘米，秸秆还田的秸秆，必须深耕掩埋。对于耕层较浅的地块，耕深要逐年增加，深耕深松隔2～3年1次，墒情不足时耕作前要浇好底墒水，耕翻后要及时使用旋耕机旋耕1～2遍，以破碎土垡和土块，然后耙耱、镇压2～3遍，达到地面平整、上虚下实（图1）。

　　4. 测土配方施肥　根据土壤养分化验结果及目标产量，每亩撒施小麦复合肥（20–26–5）40～50千克、硫酸锌1千克，若秸秆还田量大，每亩增施尿素10千克。对茎基腐病发生严重的区域，结合施肥每亩施5.0亿孢子/克多黏类芽孢杆菌1.5千克（图2）。

5.推广宽窄行种植　经试验示范，采用8厘米×23厘米或16厘米×26厘米宽窄行种植模式（图3）。

6.适时精量晚播　半冬性小麦品种适宜播期为10月5—20日，弱春性品种适宜播期为10月15—25日，在适播期内适当晚播。小麦种子精播匀播，每亩播种量10千克左右，播深3～5厘米。若是旋耕地块，在播后应镇压或浇越冬水踏实土壤。

7.清除田边杂草　小麦播前要清除田边、沟渠杂草，减少病菌和越冬害虫越冬寄主，压低越冬基数。

8.种子包衣　以小麦纹枯病、茎基腐病发生为主的田块，使用含有枯草芽孢杆菌、戊唑醇、苯醚甲环唑、咯菌腈、氰烯菌酯、吡唑醚菌酯、灭菌唑及其复配剂等种衣剂进行种子包衣或拌种，药剂用量要足，拌种要均匀，以确保预防效果。如用6%井冈霉素·枯草芽孢杆菌可湿性粉剂80克（或6%戊唑醇悬浮剂5～10毫升，或3%苯醚甲环唑悬浮剂30毫升）+600克/升吡虫啉悬浮种衣剂30克（或50%辛硫磷乳油20毫升）+0.01%芸苔素内酯可溶液剂10毫升，拌10千克麦种（图4）。包衣时应将杀虫剂、杀菌剂、植物生长调节剂等分别计量，充分混匀后进行包衣。使用吡虫啉、噻虫嗪等进行包衣时切记要及时晾干，不能堆闷。

图1　精细整地、秸秆还田

图2　测土配方施肥

图3　宽窄行种植

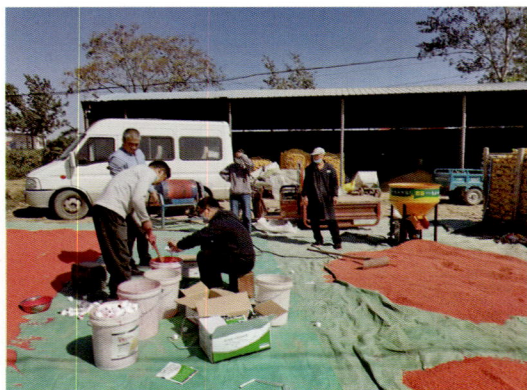

图4　小麦播前拌种

9.土壤处理 对小麦茎基腐病、根腐病发生严重的地块，每亩可选用70%甲基硫菌灵可湿性粉剂或50%多菌灵可湿性粉剂3～5千克于犁地前均匀撒施。对地下害虫发生严重的地块，每亩使用3%辛硫磷颗粒剂3千克拌细土10千克于犁地前均匀撒施。

● **秋苗期**

若冬前麦田墒情好，麦田杂草基本出齐，于冬前11月中下旬至12月上旬，最低气温在4℃以上的无风晴天开展化学除草。以阔叶杂草为主的麦田，每亩使用20%双氟·氟氯酯水分散粒剂5克（或10%双氟·唑草酮悬浮剂30毫升）+15毫升专用助剂，加水30千克，使用自走式喷杆喷雾机进行防治。也可每亩使用20%双氟·氟氯酯水分散粒剂5克+15毫升专用助剂，加水1.5千克，使用植保无人机统防统治（图5）。对难以防治的猪殃殃、繁缕等杂草，每亩使用20%氯氟吡氧乙酸乳油50～60毫升，加水30千克，使用自走式喷杆喷雾机进行统防统治。若节节麦发生严重，每亩使用3%甲基二磺隆油悬浮剂30毫升或3.6%二磺·甲碘隆水分散粒剂，加水30千克，使用自走式喷杆喷雾机进行统一防治。施药时采用"二次稀释法"配制药液，注意天气预报，在低温寒潮天气和降雨来临之前不要喷施，对遭受冻害、涝灾、旱灾的麦田及弱苗和拔节后的麦田不能使用甲基二磺隆，否则易产生药害。另外，秋苗期应注意查治地下害虫、麦蜘蛛，当地下害虫为害死苗率达3%时，使用50%辛硫磷乳油1 000～1 500倍液顺垄喷淋。

图5 冬季化学除草

● **返青拔节期**

主要防治纹枯病、茎基腐病、根腐病、麦蜘蛛等，使用种衣剂拌种的麦田，一般不需要防治，冬前没有化除的麦田，根据冬前方法进行化除。

1.适时防治根部病害 以纹枯病、茎基腐病发生为主的麦田，当病株率达10%～15%时，每亩使用6%井冈霉素·枯草芽孢杆菌可湿性粉剂100克+240克/升噻呋酰胺悬浮剂20克+0.01%芸苔素内酯可溶液剂10毫升，加水45千克，使用自走式喷杆喷雾机进行防治。也可每亩使用45%戊唑醇·咪鲜胺水乳剂30毫升（或50%氯溴异氰尿酸可湿性粉剂40克，或30%苯甲·丙环唑悬浮剂20～30毫升）+0.01%芸苔素内酯可溶液剂10毫升，加水45千克，使用自走式喷杆喷雾机进行防治，间隔5～7天，连防2次。

2.挑治害虫 当麦蜘蛛单行0.33米达到200头时，每亩使用1.8%阿维菌素乳油20毫升，加水30千克，使用自走式喷杆喷雾机进行喷施。

● **抽穗扬花期**

重点预防小麦赤霉病、白粉病、条锈病等。每亩使用6%井冈霉素·枯草芽孢杆菌可湿性粉剂120克+1%申嗪霉素水剂100克（或45%戊唑·咪鲜胺悬浮剂30毫升，或40%丙硫·戊唑醇悬浮剂50毫升）+0.01%芸苔素内酯可溶液剂10毫升，加水1.5千克，使用植保无人机进行统防统治（图6）；若麦蚜达到防治指标，药剂配方里加10%联苯菊酯水乳剂15毫升或70%吡虫啉可分散粒剂5克；若麦红蜘蛛达到防治指标，药剂配方里加入1.8%阿维菌素乳油30毫升；若纹枯病发生较重，加240克/升噻呋酰胺悬浮剂20毫升。

图6　植保无人机飞防作业

● **小麦灌浆期**

此期重点开展防病、防虫、防干热风为主的"一喷三防"，每亩使用12.5%氟环唑悬浮剂50毫升（或40%丙硫·戊唑醇悬浮剂50毫升）+0.01%芸苔素内酯可溶液剂10毫升+98%磷酸二氢钾粉剂100克，加水1.5千克，使用植保无人机开展统防统治。若害虫达到防治指标，按照对应药剂加入配方。

效果与效益◆

● **防治效果**

核心示范区防效一般在87%～96%，平均92.1%，较农民自防区提高25.1%；辐射带动区一般防效在82%～93%，平均88.9%，较农民自防区提高21.9%。

● 经济效益

核心示范区平均亩产593.4千克，分别较空白对照区和农民自防区增产231.9千克和93.5千克，分别提高71.2%和20.5%；辐射带动区平均亩产552.8千克，分别较空白对照区和农民自防区增产191.3千克和52.8千克，分别提高58.5%和11.5%。

● 生态效益

通过对示范区用药量进行核算，示范区较农民自防区可减少用药1～2次，核心示范区、辐射带动区和农民自防区每亩使用药量分别为179.9毫升、241.0毫升、422.5毫升，减药控害效果明显。

● 社会效益

开展专业化统防统治对减少人工投入的效果明显，一台植保无人机一天作业20公顷，是人工作业效率的近30倍，大大降低人力投入成本，解放了农村劳动力。通过设立示范区，适时开展现场指导培训，设立植保新产品试验示范等，有力提高了防治水平和植保社会化服务水平，为稳定粮食生产和保障粮食生产安全奠定了坚实基础。

主要研发单位与人员

研发单位：滑县植保植检站
主要人员：陈一品，郭风勋，罗俊丽，单俊奇

28. 安阳县小麦病虫草害统防统治与绿色防控融合技术模式

安阳县小麦种植面积约47万亩，是国家及省级粮食生产核心区和功能区。为深入推进粮食作物绿色、优质生产和农药减量增效，结合当地的实际情况，安阳县建立了全国农作物（小麦）病虫草害专业化统防统治与绿色防控融合示范区，通过连续6年的实践探索，集成了以农业防治、生物防治和化学防治等为主的小麦全生育期病虫害可持续治理绿色防控技术模式，重点防控小麦上发生的蚜虫、纹枯病、赤霉病、白粉病、锈病、播娘蒿、猪殃殃、节节麦等。

集成技术 ◆

● 播种期

1.农业防治　选用适宜当地种植的小麦抗性品种。深松土壤，精细整地，科学配方施肥，足墒下种，促进小麦形成壮苗，提高小麦植株的抗病能力。适期播种半冬性品种，小麦播种期以10月5—15日为宜，弱春性小麦播种期以10月15—25日为宜，实施精量播种。

2.化学防治　通过种子处理防治土传、种传病害，以及地下害虫和苗期蚜虫。可用26%苯甲·吡虫啉悬浮种衣剂100毫升+0.001 6%芸苔素内酯水剂15毫升，包衣处理小麦种子15 ～ 20千克，或27%苯醚·咯·噻虫悬浮种衣剂30毫升处理小麦种子10千克，可以有效防治纹枯病、全蚀病、茎基腐病和地下害虫等病虫害。

● 冬前分蘖期

11月上中旬，冬前杂草主要采取化学防治方法进行防除。每亩使用3%双氟磺草胺·唑草酮悬乳剂40毫升或5.8%双氟·唑嘧磺草胺悬浮剂10 ～ 15毫升，兑水30千克进行喷雾，防治播娘蒿等阔叶杂草。每亩使用3%甲基二磺隆油悬剂25 ～ 30毫升，兑水30千克喷雾，防治节节麦、野燕麦等禾本科杂草。

● 返青拔节期

主要防治小麦纹枯病、茎基腐病、麦蜘蛛等病虫害和防除杂草。

1.选用生物药剂防治纹枯病、茎基腐病、根腐病等病害　每亩使用4%井冈·蜡质芽孢杆菌可湿性粉剂50克（或20%井冈霉素可溶粉剂40 ~ 50克）+0.01%芸苔素内酯水剂10克，兑水30千克喷雾。

2.麦叶螨防治　在麦叶螨发生期可结合灌水，振动麦株，消灭虫体。每亩可用1.8%阿维菌素乳油20毫升或15%哒螨灵乳油15 ~ 20毫升，兑水30千克喷雾。

3.杂草防治　有条件的可以进行中耕除草，同时提高土壤蓄水保温能力。冬前未进行杂草防治的，可在小麦返青后拔节前进行化学除草，防治用药和用量同冬前化学除草。

● 抽穗扬花期

主要防治赤霉病、锈病、白粉病、蚜虫等，同时防止倒伏、干热风和早衰。每亩可用600克/升吡虫啉悬浮剂5克+5%高效氟氯氰菊酯水乳剂10毫升+45%咪鲜胺水乳剂30毫升+10%己唑醇悬浮剂20毫升+0.001 6%芸苔素内酯水剂20克，或30%己唑醇悬浮剂10毫升+450克/升咪鲜胺水乳剂25毫升+30%氯氟·吡虫啉悬浮剂40毫升+0.001 6%芸苔素内酯水剂20克，或40%戊唑·咪鲜胺悬浮剂35克+5%高效氟氯氰菊酯水乳剂10毫升+600克/升吡虫啉悬浮剂5克+氨基酸叶面肥水剂30克，混合均匀后进行喷雾。鉴于赤霉病防治适期短、可防不可治的特点，结合条锈病近年在当地发生频率较高、较早的情况，可在4月26日至5月5日小麦抽穗扬花期时采用植保无人机进行专业化统防统治（图1），每亩使用药液量1.5千克以上，达到防病虫、防干热风、防早衰、增粒重的目的。

图1　植保无人机进行专业化统防统治

效果与效益

● 防治效果

示范区病虫害发生程度明显减轻，小麦病虫草害综合防效为90.5%以上。其中，小麦病害防效为88.2%，虫害防效为96.9%，草害防效为86.4%。

● 经济效益

示范区减少1次化学农药使用，病虫防治总成本为69元，与农民自防区相比每亩节约25.2元。辐射带动区防治总成本为78.87元，与农民自防区相比每亩节约15.33元。核心示范区平均亩产640.3千克，较空白对照区增加172.6千克，增产率36.9%；较农民自防区增加65.9千克，增产率11.5%。辐射区平均亩产598.4千克，较空白对照区增加130.7千克，增产率27.9%；较农民自防区增加24千克，增产率4.2%。综上，示范区较农民自防区平均每亩增收节支176.77元，辐射带动区较农民自防区平均每亩增收节支70.53元。

● 生态效益

融合示范区比农民自防区减少化学农药使用1次，化学农药使用量减少31.2%，且无高毒农药使用。无农药包装废弃物污染，减少了农业面源污染，农产品质量得到了提高，田间天敌（龟纹瓢虫和食蚜蝇）增加。

● 社会效益

通过大力宣传和推广小麦全程绿色防控技术，小麦病虫害专业化统防统治率、绿色防控率得到提高，植保社会化服务更加普及，种粮大户已全程实现了病虫害防治机械化，提高了重大病虫害应急防治能力。同时也提高了农户的科学用药水平，促进了农药减量增效行动的实施，保障了粮食的优质高产，促进了农业绿色可持续发展。

主要研发单位与人员

研发单位：1. 安阳县农业农村局；2. 龙安区农业农村局

主要人员：张迎彩[1]，李红丽[1]，许丰[1]，郭俊珍[1]，冯海霞[1]，杨秀君[2]

玉米病虫草害统防统治与绿色防控融合技术模式

29.平舆县玉米病虫草害统防统治与绿色防控融合技术模式

平舆县隶属于驻马店市，当地玉米常年种植面积约70万亩，是河南省内规模较大的玉米种植区域。玉米产量稳定在550～650千克/亩之间，是平舆县的主要秋粮作物。玉米病虫害种类繁多，病害主要以南方锈病、青枯病为主，不同年份也会发生瘤黑粉病、小斑病、褐斑病、弯孢霉叶斑病、粗缩病等病害；害虫则主要以玉米螟、棉铃虫、黏虫、甜菜夜蛾、桃蛀螟、地下害虫等为主，不同年份蓟马、蚜虫、二点委夜蛾等害虫也较为常见。近年来，新传入的草地贪夜蛾也成为常发性害虫，加上南方锈病、玉米螟、棉铃虫等病虫害连年暴发，对玉米生产构成了严重威胁。为保障生产安全，提高粮食产量，经过多年的试验示范和完善提高，平舆县逐渐形成了玉米病虫草害全程绿色防控技术模式。

集成技术

● 农业防治

农业防治措施旨在培养健壮植株，提高抵抗病虫能力。

1.选择优良抗病品种　选择适宜本地种植的高产、适应性强、较抗（耐）病的玉米品种，如抗南方锈病的汉单135、伟玉618、MY73、德单5号、中科玉505、裕丰303、祺华703、珲玉830等。

2.合理轮作　可与大豆、花生、芝麻等作物进行隔年轮作，以减轻病害发生。

3.精细整地　深耕灭茬，确保麦茬高度不超过10厘米，并充分打碎、掩埋小麦秸秆，以提高土壤的保水保肥能力。

4.合理施肥　增施土杂肥和磷、钾肥，每亩施土杂肥2～3米^3，化肥分3次施用。基肥采用氮-磷-钾15-15-15的三元复合肥30千克；小喇叭口期至大喇叭口期追施尿素15千克，并叶面喷施99%磷酸二氢钾粉剂200克；授粉后再追施尿素5千克，并叶面喷施99%磷酸二氢钾粉剂200克；灌浆期则叶面喷施多元水溶肥80克+0.01%芸苔素内酯水剂20毫升，以防止早衰。

5.合理密植　抢时早播，推广机械化条播，采用宽窄行种植方式，以增加通风透光性。行距设置为宽行80厘米，窄行40厘米，株距23～28厘米。对于密植型品种，每亩种植4 500～5 500株；对于中密型品种，每亩种植3 800～4 200株。

6.**加强田间管理** 遇旱及时浇水，遇涝及时排水。5叶期前及时疏苗定苗。适时采收，利用晴天进行机械化快速收获，并及时晒干以防止霉变。麦茬种植夏玉米时，应清除小麦秸秆和玉米残体，以减少病菌残留。

● **植物检疫**

对省间及省内调运的种子进行严格检疫，以防止玉米霜霉病等检疫性有害生物的传入传出。

● **物理防治**

1.**杀虫灯诱杀成虫** 在播种后至乳熟期可使用频振式杀虫灯诱杀玉米螟、棉铃虫、甜菜夜蛾、黏虫、草地贪夜蛾、桃蛀螟、蓟马等成虫。每30亩安装一台，灯距为120米，连片安装效果更好（图1）。

2.**性信息素诱杀成虫** 可在播种后至乳熟期用性诱捕器诱杀玉米螟、棉铃虫、甜菜夜蛾、黏虫、草地贪夜蛾、桃蛀螟等成虫。每亩安放2～3套，每10天收集一次害虫。针对不同种类的害虫使用不同的诱芯（图2）。

3.**使用性迷向器（性信息素交配干扰）** 在玉米出苗以后至乳熟期安装性迷向器，配装玉米螟、棉铃虫、甜菜夜蛾、黏虫、草地贪夜蛾、桃蛀螟等性信息素，每3～6分钟喷

图1　太阳能杀虫灯

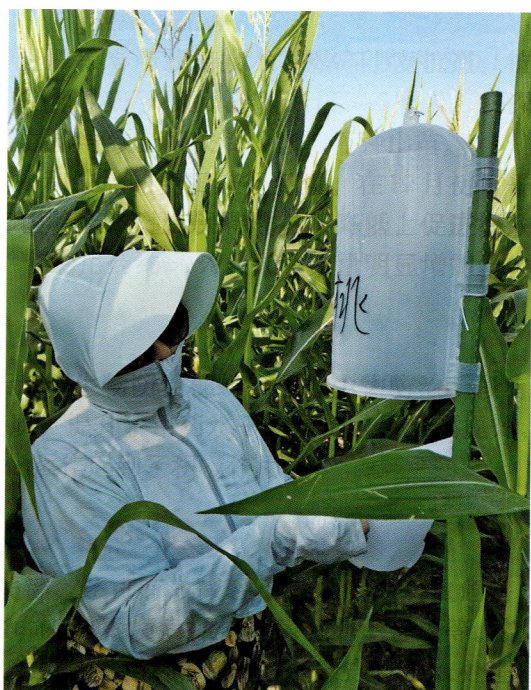

图2　性信息素诱捕器

射一次，使害虫不能正常交配，减少落卵，每3亩安装一台，需要连片安装（图3）。

4.色板诱杀 在苗期至大喇叭口期可使用蓝板诱杀蓟马成虫。在田间悬挂蓝色粘虫板，高度略高于植株顶部，每亩放置20～30块。

● 生物防治

1.微生物菌剂喷雾防治 在苗期至乳熟期每亩可使用400亿孢子/克球孢白僵菌水分散粒剂30～50克，或80亿活孢子/毫升金龟子绿僵菌油悬浮剂60～90毫升，或16 000国际单位/毫克苏云金杆菌可湿性粉剂100～200克，加水30千克后对玉米心叶进行喷雾，防治草地贪夜蛾、棉铃虫、黏虫、玉米螟等害虫。

2.释放赤眼蜂 在三代玉米螟卵期释放松毛虫赤眼蜂，兼治棉铃虫、桃蛀螟等。每亩放蜂量2万～3万头，分2～3次投放，每次投放0.7万～1万头。首次投放应在玉米抽雄吐丝期进行，之后每隔5～7天再进行第二次和第三次投放。可在近穗叶的1/3处（叶片垂弯处）的叶背主叶脉上挂放蜂卡或使用无人机抛撒蜂球（图4）。

图3 连片安装交配干扰装置

图4 赤眼蜂蜂球

● 科学用药

加强病虫监测预报，抓住病虫害防治关键时期选用高效低毒对症农药，优化施药技术和农药用量，安全施药，精准用药，科学防治。

1.播种期 使用达标安全的包衣种子，也可二次包衣拌种，100千克种子用25%精甲霜·嘧菌酯·噻虫胺种子处理悬浮剂400～500克进行拌种。播后苗前每亩可用90%乙草胺乳油60～80毫升或96%精异丙甲草胺乳油70～90毫升，加水50千克喷于地表，防治一年生禾本科杂草和部分阔叶杂草。

2.苗期（4～6叶期） 每亩可用24%烟嘧·莠去津悬浮剂100毫升，加水30千克喷雾，防治一年生禾本科杂草和阔叶杂草。

3.苗期至乳熟期 在病虫害出现暴发势头时，有针对性开展化学防治。防治玉米螟、黏虫、棉铃虫、甜菜夜蛾、草地贪夜蛾等鳞翅目害虫，每亩可用20%氯虫苯甲酰胺悬浮剂10～20毫升，或9%甲维·苘虫威悬浮剂30毫升，或5%阿维·氟铃脲乳油40毫升，加水30千克喷雾；防治玉米南方锈病、大斑病、小斑病、褐斑病、弯孢霉叶斑病、顶腐病、瘤黑粉病等真菌性病害，每亩可用30%苯甲·丙环唑乳油20～30毫升，或30%苯甲·吡唑酯悬浮剂20～30毫升，或30%唑醚·戊唑醇悬浮剂40～50毫升，加水30千克喷雾。杀虫剂、杀菌剂、调节剂、叶面肥等可混合施用，达到"一喷多促"的效果。

4.化学调控 夏季雨水较多时，玉米植株易徒长。可在玉米8～10叶期每亩使用30%胺鲜·乙烯利水剂20～25毫升或30%胺鲜·甲哌鎓水剂15～20毫升，加水30千克叶面喷施进行化控，以防止徒长并增强抗病性。在玉米籽粒形成期，每亩可用0.01%芸苔素内酯水剂20毫升进行叶面喷施，以防止早衰。

效果与效益

玉米害虫绿色防控示范区防控效果或穗被害率下降60%以上，不完善粒下降70%以上，危害损失率控制在5%以下，天敌数量提升400%以上，农药使用量下降40%以上，农产品中农药残留量无超标，农产品质量明显提升，产量较农户自防区增产效果在18%以上，增加净收益达到每亩265元（表1）。

表1 玉米病虫害绿色防控技术示范效益统计表

模式	物化投入（元/亩）	人工投入（元/亩）	产量（千克/亩）	产值（元/亩）	净收益（元/亩）	天敌数量（头/百株）	农药用量（毫升/亩）
绿色防控模式	65	20	663	1 724	1 639	41	110
农户自防模式	55	30	561	1 459	1 374	8	190

主要研发单位与人员

研发单位：1.平舆县农业技术推广和植物保护站；2.平舆县农业综合行政执法大队；3.平舆县农村社会事业发展服务中心

主要人员：冯贺奎[1]，郭承杰[1]，王书珍[2]，万富强[2]，张化春[3]

30. 镇平县玉米病虫草害统防统治与绿色防控融合技术模式

● 农业措施

推广铁茬种植，秸秆还田，合理施肥，选择优良的玉米品种延科338、NK815、弘展898、秋乐368、登海605等，合理密植，科学灌溉，控旺，喷施锌肥等多项集成技术措施，实现农业节本增效（图1）。

● 生物防治

释放赤眼蜂，在鳞翅目害虫卵始盛期每亩放蜂卡6枚，按10米×15米等距离将寄生蜂蜂卡挂在玉米中部叶片上即可（图2）。

● 物理防治

放置高空灯、太阳能杀虫灯诱杀多种害虫成虫，压低田间虫口基数及落卵量，玉米苗期至乳熟期安装太阳能杀虫灯（图3），平均单灯控制面积为30亩，顺地头电线杆安装，夏玉米6月20日开灯，8月31日关灯。另外草地贪夜蛾成虫始盛期，在玉米田间每亩放置2～3台草地贪夜蛾性诱捕器，7天收虫一次，诱杀草地贪夜蛾成虫（图4）。

图1　玉米种肥同播

图2　释放赤眼蜂

图3　太阳能杀虫灯

图4　草地贪夜蛾性诱捕器

● **科学用药**

1.玉米苗后3～5叶期，每亩使用27%烟·硝·莠去津可分散油悬浮剂200毫升，或6%烟嘧磺隆油悬浮剂75克+38%莠去津悬浮剂50克+15%硝磺草酮悬浮剂60克+激健15毫升茎叶喷雾防除杂草（图5）。

图5　玉米苗后除草

2.玉米苗后6～9叶期，每亩使用430克/升戊唑醇悬浮剂30克+8%甲维·茚虫威悬浮剂7毫升+30%鲜胺·乙稀利水剂25克+硫酸锌5毫升+激健15毫升进行喷雾，控旺促壮，虫病同防，补锌增产。

3.玉米苗后11～12叶期，每亩使用32.5%苯甲·嘧菌酯悬浮剂40毫升+1%甲氨基阿维菌素苯甲酸盐乳油30毫升+硫酸锌5毫升+激健15毫升喷雾，防除病虫，增施锌肥。

4.玉米中后期，每亩使用6%甲维·氟铃脲乳油40毫升+15%丙唑·戊唑醇悬浮剂50

克，防治后期棉铃虫、玉米螟、锈病、大斑病、小斑病等病虫。

每次施药时，化学农药均为常规用量减量30%后与激健15毫升/亩混用，达到农药减量增效的目的。

效果与效益 ◇

● 经济效益

核心示范区病虫害防治效果达到90%以上，有效控制了病虫害发生；增产明显，2017—2022年玉米示范区比对照每亩平均增产219.0千克，增产率为55.3%；比辐射带动区每亩增产133.4千克，增产率为34.0%。

● 生态效益

玉米专业化统防统治面积逐年加大，在保障防治效果的同时，农药使用量减少，农产品质量符合食品安全国家标准，生态环境及生物多样性有所改善。生物防治、植物免疫诱抗、减量增效助剂的应用，使每年化学农药使用减少1次，农药减量29.7%，投入减少9.3元，有益生物种类增加，平均每平方米益虫比农民自防区多0.6头以上，全县农作物绿色防控覆盖率达31.5%。

主要研发单位与人员 ◇

研发单位：镇平县植保植检站
主要人员：牛朝阳，耿丰华，孙小平，任晓云

31. 商水县玉米病虫草害统防统治与绿色防控融合技术模式

商水县隶属于周口市，玉米病虫害主要有茎基腐病、大斑病、小斑病、南方锈病、青枯病、玉米螟、黏虫、草地贪夜蛾、蚜虫。为了发展绿色农业，保障农业生产安全，商水县近年来通过试验示范，总结出以下玉米病虫草害绿色防控技术模式。

集成技术

● 农业措施

1. **选用抗病品种**　选择种植综合抗性较好的玉米品种金赛捷501、裕丰303、登海605、豫研1501、沃玉3号等。
2. **适时播种**　6月7—20日播种。
3. **合理密植**　控制密度在3 500 ～ 4 500株/亩。
4. **清洁田园**　播种前清除田间杂草和病残株。
5. **合理施肥**　每亩施用脲甲醛缓释复合肥（30-5-5）40千克、生物有机肥50千克，培育壮苗，提高植株抗病虫能力。

● 理化诱控

整个生育期使用频振式杀虫灯诱杀鞘翅目、鳞翅目、同翅目害虫。5月10日前，玉米田安装频振式杀虫灯，诱杀金龟子、玉米螟、黏虫、蚜虫、飞虱等害虫，每40亩玉米田安装一台频振式杀虫灯（图1）。

● 生物防治（苗期至灌浆期）

1. 玉米田玉米螟、黏虫、棉铃虫等虫害发生时，每亩使用20亿PIB/毫升甘蓝夜蛾核型多角体病毒悬浮剂120毫升，兑水30千克喷雾防治。

图1　太阳能杀虫灯

2.玉米褐斑病、大斑病、小斑病等病害发生时，每亩使用1.5%多抗霉素水剂100毫升，兑水30千克喷雾防治。

3.玉米田蚜虫发生时，每亩使用0.3%苦参碱水剂100毫升，兑水30千克喷雾防治。

4.玉米田茎基腐病、枯萎病、青枯病发生时，每亩使用0.3%四霉素水剂50毫升或1%申嗪霉素悬浮剂45毫升，兑水40千克喷雾防治。

● 化学防治

1.播种期二次拌种防治地下害虫及苗期根腐病等病害 播种前每亩使用30%噻虫嗪悬浮剂10毫升+3%苯醚甲环唑悬浮种衣剂8毫升，兑水40~50毫升进行拌种。

2.苗期化学除草 在玉米4~7叶期，杂草3~5叶期，每亩使用24%烟·硝·莠可分散油悬浮剂150毫升或20%烟嘧·莠去津可分散油悬浮剂120~150毫升，兑水30千克均匀喷雾（图2）。

3.苗期至灌浆期用药 根据病虫预测结果，下列病虫害有大发生趋势时，发生初期使用化学农药开展应急防治：①玉米螟、黏虫等：每亩使用9%甲维·茚虫威悬浮剂30毫升，兑水40千克喷雾防治。②大斑病、小斑病：每亩使用70%甲基硫菌灵可湿性粉剂50克或70%代森锰锌可湿性粉剂60克，兑水40千克喷雾防治。③锈病：每亩使用40%氟环唑悬浮剂30克，兑水40千克喷雾防治。④青枯病：使用25%甲霜灵可湿性粉剂400倍液或70%甲基硫菌灵可湿性粉剂500倍液灌根。

图2 玉米苗期化学除草

效果与效益

● 防治效果

2017—2021年，绿色防控区玉米螟、棉铃虫、黏虫、锈病、青枯病等重大病虫害5年平均综合防效达90.5%，其中，玉米螟防效为94.4%，棉铃虫为88.0%，黏虫为90.2%，锈病为87.9%，青枯病为92.0%。农民自防区5年平均综合防效仅为68.3%。

● 经济效益

绿色防控区玉米每亩单产563.4千克，比农户自防区增产53.3千克，增产率10.5%。

综合计算用工、用药与其他投入成本，绿色防控区病虫害防治每亩投入84.9元，辐射区为78.7元，农户自防区为80.2元。绿色防控区比农户自防区每亩节本增效180.8元。

● **生态效益**

绿色防控区每亩化学农药使用量158克，较农民自防区每亩化学农药使用量275.6克降低了117.6克，降低率42.7%；绿色防控区田间草蛉类、捕食螨、瓢虫等天敌密度1.2头/米^2，比农民自防区0.7头/米^{2}增加0.5头/米^2，增加率71.4%。

● **社会效益**

通过几年来的示范推广，广大种植户绿色防控意识和技术水平明显提升。2021年，商水县农业病虫害专业化防治组织发展到75个，绿色防控覆盖率50.48%，病虫害统防统治覆盖率41.7%，对稳定粮食生产、促进农业可持续发展提供了有力保障。

主要研发单位与人员

研发单位：商水县植保植检站
主要人员：李新良，党坤，赵彩虹，王华伟，贾凤侠

32. 夏邑县玉米病虫草害统防统治与绿色防控融合技术模式

玉米是夏邑县重要的粮食作物，夏邑县耕地面积为148万亩，玉米种植面积103万亩左右。玉米主要品种为裕丰303、中科玉505、隆平206、良玉909、隆平638、MY73等，平均亩产550千克。多年来玉米螟等病虫害主要依靠化学防治，部分农药长期使用病虫已产生抗药性，防治效果逐渐降低且环境污染严重。为探索新的病虫害防控措施，夏邑县积极引进"空地协同"+赤眼蜂杀虫卡+高效低毒化学药剂等技术，总结出一套玉米病虫草害绿色防控技术模式。

集成技术

● 农业防治

一是选用高产、稳产、优质、抗病虫的玉米品种，合理密植，每亩种植3 800 ~ 4 400株，减轻病害发生，减少防治次数。

二是以清理田间小麦秸秆、配方施肥、合理灌溉等农业措施为基础，确保玉米植株健壮生长，提高抗病虫、抗倒伏、抗干旱等抗逆能力，大大减轻病虫害发生程度和危害损失。

● 理化诱控

通过高频电子灯光诱集、高压电网将害虫击晕后落入接虫袋，然后用人工或化学药剂等处理方法，将害虫消灭，通过安装高空测报灯诱杀过往虫源和当地起飞虫源，压低虫源基数，从而达到防治害虫的目的。另外草地贪夜蛾成虫始盛期，在玉米田间每亩放置草地贪夜蛾诱捕器2 ~ 3台，诱杀草地贪夜蛾成虫。

● 生物防治

赤眼蜂杀虫卡防治玉米螟，7月下旬监测到成虫或田间发现成虫即可释放赤眼蜂，防治三代玉米螟。赤眼蜂卵卡每亩均匀悬挂4 ~ 5张，赤眼蜂蜂球每亩使用4个。可根据种植密度适当调整放蜂量，每亩次出蜂量10 000 ~ 15 000头。赤眼蜂的主动有效扩散半径为10米左右，进入田间约6米处开始释放，释放点之间相隔12米，呈"一"或"丨"路径，放蜂点要均匀分布（图1）。

图1　释放赤眼蜂

● **科学用药**

1.播前拌种　防治地下害虫（地老虎、蛴螬、金针虫）、蚜虫等。用70%噻虫嗪水分散粒剂或60%吡虫啉悬浮种衣剂进行拌种或包衣，兼治苗期蓟马、蚜虫及灰飞虱等。

2.苗期化学除草　在玉米3～5叶期喷施除草剂，喷药要均匀，喷水量要足。采用38%莠去津悬浮剂+4%烟嘧磺隆可分散油悬浮剂防除杂草，对玉米安全性好，并能起到一定的增产作用。根据田间监测情况，6月下旬至7月上旬每亩使用10%吡虫啉可湿性粉剂15克+2.5%高效氯氟氰菊酯水剂50毫升。上述化学药剂每亩添加助剂激健15毫升，可减少原有使用量30%～40%，有助于避免药害和延缓病虫草害抗药性的产生。

3.中后期病虫害防治　玉米生长中后期发生的主要害虫有玉米螟、穗蚜、大斑病、小斑病，在玉米9～10叶期，采用22%氯氟·噻虫嗪悬浮剂20毫升+10%甲维·茚虫威悬浮剂20毫升+43%戊唑醇30克进行喷施，这些药剂具有内吸性强、高效、低毒、低残留的特点。通过科学用药，组织开展统防统治，确保玉米害虫不大规模连片发生。

效果与效益

● 经济效益

通过调查和测量，示范区亩穗数4 041株，穗粒数634.3粒，百粒重35.2克，亩产量766.9千克；农民自防区亩穗数3 983株，穗粒数532粒，百粒重35.2克，亩产量634千克；空白对照亩穗数2 778株，穗粒数567.6粒，百粒重35.2克，亩产量472千克。与空白对照相比，示范区每亩增产294.9千克，增产率38%；与农民自防区相比，示范区每亩增产132.9千克，增产率17%。与空白对照区相比，示范区每亩增加收益530.8元（按每千克1.8元计），扣除防治总投入45元，每亩增加纯收益485.8元。

● 生态效益

绿色防控技术属于资源节约型和环保型措施，绿色防控示范区比农民自防区整个玉米生育期平均减少用药次数2次，总用药量减少30%以上。通过统防统治与绿色防控融合技术的推广应用，不仅显著减轻农业面源污染，而且减少了对有益生物的杀伤，保护了农业生态环境。

主要研发单位与人员

研发单位：夏邑县植保植检站
主要人员：杨翠丽，张如意，高红花

33. 虞城县玉米害虫统防统治与绿色防控融合技术模式

虞城县隶属于商丘市，位于河南省东部，豫、鲁、皖三省交界处，地处黄河冲积平原的中部，境内地势平坦，气候宜人，自然资源丰富，属于东部暖温带半湿润半干旱大陆性季风气候。虞城县常年种植玉米稳定在100万亩左右，害虫常年发生面积200万亩次左右，自2010年以来，虞城县连续多年开展了玉米害虫绿色防控试验示范，成效显著，总结出一套夏玉米主要害虫绿色防控技术模式。

集成技术

● 农业防治

1. 及时清除玉米行间秸秆和杂草　小麦收获后，及时清除玉米行间残余的小麦秸秆，铲除地埂杂草，破坏害虫栖息生存产卵环境，能有效降低玉米苗期食叶性害虫、地下害虫和二点委夜蛾的发生量。

2. 合理密植，增强植株抗性，适时浇水补墒　根据地力水平，紧凑中穗型玉米品种种植密度在4 500 ~ 5 000株，大穗型品种在4 000株左右，以利于通风透光，增强抗性，在等行距60厘米播种情况下，一般株距在20厘米左右为宜。及时查看土壤墒情，适时开展浇水补墒，减轻苗期蓟马、飞虱危害。

3. 实施玉米秸秆还田　在玉米收获时，利用粉碎机把秸秆粉碎成2 ~ 3厘米，然后深耕25 ~ 30厘米，能有效消灭秸秆中的玉米螟、草地贪夜蛾等，减少玉米螟越冬基数。

● 理化诱控

1. 性信息素诱杀　实时监测草地贪夜蛾，在草地贪夜蛾成虫发生初期，每亩使用草地贪夜蛾性诱捕器1套，及时诱杀成虫；在玉米螟成虫发生初期，一般于7月初开始，每亩放1个玉米螟性诱剂盆，性诱剂盆应高于作物30厘米，诱杀雄成虫，盆里缺水时及时补水。

2. 食诱剂诱杀　以食诱剂作为其他胃毒农药的添加剂或助剂在田间使用，产品以诱集带的形式使用，可大量诱杀玉米螟、金龟子、地老虎、棉铃虫等成虫，从根本上降低田间落卵量，防止后期虫害聚集发生。使用现有的轻便背负式喷雾器即可完成施药操作，在成虫发生期时使用，根据作物密度不同，添加到胃毒性农药中，每15亩使用食诱剂1千克，兑水2千克喷施，于傍晚时分，每隔50～100米施药一次，将药液喷洒在玉米叶面上，害虫发生量较大时，可间隔1周再施1次。

3.黄板诱杀蚜虫　　在玉米大喇叭口期至抽雄初期，每亩悬挂25～40块黄色粘虫板，诱杀有翅蚜虫。

● 生物防治

1.赤眼蜂蜂卡"生物导弹"的应用　　在一代玉米螟成虫盛期（约7月中旬）向田间投放赤眼蜂蜂卡，用于寄生玉米螟卵块，降低玉米螟幼虫发生数量。每亩使用4～6个，挂于玉米叶片背面的主叶脉上。

2.低龄幼虫选用生物制剂防治　　在卵孵化初期选择性喷施苏云金杆菌、甘蓝夜蛾核型多角体病毒等生物农药。

● 科学用药

1.药剂拌种　　60%吡虫啉悬浮剂30克拌5～7千克玉米种子，或70%噻虫嗪可分散粉剂10克兑水120～150毫升拌10千克玉米种子，防治地下害虫、蓟马、灰飞虱，减轻粗缩病发生。

2.科学用药，防早打小　　坚持病要防早、虫要打小的原则，结合调查和病虫测报结果，在农业、理化和生物防治都不能有效控制病虫危害时，选用高效、低毒、低残留农药进行防控，并注意农药交替使用。玉米3～5叶期，当虫害达到防治指标时，每亩使用5%甲氨基阿维菌素苯甲酸盐微乳剂10～20毫升，兑水30千克进行茎叶喷雾，防治玉米螟、甜菜夜蛾等；玉米大喇叭口期，每亩使用20%氯虫苯甲酰胺悬浮剂20毫升+30%噻虫嗪水分散粒剂20克防治玉米螟等害虫。在草地贪夜蛾发生地块，可适当增加杀虫剂药量，实行点杀防治或重点挑治。

主要研发单位与人员 ◆

研发单位：虞城县植物保护站
主要人员：曹海昌，季学用，纪留杰，张敏，蔡冬梅，陈广领

34. 辉县市玉米病虫草害统防统治与绿色防控融合技术模式

辉县市隶属于新乡市，位于河南省西北部，太行山南麓，玉米常年种植面积68.6万亩。辉县市从北到南地势变化差异较大，集深山区、丘陵区、盆地、平原和洼地于一体，气候条件和生态类型多变，农业生产条件复杂，农作物病虫草害常发、多发，粮食生产受到严重威胁。主要病虫害为玉米螟、棉铃虫、黏虫、草地贪夜蛾、蚜虫、大斑病、小斑病、锈病、青枯病，优势杂草为马唐、牛筋草、灰灰菜、稗草、马齿苋、狗牙草。

集成技术

● 农业措施

1. 选用抗病品种　选择种植综合抗性较好的玉米品种，如伟科702、郑单958、裕丰303、登海605等。

2. 适时播种　5月下旬至6月中旬播种。

3. 合理密植　密度控制在4 000 ～ 5 500株/亩。

4. 清洁田园　播种前清除田间杂草和病残株。

5. 合理施肥　亩施脲甲醛缓释复合肥40千克、生物有机肥50千克，培育壮苗，提高植株抗病虫能力。

● 理化诱控

整个生育期使用频振式杀虫灯诱杀鞘翅目、鳞翅目、同翅目害虫。6月10日前，玉米田安装频振式杀虫灯，诱杀金龟子、玉米螟、黏虫、蚜虫、飞虱等害虫，每50亩玉米田安装一台。

● 生物防治

1. 玉米田玉米螟、黏虫、棉铃虫等虫害发生时，每亩使用20亿PIB/毫升甘蓝夜蛾核型多角体病毒悬浮剂120毫升，兑水30千克喷雾防治。

2. 玉米褐斑病、大斑病、小斑病等病害发生时，每亩使用1.5%多抗霉素水剂100毫升，兑水30千克喷雾防治。

3.玉米田蚜虫发生时，每亩使用0.3%苦参碱水剂100毫升，兑水30千克喷雾防治。

4.玉米田茎基腐病、枯萎病、青枯病发生时，每亩使用0.3%四霉素水剂50毫升或1%申嗪霉素悬浮剂45毫升，兑水40千克喷雾防治。

● 化学防治

1.播种期二次拌种防治地下害虫及苗期根腐病等病害　播种前每亩使用30%噻虫嗪悬浮剂10毫升+3%苯醚甲环唑悬浮种衣剂8毫升，兑水40～50毫升拌种。

2.苗期化学除草　在玉米4～7叶期、杂草3～5叶期，每亩使用24%烟·硝·莠可分散油悬浮剂150毫升或20%烟嘧·莠去津可分散油悬浮剂120～150毫升，兑水30千克均匀喷雾。

3.苗期至灌浆期用药　根据病虫预测结果，下列病虫害有大发生趋势时，发生初期使用化学农药开展应急防治：①玉米螟、黏虫等：每亩使用9%甲维·茚虫威悬浮剂30毫升，兑水40千克喷雾防治。②大斑病、小斑病：每亩使用70%甲基硫菌灵可湿性粉剂50克或70%代森锰锌可湿性粉剂60克，兑水40千克喷雾防治。③玉米锈病（图1）：每亩使用40%氟环唑悬浮剂30克，兑水40千克喷雾防治。④玉米青枯病：使用25%甲霜灵可湿性粉剂400倍液或70%甲基硫菌灵可湿性粉剂500倍液灌根，每株灌药液500毫升。

图1　玉米锈病症状

效果与效益

● 经济效益

绿色防控区玉米每亩单产570千克，比农户自防区（515千克）增产55千克。综合计算用工、用药与其他投入成本，绿色防控区病虫害防治亩投入84.9元，辐射区78.7元，农户自防区80.2元。绿色防控区比农户自防区每亩节本增效180.8元。

● 社会效益

通过示范推广，广大种植户绿色防控意识和技术水平明显提升。截至2023年，辉县市农业病虫害专业化防治组织发展到55个，绿色防控覆盖率为55.07%，病虫害统防统治覆盖率为46%，农药利用率为41%，为稳定粮食生产、促进农业可持续发展提供了有力保障。

主要研发单位与人员

研发单位：辉县市植物保护植物检疫站
主要人员：孙志永，吴乾坤，郝海燕，李志兴

35. 博爱县夏玉米病虫草害统防统治与绿色防控融合技术模式

夏玉米是博爱县主要的粮食作物，常年种植面积1.2万公顷左右。主要病虫草害有褐斑病、南方锈病、弯孢霉叶斑病、玉米螟、黏虫、棉铃虫、桃蛀螟、狗尾草、马唐、牛筋草、马齿苋等。为科学指导群众安全地开展玉米主要病虫草害绿色防控，博爱县根据近几年玉米病虫草害绿色防控示范区示范结果，结合健康栽培、种子包衣、诱杀成虫、释放赤眼蜂、科学用药等关键技术，逐步形成了玉米主要病虫草害绿色防控技术模式。

集成技术

● 农业防治

1.调整种植结构　压缩春玉米种植面积，减少第一代玉米螟食料来源，压低一代玉米螟基数，从而减少夏玉米第二、三代玉米螟的发生量。

2.选择抗性品种　选择抗病虫害的玉米优良品种，减轻后期防治压力。

3.清洁田园　小麦秸秆离田，清除田间、田边、沟边杂草，减少棉铃虫、黏虫、二点委夜蛾等害虫成虫的栖息场地。

4.秸秆处理、深耕灭茬，破坏害虫越冬场所、压低害虫基数　9月下旬夏玉米收获后秸秆粉碎还田，玉米芯回收利用，减少越冬玉米螟、桃蛀螟等害虫虫源基数。深耕细翻，减少棉铃虫越冬基数。

● 物理防治

1.灯光诱杀鳞翅目成虫　采用频振式杀虫灯大面积诱杀玉米螟、黏虫、棉铃虫等鳞翅目成虫，每30～50亩安装一台频振式杀虫灯，悬挂高度1.5～2米，4—9月开灯，天黑后开灯，次日清晨关灯，及时清除电网上的害虫，最大限度保护生态平衡。

2.性信息素诱杀害虫雄虫　在玉米、棉铃虫、黏虫、桃蛀螟等害虫成虫羽化初期，根据田间优势种群不同，放置相应种类昆虫的性信息素诱芯，诱捕成虫。每个诱捕器装1枚诱芯，每亩放置1～2枚，50亩以上连片使用。连片使用面积达到100亩以上时，每亩使用1枚诱芯，诱捕器间隔30～50米，呈外密内疏放置，诱捕器放置高度为诱捕器下沿离地面0.5～1米。性信息素诱杀技术应大面积连片应用，且不能将不同害虫的诱芯置于同一诱捕器内（图1）。

图1　昆虫性诱捕器

● 生物防治

1. **释放天敌**　对于玉米螟，释放赤眼蜂，寄生玉米螟卵块，以减轻后期防治压力。以防治二代玉米螟为主，在一代玉米螟成虫发生盛期悬挂10 000头/袋的松毛虫赤眼蜂杀虫卵袋，间隔5～7天释放一次，连续释放2～3次，每亩释放赤眼蜂2万～3万头。蜂卡悬挂在玉米中部叶片背面主脉上，出蜂口朝下，悬挂时避免蜂卡被阳光直射（图2）。释放赤眼蜂技术要求高，必须使赤眼蜂孵化高峰期与玉米螟产卵高峰期相一致。田间悬挂杀虫卵袋，挂放点应均匀分布，大风、降雨天不宜施用，如放蜂后3天内遇刮风下雨，应补放一次。

图2　释放天敌赤眼蜂

2.保护天敌　在玉米生育中后期减少广谱性、触杀性化学农药的使用，优先使用生物农药防治玉米螟、棉铃虫、草地贪夜蛾等害虫，以保护赤眼蜂、寄生蝇等有益生物。每亩使用100亿孢子/克球孢白僵菌可分散油悬浮剂600～800毫升或10亿PIB/毫升甘蓝夜蛾核型多角体病毒悬浮剂80～100毫升。在叶斑类病害发生初期，每亩使用200亿芽孢/毫升枯草芽孢杆菌可分散油悬浮剂70～80毫升茎叶喷雾，喷药应均匀、全面。

● **科学用药**

1.种子处理　根据地下害虫、土传病害和苗期病虫害种类，选择适宜的种衣剂统一实施种子处理。预防灰飞虱、蚜虫、蛴螬、金针虫等可选择30%噻虫胺悬浮种衣剂400～800毫升或5%氟虫腈悬浮种衣剂1000～1200克，拌玉米种子100千克；综合预防玉米丝黑穗病、茎基腐病、蚜虫、金针虫等病虫害，可以选择24%苯醚·咯·噻虫悬浮种衣剂500～667毫升或29%噻虫·咯·霜灵悬浮种衣剂450～550毫升，拌玉米种子100千克。

2.化学除草　在玉米3～5叶期，每亩使用24%烟嘧·莠去津可分散油悬浮剂80～100毫升或30%硝·烟·莠去津可分散油悬浮剂80～120毫升，茎叶均匀喷雾。

3.苗期防治害虫　在玉米苗期，每亩用5%甲氨基阿维菌素苯甲酸盐水分散粒剂10克+4.5%高效氯氟氰菊酯乳油30毫升，防治黏虫、棉铃虫、蓟马等害虫。选用适宜的杀虫剂喷雾防治。地下害虫发生较重地块，每亩使用3%辛硫磷颗粒剂3～4千克在玉米播种前与细沙拌匀开沟撒施，施药后及时覆土，或每亩使用40%毒死蜱乳油150～180克兑水喷淋茎基。使用烟嘧磺隆除草剂的地块，避免使用有机磷农药，以免发生药害。

4.喇叭口期防治玉米螟　在玉米螟卵孵化盛期，每亩使用200克/升氯虫苯甲酰胺悬浮剂3～5毫升或10%四氯虫酰胺悬浮剂20～40克均匀喷雾。

5.抽雄灌浆期防治病虫害　在南方锈病、弯孢霉叶斑病等病害发生初期，每亩使用30%唑醚·戊唑醇悬浮剂34～46毫升或17%唑醚·氟环唑悬浮剂43～63毫升预防玉米叶部病害（图3）。

图3　植保无人机飞防作业

效果与效益

● 防治效果

示范区玉米苗期对杂草、黏虫、棉铃虫等防效均在95%以上。大喇叭口期对玉米螟防效在82%以上，灌浆期对病害防效在85%以上，防效理想。

● 经济效益

通过玉米病虫草害绿色防控，每亩增产约60千克，按每千克1.6元计算，约增收96元。

● 生态效益

通过玉米病虫草害绿色防控，减少了化学农药使用量约26%，天敌密度增加明显，害虫被寄生率增加10%～30%，降低了农药对农产品及生态环境的不利影响。

主要研发单位与人员

研发单位：1. 博爱县农业农村发展服务中心；2. 焦作市农业技术推广中心
主要人员：王守宝[1]，王香芝[1]，武海波[2]，常国胜[1]

36. 濮阳市玉米病虫草害统防统治与绿色防控融合技术模式

玉米是濮阳市第二大农作物，常年平均种植面积204万亩。为贯彻"公共植保、绿色植保"理念，濮阳市积极开展玉米病虫草害绿色防控技术试验示范，形成了一套有效的绿色防控技术，并进行了推广应用，取得了较好的经济、社会和生态效益。

集成技术

● 播种期

重点防治地下害虫、蓟马、灰飞虱、根腐病、茎腐病等病虫。

1.秸秆处理、深耕灭茬　利用秸秆捡拾机或打捆机将小麦秸秆清理出麦田，或将秸秆粉碎还田，深耕土壤，播前灭茬，以此破坏二点委夜蛾栖息环境和降低地下害虫、土传病害等病虫基数。

2.选用抗（耐）病品种、合理密植　可选用郑单958、隆平206、迪卡653、洛单248、MY73、陕科6号等，对常见弯孢叶斑病、小斑病、玉米南方锈病、茎腐病等有一定抗性，每亩定苗4 500株左右。

3.种子处理　选用含有咯菌腈、苯醚甲环唑、吡唑醚菌酯或戊唑醇等成分的种子处理剂拌种或包衣，防治根腐病、茎基腐病等土传病害。选用噻虫嗪、吡虫啉等种子处理剂拌种或包衣，防治地下害虫、蚜虫、灰飞虱等，或选用杀菌剂和杀虫剂混剂（如噻虫·咯·霜灵），可同时防治灰飞虱、蚜虫、根腐病、茎腐病等。

● 玉米苗期

重点防治棉铃虫、甜菜夜蛾、二代黏虫、玉米螟、二点委夜蛾、灰飞虱、蓟马等害虫。

1.理化诱控　①杀虫灯诱杀。6—9月，运用频振式杀虫灯诱杀玉米螟、棉铃虫、黏虫等成虫，可减少田间害虫基数。杀虫灯在害虫成虫羽化高峰期和夜间活跃时段使用，最大限度保护生态平衡。②性诱剂诱杀。从6月中旬开始使用玉米螟、棉铃虫、桃蛀螟、草地贪夜蛾等性诱剂诱杀，每亩设置1 ~ 3个性诱捕器，根据诱芯的持效期，及时更换。在玉米苗期，诱捕器放置在距离地面1米左右，在玉米生长后期，诱捕器放置在高出玉米叶冠层20厘米处。设置时，一般是外围放置密度高，内圈尤其是中心位置可以减少诱捕器的放置数量。性信息素诱杀技术应大面积连片应用，且不能将不同害虫的诱芯置于同一诱捕器内，安装不同种害虫的诱芯，需要洗手，以免污染。

2. 生物防治　在黏虫、棉铃虫、甜菜夜蛾、玉米螟等低龄幼虫阶段，选用苏云金杆菌、球孢白僵菌、甘蓝夜蛾核型多角体病毒、金龟子绿僵菌等生物农药防治。

3. 科学用药　黏虫、棉铃虫、甜菜夜蛾、玉米螟等害虫选用四氯虫酰胺、氯虫苯甲酰胺等酰胺类，以及甲氨基阿维菌素苯甲酸盐、乙基多杀菌素、虫酰肼、茚虫威等杀虫剂喷雾防治。地下害虫、二点委夜蛾发生较重地块，选用辛硫磷、噻虫嗪、毒死蜱等，结合浇水，喷淋茎基部或撒施、冲施等方式防治。使用烟嘧磺隆除草的地块，避免使用有机磷农药，以免发生药害。

● **玉米生长中后期**

重点防治玉米螟、棉铃虫、黏虫、草地贪夜蛾、蚜虫、桃蛀螟、玉米南方锈病、小斑病、褐斑病、弯孢叶斑病等病虫。

1. 理化诱控　参见玉米苗期杀虫灯诱杀和性诱剂诱杀。

2. 生物防治　①赤眼蜂防虫技术。在玉米螟、棉铃虫、黏虫、桃蛀螟等害虫产卵初期至卵盛期，释放赤眼蜂，每亩1.5万～2万头，每亩设置3～5个释放点，间隔5～7天，分两次统一释放。②生物农药防治。心叶末期选用苏云金杆菌、球孢白僵菌、金龟子绿僵菌等生物制剂喷雾，预防控制玉米螟、棉铃虫等害虫幼虫。

3. 科学用药　①害虫防治。选用氯虫苯甲酰胺、甲氨基阿维菌素苯甲酸盐、茚虫威、虫螨腈、高效氯氰菊酯等药剂兑水喷雾，防治玉米螟、棉铃虫、黏虫、桃蛀螟、草地贪夜蛾等虫害。②玉米蚜虫。在玉米抽雄初期（8月上旬），蚜株率达到50%或者百株蚜量达5 000头时，选用噻虫嗪、溴氰菊酯、吡虫啉等药剂喷施防治。③病害防治。玉米大喇叭口后期和发病初期，可选用嘧菌酯+苯醚甲环唑、丙环·嘧菌酯、苯甲丙环唑、苯醚甲环唑、吡唑醚菌酯、枯草芽孢杆菌、井冈霉素A等进行防控，视发病情况隔7～10天再施药1次，防治小斑病、玉米南方锈病等病害。根据病虫的发生情况，合理混配杀虫剂、杀菌剂、微肥，达到一喷多效、综合控制中后期病虫为害。使用高秆作物喷雾机和航化作业提升玉米中后期病虫害防控能力。有突发病虫，应立即用高效低毒化学农药开展应急防控；施药宜在清晨或傍晚，用水量要足，施药部位要精准；农药要交替轮换使用，不随意增加使用量和次数，延缓抗药性产生。

效果与效益

● **经济效益**

示范区病虫害综合防效为81%～88%，平均亩产可达665.4千克，较农民自防区（625.9千克/亩）增产39.5千克/亩。玉米按市场价2.7元/千克计算，每亩增加收入106.7元。示范区农药和人工投入较农民自防区减少14元/亩。每亩总节本增效约121元，经济效益显著。

● 生态效益和社会效益

通过玉米病虫害全程绿色防控技术的应用，做到了防效不降低、减药不减产，既减少了化学农药使用次数和使用量，保护了农田生态环境和生物多样性，又在保障产量的同时，提升了农产品质量，实现了减药节本和增产增效的双重效果。

主要研发单位与人员 ◇

研发单位：1.濮阳市植物保护检疫站；2.清丰县植保植检站；3.南乐县植物保护检疫站

主要人员：陈艳利[1]，柴宏飞[1]，马志超[2]，曹现彬[2]，秦根辉[3]，张利芬[3]

37. 安阳市玉米病虫草害统防统治与绿色防控融合技术模式

安阳市常年种植夏玉米300万亩以上。夏玉米生长后期,植株高大,高温高湿,病虫害频发高发,科学防控病虫草害是当前玉米生产管理中的第一难题。近年来,安阳市以玉米栽培为主线,从农田生态系统出发,采取农业防治、理化诱控、生物防治和科学用药等技术措施,与航空植保统防统治相融合,大力开展玉米病虫害绿色防控技术引进研究与示范应用,集成了一套针对玉米粗缩病、小斑病、褐斑病、锈病、玉米螟、棉铃虫、甜菜夜蛾、黏虫、蓟马、蚜虫、杂草等重大病虫草害的绿色防控技术模式。

集成技术

● 播种期

主要防控对象:地下害虫、粗缩病、土传病害。

1.农业防治 ①清洁田园。前茬作物收获后,清除田间地头杂草、带菌病残体,并深埋处理,减少中间寄主,切断传播途径。②选用抗(耐)病品种。选种适合当地的高产优质抗(耐)病品种或无病种子,根据病原生理小种或致病型的变化,及时更新种植品种,实行多个品种搭配与轮换种植,避免长期种植单一品种。③科学施肥。实行配方施肥,施足基肥,施用充分腐熟的有机肥,科学施用氮、磷、钾及微量元素肥和生物菌肥。④适期播种。根据当地土壤和气候条件,适期播种,合理密植,培育壮苗。

2.化学防治 选用苯醚甲环唑、辛硫磷、噻虫嗪等药剂进行拌种或包衣,有效防治苗期地下害虫、玉米粗缩病等病虫害。

● 苗期

重点防控对象:草地贪夜蛾、蓟马、金针虫、二点委夜蛾、灰飞虱、黏虫、杂草等。

1.农业措施 ①除草。杂草优势种:牛筋草、马唐、狗尾草、莎草等。人工除草:用铲子清除田间及地边杂草,中耕灭茬,铲除自生苗,减少病虫中间寄主。②清洁田园。清除田内外作物秸秆、病残体,带到田外集中深埋或销毁。③合理排灌。整治田间排灌系统,合理排灌;大雨后及时排水,降低田间湿度。

2.理化诱控 ①色板诱杀。玉米生长期间,田内悬挂黄色或黄绿色、蓝色粘虫板或信息素板等诱虫板，悬挂高度以高出植株顶部5～20厘米为宜，每亩20～45块，诱杀蓟马、灰飞虱、蚜虫等害虫。②灯光诱杀。玉米生长期间，在田间安装频振式杀虫灯、黑光灯、高压汞灯、高空诱虫灯等杀虫灯，夜间开灯，诱杀草地贪夜蛾、玉米螟、棉铃虫、甜菜夜蛾、金龟子等害虫。每30～50亩安装1台杀虫灯，悬挂高度1.2～2米。集中连片安灯诱杀效果更佳，平原区及没有障碍物遮挡的空旷地带，可适当减少安灯密度，降低悬挂高度。③性信息素诱杀。安装诱杀害虫成虫的性诱捕器，主要利用昆虫性信息素诱杀棉铃虫、黏虫、玉米螟、甜菜夜蛾、草地贪夜蛾等害虫成虫，每亩安置1～3套（图1）。④糖醋液诱杀。将红糖、醋、高度白酒、水、杀虫剂等，按一定比例配制糖醋液（糖：醋：酒：水：药按6：3：1：10：1，或3：4：1：2：1等），倒入盆、桶等广口容器内，放田间或地边，每亩放3～5个，诱杀叩头虫、金龟子等害虫。⑤食源诱杀。喷洒食诱剂或者悬挂食诱剂诱捕器，诱杀玉米螟、棉铃虫、草地贪夜蛾、黏虫等害虫成虫。⑥毒草把诱杀。在棉铃虫幼虫期，选用杨柳枝把等棉铃虫幼虫喜食的鲜嫩树枝，喷拌敌百虫或二嗪磷等杀虫剂制成毒草把，于傍晚成堆撒于田间，或撒在幼苗根际周围，每亩堆放10～15把。⑦毒饵诱杀。在金针虫、二点委夜蛾发生为害期，选用炒香的麦麸、棉籽、豆饼、花生饼、玉米碎粒等饵料，喷拌敌百虫或噻虫嗪等杀虫剂制成毒饵，于傍晚撒于田间，撒成小堆，或撒在幼苗根际周围，每亩撒施2～5千克。

图1 昆虫交配迷向器

3.生物防治 ①保护利用天敌。优先选用高效、低毒、低残留、选择性强、对天敌杀伤小的药剂品种，选择隐蔽施药、精准施药等保护性施药技术，避开天敌迁入及活动盛期施药。注意保护赤眼蜂、食蚜蝇、捕食螨、青蛙等天敌。②释放天敌。蚜虫、叶螨、棉铃虫等种群密度上升期，田间人工助迁或引进释放七星瓢虫、赤眼蜂、捕食螨、蜘蛛、蛙类等天敌。

4.科学用药 ①抗逆诱导。在玉米幼苗期，遇低温、高湿、干旱、盐碱、药害或病虫害等不良影响，适时选用萘乙酸、吲哚丁酸、复硝酚钠、胺鲜酯、黄腐酸、芸苔素内酯、S-诱抗素等生长调节剂，兑水喷雾，茎叶喷雾1～2次，每亩喷药液30～40千克，间隔10～15天喷施1次，提高植株抗逆能力。②喷淋灌根。地下害虫、二点委夜蛾、青枯病、耕葵粉蚧等发生严重地块，选用辛硫磷、毒死蜱、阿维菌素、高效氯氰菊酯、嘧啶核苷类抗菌素、戊唑醇等药剂喷淋茎基部或灌根，施药后浇水。③药剂喷雾。病虫害发生初期，选用绿僵菌、短稳杆菌、球孢白僵菌、多黏类芽孢杆菌、核型多角体病毒、吡虫啉、虫螨腈等适宜药剂茎叶喷雾，药液加入有机硅等助剂，根据虫情、天气和持效期，酌情防治1～2次，实施统防统治，药剂轮换使用。④化学除草。杂草发生较重的地块，根据主要杂草种类，在玉米苗3～5片复叶期，选用烟嘧磺隆悬浮剂、乙·莠悬浮剂，每亩药剂加水30～60千克，在晴天无风时，对杂草茎叶均匀喷雾。除草剂的用量要严格按照使用说明的规定，不得随意加大使用剂量，否则会产生药害。施用烟嘧磺隆成分除草剂进行茎叶处理的，施用前、后7天以上不得使用有机磷农药，严防药害发生。

● **拔节抽雄期**

主要防控对象为玉米顶腐病、玉米褐斑病、红蜘蛛、玉米螟、棉铃虫等。

1.理化诱控 采用色板诱杀、灯光诱杀、性诱剂诱杀、食诱剂诱杀等技术（图1），参照苗期措施。

2.生物防治 ①赤眼蜂防虫技术。在玉米上利用赤眼蜂防治玉米螟及其他害虫。在大喇叭口期、吐丝期时投放，主要控制二代玉米螟。玉米螟产卵始盛期时，每次投放赤眼蜂1.5万～2万头，分两次以上投放，主要控制玉米螟、棉铃虫等鳞翅目害虫。②生物制剂防治技术。选用金龟子绿僵菌、短稳杆菌等生物制剂，兑水喷雾，防控玉米螟、棉铃虫、甜菜夜蛾等秋作物鳞翅目害虫，在害虫卵孵盛期或低龄幼虫期使用。

3.科学用药 病虫发生初期，利用乙蒜素、春雷霉素、中生菌素、苏云菌杆菌、虱螨脲、甲维盐、阿维菌素、多菌灵、甲基硫菌灵、烯唑醇、噻菌铜、菌毒清、炔螨特、哒螨灵等药剂进行喷雾，酌情均匀喷雾1～2次，间隔7～10天防治1次，轮换用药。

● **灌浆乳熟期**

主要防控对象：玉米大斑病、小斑病、弯孢霉叶斑病、锈病、三代玉米螟、四代棉铃虫、三代黏虫、蚜虫。

1.理化诱控 灯光诱杀，同苗期。

2.生物防治 同拔节抽雄期。

3.科学用药 在病虫发生关键时期，选用苏云菌杆菌、球孢白僵菌、印楝素、茶皂素、多杀霉素、烟碱、藜芦碱、除虫菊素、甲维盐、阿维菌素、氯虫苯甲酰胺、茚虫威、虫酰肼、噻虫嗪等药剂，防治玉米螟、棉铃虫、黏虫、蚜虫等害虫；选用多抗霉素、中生菌素、春雷霉素、乙蒜素、枯草芽孢杆菌、嘧啶核苷类抗菌素、香芹酚、苦参碱、苯醚甲环唑、嘧菌酯、戊唑醇、烯唑醇、多菌灵、百菌清、丙环唑等药剂，防治玉米中后期叶斑病、锈病等。药液中宜加入有机硅或植物油等喷雾助剂，病虫发生严重时通过植保专业化服务组织，使用植保无人机、喷杆喷雾机等开展统防统治（图2）。

图2 植保无人机统防统治

效果与效益

● 防治效果

通过实施专业化统防统治与绿色防控融合技术，示范区病虫害发生程度明显减轻。示范区三代玉米螟防效较农民自防区提高51.4%，四代棉铃虫防效较农民自防区提高40%，玉米整个生育期主要病虫害综合防效达到88%。

● 经济效益

示范区平均亩产678千克，农民自防区平均亩产590千克，空白对照田平均亩产475千克。与农民自防区相比，示范区每亩增产88千克，增产率14.9%。示范区比农民自防区减少使用化学农药1次，防治总成本为58元，农民自防区病虫防治成本为90元。示范区每亩节本增效183.4元。

● 生态效益

示范区的建立更好得落实了"预防为主，综合防治"的植保方针和"绿色防控、科学防控"理念，通过采用农业综合防治、高效低毒低残留农药、生物防治、物理防治和统防统治等措施，明显降低了农产品农药残留，减少了农业面源污染，减轻了对有益生物的杀伤，保护了农业生态环境，全市玉米绿色防控覆盖率为56%，确保了化学农药使用量负增长。

● 社会效益

通过各项技术实施，玉米核心区绿色防控主推技术到位率达到100%。大型植保机械的推广应用显著提高了统防统治面积，使粮食作物病虫害综合防效达到88%以上，化学农药使用降低30%以上，提高了玉米病虫害科学绿色防治水平，逐渐转变了农民病虫防治观念。

主要研发单位与人员

研发单位：安阳市植物保护检疫站
主要人员：王刚，苏巍巍，王燕峰，支贝贝，邢鹏飞

38. 安阳县玉米病虫草害统防统治与绿色防控融合技术模式

安阳县是粮食大县，耕地面积约3.72万公顷。玉米是安阳县主要的秋季作物，种植面积3.2万公顷。因其生长季节温度较高，致使病虫害频发，尤其是后期玉米植株高大且防治困难，农户经常不再进入田间进行管理，造成了较大损失。为实现病虫可持续治理，农业提质增效，促进农业高质量发展，安阳县建立玉米病虫害绿色防控示范区，通过病虫害绿色防控技术，如种子包衣、黑光灯诱杀、智能杀虫平台、释放赤眼蜂蜂卡、航空植保无人机统防统治、放置食诱剂等措施，有效减少了施药次数和劳动强度，控制了玉米棉铃虫、玉米螟、叶斑病的发生危害，显著提高农业经济效益、生态效益和社会效益。

集成技术 ◆

● 播种期

1.农业措施 ①选用适宜抗病虫品种。可选用适宜当地的抗（耐）病品种，如豫禾988、郑单958、德单5号、迪卡653、裕丰303、泛玉298等。②清洁田园。小麦收获后及时清理田间秸秆和麦糠，并清除田间地头的杂草，减少病虫中间寄主，破坏适宜病虫生长发育环境。③适期播种。小麦收获后播种，减少玉米与小麦共生时间，可减轻棉铃虫、玉米粗缩病的发生危害。④合理密植，配方施肥。种植密度要在合理范围，通过科学配方施肥，增强植株抗病虫能力。

2.化学防治 可用70%噻虫嗪水分散粒剂、20%氯虫苯甲酰胺悬浮剂、3%苯醚甲环唑悬浮种衣剂进行种子处理，防治地下害虫、苗期虫害、粗缩病和土传病害。

● 玉米苗期

杂草和病虫害防治以化学防治为主。

1.化学除草 苗后玉米3～5叶期每亩用24%烟嘧·莠去津可分散悬浮剂100毫升或40%烟嘧·乙·莠悬浮剂120毫升，兑水40千克，均匀喷雾进行茎叶处理。土壤湿度越大，防效越高，有机磷类杀虫剂不能与除草剂混用，间隔7天后喷施，以免产生药害。

2.病虫害防治 每亩使用600克/升吡虫啉悬浮剂5克+20%氯虫苯甲酰胺悬浮剂10毫升（或1%甲氨基阿维菌素苯甲酸盐乳油30毫升），兑水50千克均匀进行喷雾，防治蓟马、灰飞虱、黏虫、棉铃虫等害虫。对金针虫、二点委夜蛾发生地块进行挑治，可选用50%辛硫磷乳油1 500倍液灌根。

● **玉米穗期**

1.物理防治 安装20台太阳能杀虫灯诱杀玉米螟、棉铃虫、黏虫等鳞翅目害虫成虫，降低田间虫口数量，减轻玉米整个生育期害虫发生程度，减少化学农药使用次数和使用量（图1）。

2.诱捕及食诱技术 在田间放置食诱剂诱捕器或喷施食诱剂条带，诱杀黏虫、玉米螟、棉铃虫等害虫成虫（图2）；也可利用性诱剂诱集害虫成虫，降低田间幼虫数量。

图1 太阳能杀虫灯

图2 食诱剂诱捕器和诱捕条带

3.生物防治 7月中下旬或8月上旬玉米螟卵盛期在田间投放赤眼蜂杀虫卡（生物导弹），每亩5～6枚，间隔30米放1枚（图3）或投放赤眼蜂抛卵球每亩3～4个，间隔30米放1枚（图4），防治玉米螟、棉铃虫等鳞翅目害虫。

4.化学防治 每亩使用1%甲氨基阿维菌素苯甲酸盐乳油30毫升或10%甲维·茚虫威悬浮剂20毫升防治玉米螟、棉铃虫等害虫，使用40%唑醚·戊唑醇悬浮剂20克防治叶斑类病害。

图3　赤眼蜂蜂卡

图4　赤眼蜂抛卵球

● 花粒期

在玉米生长后期做好棉铃虫、玉米螟、黏虫和褐斑病、锈病等病虫害防治，推广应用20%氯虫苯甲酰胺、10%甲维·茚虫威悬浮剂、10.5%甲维·氟铃脲和32.5%苯醚·嘧菌酯悬浮剂、30%戊唑醇悬浮剂等低毒、低残留农药。每亩使用30%戊唑醇悬浮剂30克，以及12%甲维·虫螨腈悬浮剂加5%虱螨脲悬浮剂共40克，并添加0.1% S−诱抗素可溶粉剂量30克，利用航空植保无人机防治，可克服玉米植株高大防治困难的问题（图5）。

图5　玉米田植保无人机飞防作业

效果与效益

● 防治效果

近年来，通过实施绿色防控与专业化统防统治融合技术，示范区病虫害发生程度明显减轻。玉米病虫草害综合防效达85%，其中玉米病害平均防效为80.8%，虫害平均防效为87.4%，草害平均防效为85.6%。

● 经济效益

玉米核心示范区平均亩产量为656.25千克，相比农民自防区增产69.13千克，增产率11.8%；相比空白对照区增产178.25千克，增产率37.3%。辐射带动区平均亩产量为622.9千克，示范效果明显。示范区平均每亩年防治成本为61元，农民自防区防治成本为94元。

● 生态效益

示范区比农民自防区每年减少使用化学农药1次，化学农药使用量减少35.2%，且避免使用高毒农药。农产品质量得到了提高，减少了农药包装废弃物污染，减少了农业面源污染，田间天敌（龟纹瓢虫和草蛉）增加。

● 社会效益

通过大力宣传和推广融合技术，专业化统防统治率、绿色防控率得到提高，种粮大户已全程实现了病虫害防治机械化，同时提高了农民的科学用药水平。

主要研发单位与人员

研发单位：1. 安阳县农业农村局；2. 龙安区农业农村局
主要人员：张迎彩[1]，李红丽[1]，郭俊珍[1]，许丰[1]，冯海霞[1]，杨秀君[2]

39. 汤阴县玉米病虫草害统防统治与绿色防控融合技术模式

汤阴县隶属于安阳市，位于华北平原与太行山脉交会的山前地带，属北温带大陆性季风气候，四季分明。玉米是汤阴县的主要粮食作物之一，种植面积40余万亩，受种植结构调整、栽培制度、气候变化及环境等因素的影响，玉米病虫害呈逐年加重发生趋势，用药次数逐年增多，用药量加大，给玉米产量和质量造成不利影响。针对这些情况，汤阴县积极开展玉米绿色防控示范区建设工作，以农业防治为基础，大力推广生物防治、生态调控等综合治理措施，有效控制农作物病虫害的同时，减少化学农药使用量，确保农业生产安全、农产品质量安全和农业生态环境安全，促进农业增产、增收。

集成技术

本模式适用于黄淮海北部区夏玉米产区，土质肥沃的壤土，适用于蓟马、灰飞虱、棉铃虫、玉米螟、叶斑病、锈病等病虫害的综合治理。

● 农业措施

1.选用适宜抗病虫品种 可选用安玉308、滑玉11、豫禾988、郑单958、德单5号、迪卡653、裕丰303、泛玉298等高产、稳产、优质、抗病虫的玉米品种，以减轻病害发生，减少防治次数。

2.清洁田园 小麦收获后，及时清理玉米播种行的麦秸和麦糠，并清除田间地头的杂草，减少病虫中间寄主，破坏病虫生长发育环境。

3.适期播种 小麦收获后播种，减少玉米与小麦共生时间，可减轻棉铃虫、玉米粗缩病的发生危害（图1）。

4.合理密植，配方施肥 种植密度要在合理范围，亩播量控制在2～3千

图1　玉米适期播种

克,通过科学配方施肥、合理灌溉等农业措施,确保玉米植株健壮生长,提高植株抗病虫、抗倒伏、抗干旱等抗逆能力,可大大减轻病虫害发生程度和危害损失。

图2 种子包衣

● 科学用药

1.种子包衣 播种前,采用32%戊唑·吡虫啉悬浮种衣剂对种子进行二次包衣,防治地下害虫、土传病害和苗期害虫,促进玉米种子出苗生长,增强植株抗逆能力,以达到防治病虫危害的目的(图2)。

2.苗期防治技术 ①苗期化学除草:在玉米3～5叶期、杂草2～3叶期时实施化学除草,每亩可选用50%乙草胺乳油80～100毫升,或24%烟嘧·莠去津可分散油悬浮剂100毫升,结合化学除草喷施杀虫剂(有机磷类杀虫剂不能与除草剂混用),防治二点委夜蛾等害虫危害。②苗期病虫害防治:对蓟马、灰飞虱、黏虫、棉铃虫等害虫,每亩选用600克/升吡虫啉悬浮剂5克+20%氯虫苯甲酰胺悬浮剂10毫升(或1%甲氨基阿维菌素苯甲酸盐乳油20毫升),兑水50千克,均匀进行喷雾防治。对金针虫、二点委夜蛾发生地块进行挑治,每亩可选用50%辛硫磷乳油1 500倍液灌根。

3.中后期防治技术 ①做好病虫监测预警:严格按照防治指标进行施药,适时选用环境友好的生物农药,高效、低毒、低残留的化学农药。可使用10%甲维·茚虫威悬浮剂20克防治玉米螟、棉铃虫、黏虫等害虫;用30%戊唑醇悬浮剂20克防治玉米叶斑类病害。②应用植保无人机:采用高效低毒农药4.5%高效氯氰菊酯乳油60毫升+30%戊唑醇悬浮剂30毫升+1.6%胺鲜酯水剂30毫升进行统防统治,防治玉米螟、蚜虫、锈病、叶斑病等病虫,促进玉米籽粒灌浆(图3)。

图3 植保无人机飞防作业

● **灯光和食源诱控技术**

1.安装频振式太阳能杀虫灯　间隔约100米1台（图4），每台杀虫灯防控面积50～60亩，可诱杀玉米螟、棉铃虫、黏虫等鳞翅目害虫成虫，降低田间虫口数量，减轻玉米整个生育期害虫发生程度，减少化学农药使用次数2次，降低农药使用量。

图4　太阳能杀虫灯

2.利用食诱剂　诱杀玉米螟、棉铃虫、黏虫、金龟子、甜菜夜蛾等害虫，控制产卵量，减轻幼虫危害。8月10日在田间投放"澳朗特"食诱剂，喷施食诱剂条带诱杀玉米螟、棉铃虫等成虫。

● **物理防治技术**

1.应用全能杀虫平台　使用全能杀虫平台控制玉米螟、棉铃虫成虫数量，提高雌蛾无效卵，保护天敌昆虫。

2.投放赤眼蜂防治玉米螟卵和幼虫　7月中下旬、8月上旬为当地玉米螟卵盛期，8月10日在田间投放赤眼蜂（"生物导弹"），每亩5～6枚，防治三代玉米螟、四代棉铃虫等鳞翅目害虫（图5）。

图5 投放天敌寄生蜂

3.喷施生物农药 8月中旬，利用植保无人机喷施生物农药100亿孢子/毫升短稳杆菌悬浮剂50毫升/亩+80亿孢子/毫升金龟子绿僵菌可分散油悬浮剂100毫升/亩，可防治三代玉米螟、四棉铃虫等鳞翅目害虫。

效果与效益

● 防治效果

通过实施绿色防控技术，示范区病虫害发生程度明显减轻。核心示范区病虫害发生率为12.6%，明显低于空白对照区（28.5%）。三代玉米螟防效为55.8%、四代棉铃虫防效为42.3%，玉米整个生育期主要病虫害综合防效达到89.2%。

● 经济效益

示范区平均亩产793千克，农民自防区平均亩产695千克，空白对照区平均亩产570千克。示范区与农民自防区相比，每亩增产98千克，增产率14.1%。示范区比农民自防区减少化学农药使用1次。示范区病虫防治成本为78元，农民自防区为93元。

● 生态效益

通过统防统治与绿色防控融合技术，明显降低了农产品农药残留，减少了农业面源污染，减轻了对有益生物的杀伤，保护了农业生态环境。

● **社会效益**

　　大型植保机械自走式喷杆喷雾机和植保无人机的推广应用，显著提高了统防统治面积，使玉米病虫害综合防效达到89%以上，化学农药使用量降低30%以上，每亩投入成本降低15元，提高了玉米病虫害科学绿色防治水平，逐渐转变农民病虫防治的传统观念。

主要研发单位与人员

　　研发单位：汤阴县植保植检站
　　研发人员：高瑞平，马楠，李新会

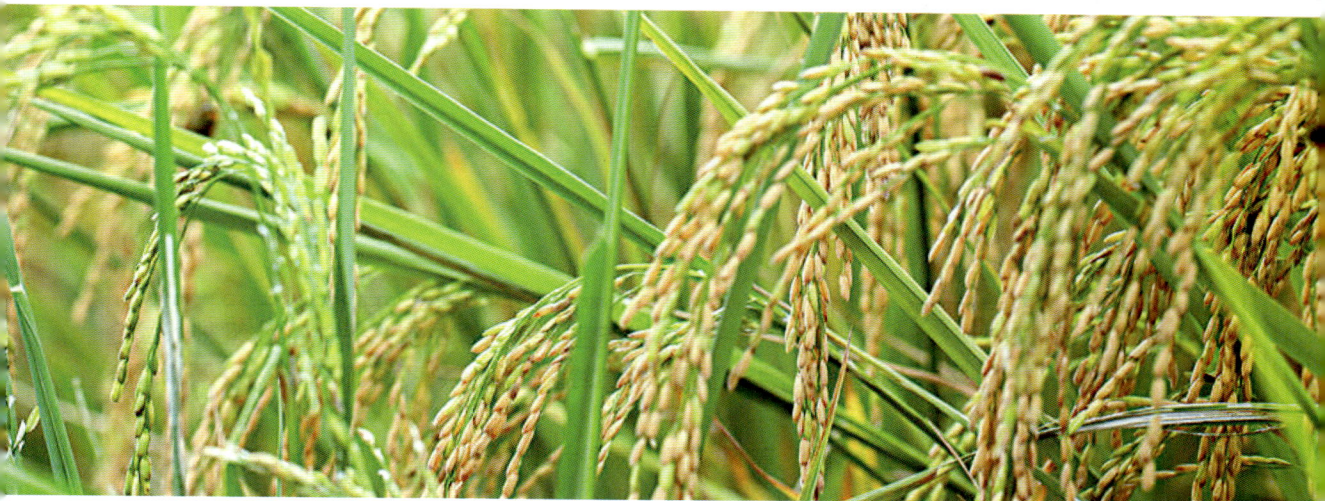

水稻病虫草害统防统治与绿色防控融合技术模式

40. 信阳市平桥区水稻病虫草害统防统治与绿色防控融合技术模式

信阳市平桥区位于河南省南部，淮河之滨，地处北亚热带向暖温带过渡区，四季分明，有南北气候之长。水稻是平桥区主要粮食作物，常年种植面积55万亩。近年来随着人们种植水平的提高和水肥条件的改善，水稻产量逐年提高，但病虫害的发生也越来越重，而防治病虫害主要靠化学农药，长期大量使用化学农药，不仅使病虫害产生了抗药性，而且污染了环境。为了保证农业可持续发展，从2015年开始，平桥区开展了水稻病虫草害绿色防控技术示范，探索出一套水稻病虫草害绿色防控技术模式。

集成技术

● 深耕灭蛹技术

在水稻移栽前20天，将白茬田深翻后灌满水，杀灭在稻茬和土壤中越冬的二化螟、三化螟以及大螟的蛹。

● 生态调控技术

水稻移栽后，在稻田四周及时种植特殊植物，如香根草、显花植物等。香根草可以诱杀水稻螟虫，显花植物可以给天敌提供蜜源，保护天敌。

● 稻鸭共育除草技术

水稻移栽20天左右，每亩放5～8只鸭苗，四周用尼龙网围住，放鸭前在田埂上搭建简易鸭舍，供鸭子夜晚和必要时歇息（图1）。鸭子自然死亡时及时补齐数量，必要时提供一些粮食喂养鸭子，保证鸭子健康成长。齐穗后将鸭子赶出稻田。

图1　稻鸭共育

● **太阳能杀虫灯和二化螟性诱捕器诱杀技术**

水稻移栽前，在示范区安装太阳能杀虫灯，诱集水稻害虫成虫和监测稻水象甲（图2）。于二化螟成虫羽化前安装诱捕器进行诱杀（图3）。

图2　太阳能杀虫灯

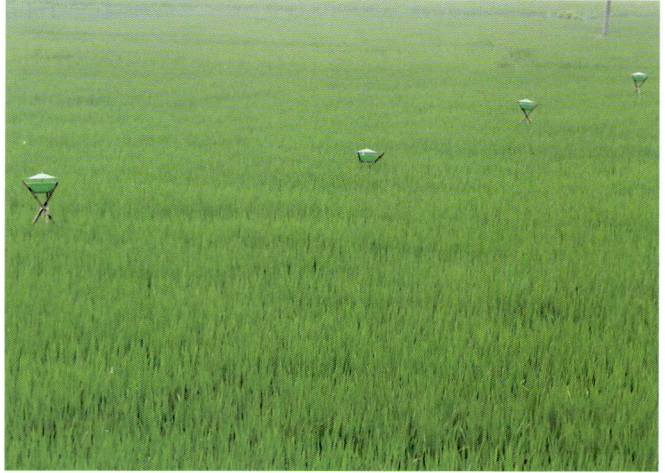

图3　二化螟诱捕器

● **生物农药控制技术**

在水稻分蘖期和孕穗破口期，分别喷施12.5%井冈·蜡芽菌水剂，防控稻瘟病、纹枯病、稻曲病等病害。稻飞虱发生重的田块，喷施吡虫啉等药剂防治。

● **稻螟赤眼蜂控制技术**

在二化螟蛾高峰期，每亩放5片（1.5万～3万头/片）稻螟赤眼蜂卵卡，棋盘式放置。待二化螟产卵后，稻螟赤眼蜂寄生其卵，控制其危害（图4）。

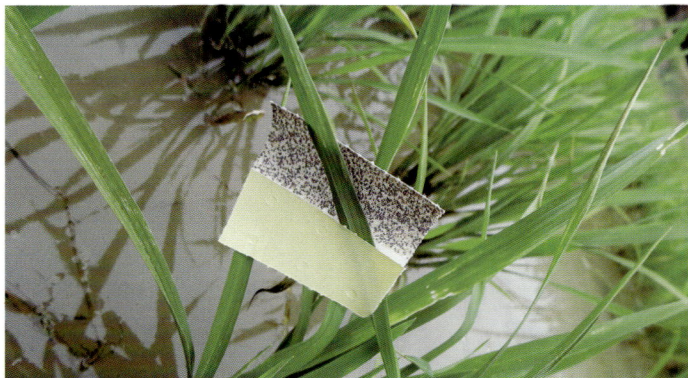

图4　释放赤眼蜂

效果与效益

示范区平均亩产730.5千克，对照平均亩产705.2千克，增产3.58%。防治病虫草害不用化学农药，提高了稻米品质。每只鸭子平均按2千克重，每千克售价36元，扣除鸭苗费和饲料费共计50元，净收益22元。每亩放5只鸭子，可净收益110元。同时养鸭除草，免除化学除草，每亩化学除草农药加用工成本按15元计算，每亩可节约成本15元。绿色防控技术的应用，减少了化学农药的使用次数和使用量，提高了水稻品质，保护利用了天敌，同时解放了劳动力，降低了劳动强度，社会效益明显。

主要研发单位与人员

研发单位：信阳市平桥区植物保护检疫站
主要人员：吕峰顺，胡玉枝，肖娟

41. 商城县河凤桥乡水稻病虫害统防统治与绿色防控融合技术模式

商城县河凤桥乡位于灌河上游沿岸，鲇鱼山干渠贯穿其中，水资源丰富，具有种植水稻得天独厚的自然条件。河凤桥乡以国家级绿色田园种植养殖专业合作社为经营主体，以发展再生稻生产为抓手，针对水稻主要病虫害二化螟、稻水象甲、稻瘟病、纹枯病等，实施全程病虫害绿色防控技术，成功走出一条高产、优质、高效的农业绿色发展之路。

集成技术

● 农业防治

1. 选用抗病品种　选用再生力强的桃优香占、隆晶优1212等优质高产抗病品种作再生稻，预防稻瘟病。

2. 大棚保温隔离育秧　3月10日前后，采用机械播种和大棚育秧，做好大棚内温湿度管理，预防苗期病害发生，阻隔稻水象甲危害早期秧苗。

3. 翻耕灭茬、深水灭虫　及时平整再生稻移栽田，要求4月5日前全部旋耕一遍，并灌深水淹没稻茬，保水3～5天，杀灭二化螟越冬幼虫。再生稻周边作中稻栽培的其他冬闲田也必须在4月20日前翻耕灭蛹，不留死角，杜绝"桥梁田"，最大限度减少二化螟越冬虫源基数。

4. 科学管理水肥　按照水稻精确定量栽培技术原理，采用配方施肥和氮肥后移技术，促进植株健壮生长，增强水稻苗期抗病力，预防大田苗瘟发生，减轻纹枯病发生程度，有利于提高头季稻产量，促进再生芽萌发。水稻移栽后浅水灌溉，促进水稻分蘖，抑制越冬代稻水象甲成虫危害和水下叶鞘产卵。5月下旬及时排水晒田，达到田面发硬，控制无效分蘖，增强植株抗病力，同时可避免因机械收割将稻桩碾压入泥土。

● 理化诱控

在绿色防控示范区安装太阳能杀虫灯，一般每30～50亩安装1台，诱杀鳞翅目、半翅目、鞘翅目等多种趋光性农业害虫，减少田间落卵量，降低虫口基数。根据主要害虫的成虫发生期和活动规律，确定开灯日期和开灯时间，以保护和利用天敌。例如，靶标为二化螟时，根据各代蛾的发生期确定开灯日期，一般在5月上中旬、7月上中旬和8月中下旬，夜间开、关灯时间由设备程序自动控制。

● 生物防治

搞好虫情监测，准确掌握害虫发生规律，在二化螟成虫产卵高峰前期开始释放稻螟赤眼蜂，连续放蜂2～3次（一代二化螟放蜂时间一般在5月上中旬，二代二化螟在6月下旬末至7月中旬初），每亩次放蜂量10 000～15 000头，插蜂卡时应贴近秧苗，避免阳光直射，或均匀抛撒赤眼蜂蜂球4～5个（图1）。注意释放前后10天内应禁止使用化学杀虫剂，雨天停止释放。

图1　释放赤眼蜂蜂球

● 科学用药

播种前进行种子消毒，选用25%咪鲜胺乳油2 000～3 000倍液浸种。水稻移栽前3天，选用20%三环唑可湿性粉剂或40%稻瘟灵乳油喷施苗床，预防苗瘟。水稻生长期间，搞好主要害虫发生期、发生程度预测，确定是否施药防控和防控时期，选用16 000国际单位/毫克苏云金杆菌可湿性粉剂、20%氯虫苯甲酰胺悬浮剂、5%甲氨基阿维菌素苯甲酸盐微乳剂等高效低毒杀虫剂进行防治，水稻分蘖末期至灌浆期，选用5%井冈霉素水溶性粉剂、24%噻呋酰胺悬浮剂等杀菌剂预防纹枯病，严格遵守施药规则。

效果与效益

● 防治效果

1.害虫防控效果显著 二化螟、稻纵卷叶螟、稻飞虱、稻水象甲等趋光性害虫发生量较群众自防区显著下降。以2022年为例，商城县二化螟越冬幼虫基数高达7 334头/亩，越冬代灯下诱蛾量高达7 209头。通过灯光诱杀和释放稻螟赤眼蜂，蛾量得到有效控制，二代蛾量较自防区减少85.4%，总体危害程度较轻。群众自防区通过翻耕灭蛹，越冬代蛾量显著下降，一代危害程度较轻，但二代蛾量激增，造成二代二化螟等危害加重。

2.稻瘟病防控效果显著 2018年前辛店村再生稻品种为两优6326、天两优616，这两个品种具有再生力强、稻米品质优等优点，但都易感稻瘟病。2016年穗颈瘟病情指数高达9级，近几年通过种植荃优822、隆晶优1212等抗病品种，示范区基本没有稻瘟病发生，产量大幅提高，保证了再生稻生产的健康发展。

● 经济效益

再生稻的播期比一季中稻提前约1个月，易造成立枯病等苗期病害加重，以及二化螟、稻水象甲迁入较早等情况。通过采用上述绿色防控模式，可有效减轻上述病虫的危害。以2022年辛店村绿色防控示范区再生稻两季连测的结果为例，高产田产量突破1 000千克/亩，每亩纯利润增加400元以上。

● 生态效益和社会效益

实施绿色防控技术，保证防治效果的前提下，减少了农药施用次数和施用量，降低了农药使用成本，也节省了施药用工，避免了农药中毒事故发生，更好地保护和利用天敌，有效地保障了农产品质量安全和生态安全。

主要研发单位与人员

研发单位：1. 商城县植物保护植物检疫站；2. 信阳市植保植检站；3. 商城县冯店乡农业农村服务中心

主要人员：徐文君[1]，彭娟[2]，詹扬[2]，王海峰[1]，刘泽英[3]

42. 商城县上石桥镇武桥村水稻病虫草害统防统治与绿色防控融合技术模式

上石桥镇武桥村辛店村位于商城县东北部，与固始县比邻，具有悠久的水稻种植历史。为提高种植业效益，该村充分运用商城县优质稻米特色产业发展扶持政策，以商城县金色田园粮油种植专业合作社为依托，大力发展稻鸭共作、稻虾共作，以生态调控为主线，综合运用各种绿色防控技术措施，达到了土壤肥力提升、农药化肥减量、生态控害的目的，实现了农村产业兴旺和农业可持续发展，有力推动了乡村产业振兴。

集成技术

● 农业防治

1.**选用优良品种**　选用高产优质、抗逆性强、生育期适中的水稻品种和当地麻鸭（淮南麻鸭）用于稻鸭共作、稻虾共作，以便合理安排水稻播期和鸭（虾）养殖时期，预防病虫草害发生，提高种植养殖效益。

2.**大棚保温隔离育秧**　稻鸭共作宜在3月下旬至4月上旬，采用机械播种和大棚育秧，做好大棚内温湿度管理，预防苗期病害发生，阻隔稻水象甲、稻蓟马危害早期秧苗；稻虾共作宜在4月中旬播种，以便在5月上中旬成虾上市销售后及时整田移栽。

3.**翻耕灭茬、深水灭蛹（虫）**　4月20日前，对稻鸭共作田块旋耕一遍，及时灌深水灭蛹，消灭二化螟越冬虫源。移栽前3天，结合平田撒施稻田封闭除草剂。稻虾共作田应在水稻收割后及时灌深水，淹死越冬害虫，并为小龙虾出土活动提供良好生态环境。

4.**科学管理水肥**　稻鸭（虾）共作具有逐年提高土壤肥力的好处，底肥施用量应酌情逐年递减，一般亩施复合肥25～30千克作底肥，水稻生长期间由鸭（虾）排泄物为水稻提供营养，水稻中后期可喷施叶面肥和植物生长调节剂。水稻分蘖期保持浅水层，随着温度上升和鸭龄增大，水层逐步加深，在稻鸭共作田的鸭子栖息地深挖小面积深沟，以利鸭子洗澡降温，当出现高温天气时，田间水层应加深到10厘米，以防高温中暑，导致鸭（虾）死亡。

● 理化诱控

在稻鸭（虾）共作区，每30～50亩安装1台太阳能杀虫灯，诱杀鳞翅目、半翅目、鞘翅目等多种趋光性农业害虫，减少田间落卵量，降低虫口基数（图1）。每天清扫收集袋内的害虫并撒于田间，作为鸭（虾）的补充饲料。根据主要害虫的成虫发生期和活动规律，确定开灯日期和开灯时间，以保护和利用天敌。例如，靶标为二化螟时，根据各代蛾的发生期确定开灯日期，一般在5月上中旬、7月上中旬和8月中下旬，夜间开、关灯时间由设备程序自动控制。

图1 太阳能杀虫灯

● 生态调控

1.稻鸭共作 秧苗移栽7～10天活棵后，放养12日龄雏鸭，放养密度为每亩20只（图2）。品种为本地麻鸭（淮南麻鸭），具有易调教驯养、活动量大、食量大、控制病虫草害效果好的特点，同时还是商城名菜"商城老鸭汤"的必选食材，销售市场前景好。鸭子释放到秧田后以自然觅食为主，辅助人工喂养，打苞抽穗前将鸭子赶出稻田圈养。鸭子在田间取食和活动时，可捕食附着在水稻植株上的螟蛾和水下的稻水象甲成虫、幼虫等各种害虫，可减少表土层草籽数量和杂草幼苗，鸭子在田间活动还可防止水稻群体郁闭，增强植株间的通透性，改善田间小气候，可有效减轻纹枯病、稻飞虱、稻水象甲、稻纵卷叶螟、二化螟、福寿螺等多种有害生物的发生危害。

对不宜种植油菜、小麦的稻茬田（冬季休耕），还可在水稻收获后灌水，放养30日龄的麻鸭，田间的草籽、散落的稻谷和水生动物可为鸭提供丰富的食源，同时通过鸭的觅食和踩踏，可消灭稻茬中越冬幼虫，鸭的排泄物又可加速水稻秸秆的腐熟，提高稻田土壤有机质含量，利于第二年水稻健壮生长、减轻病虫危害。

2.稻虾共作 稻虾共作可充分利用农业资源，减少农业投入品的使用量，保护农田生态环境，提高稻米品质。小龙虾在稻田生态系统中起到松土除草、减轻病虫害和提高土壤肥力的作用，突出表现为生态控害、绿色环保、

图2 稻鸭共作

降本增效，是发展优质稻米产业、提高稻田产值的重要抓手。

● 生物防治

该模式运用了稻鸭（虾）共作技术，兼具生态调控和生物防治功能，可有效减轻病虫草危害，要求不得在移栽后的稻田撒施农药，同时也要加强对稻瘟病和"两迁害虫"的监测，及早采用枯草芽孢杆菌、多抗霉素、苦参碱等生物农药喷雾防治。

效果与效益

● 防治效果

运用此绿色防控技术模式对纹枯病的防效为72.1%，对稻纵卷叶螟的防效为71.2%，对杂草的防效为93.2%，控害效果明显，推广期间未发生严重的病虫灾害，危害程度控制在经济损害允许水平以下。

● 经济效益

每亩减少化肥施用量25千克，减少农药使用次数2～3次，可节省成本约145元。稻鸭（虾）生态米深受市场青睐，稻谷价格高，一般每亩增收100元；武桥村小龙虾养殖户平均产值950元/亩，稻田养鸭产值670元/亩（不包括水稻收割后养殖的"稻茬鸭"）。稻鸭共作、稻虾共作分别增加产值770元和1 050元。

● 生态效益

通过稻鸭（虾）共作，土壤有机质含量提高，化肥施用量逐年减少，农产品无农药残留，维护了农田生物多样性，促进了稻米品质提高。商城县7个稻米绿色认证的品牌中，有5个源自该模式。以稻鸭（虾）共作为主线的水稻病虫草害绿色防控技术模式有力助推了优质稻米特色产业的高质量发展。

主要研发单位与人员

研发单位：1. 商城县植物保护植物检疫站；2. 商城县农业农村局；3.商城县李集乡农业农村服务中心

主要人员：徐文君[1]，吴燕[2]，贺岩[3]，胡名凤[2]，陶丛旺[2]

43. 光山县水稻病虫草害统防统治与绿色防控融合技术模式

　　水稻是光山县最主要的粮食作物，种植面积在85万亩以上。光山县位于亚热带和暖温带的地理分界线（秦岭–淮河分界线）上，属亚热带向暖温带过渡区域，这种特有的过渡带气候造成水稻病虫害发生种类多，各种病虫害发生较为严重，豫南稻区水稻病害以纹枯病、稻瘟病、稻曲病为主，虫害以二化螟、稻纵卷叶螟、稻飞虱为主，极大地影响了水稻产量和品质。每年仅病虫草害造成的损失就在1 500万千克以上，给水稻生产造成巨大的损失。随着水稻栽培条件的改变和种植品种的更替，病虫害发生面积逐年增加，程度加重，导致用药量和用药次数增加，严重影响了水稻品质和种植效益，也给农产品的质量安全和生态环境安全带来极大的隐患。为减少农药用量，优化农药用药组合，节省水稻病虫害防治成本，促进农业增产、农民增收，光山县总结和分析不同绿色防控技术对水稻病虫害效益和效果，结合豫南稻区水稻自然生态环境，组装集成了一套以生态治理、农业防治、物理防治、理化诱控为主，科学使用高效低毒环保农药为辅的水稻病虫草害绿色防控技术模式。

集成技术

● 农业措施

　　1. 选用抗（耐）病品种　选用综合抗性强、稳产高产且品质优良的水稻品种，如Y两优17、两优6326、荃优粤农丝苗等。

　　2. 覆盖育秧　每年4—5月，水稻秧田3叶期前采用无纺布覆盖育秧，有效阻隔灰飞虱、稻蓟马、螟虫，预防病毒病的发生危害（图1）。

　　3. 深耕灌水灭蛹控螟　稻田于3月中旬开始旋耕后灌水淹没稻桩沤田，保持水层5～7天，浸死螟虫的幼虫或蛹（图2）。

图1　无纺布覆盖育秧

图2　灌水灭虫

4.打捞浪渣铲除越冬菌源　待插秧前，再结合整田铲除田边、沟边杂草，打捞田间稻草、稻桩、浪渣，减少病虫基数。

5.健壮栽培　科学配方施肥，合理栽植，科学管水，培育健壮植株，提高植株抗（耐）性。

● 稻鸭共育除草防病控虫技术

水稻移栽活棵后（即5月下旬开始），陆续向稻田放养麻鸭，每亩放鸭8～10只，水稻抽穗后赶鸭出稻田。利用鸭子在稻田散养，不断捕食害虫，吃（踩）杂草，同时鸭子来回穿梭，除去了水稻基部枯黄叶片，改善田间通风透光，减轻了病害的发生，稻鸭共育期35～40天（图3）。

图3　稻鸭共育

● **理化诱杀技术**

　　1.**应用太阳能杀虫灯**　在水稻种植区内，按每30亩设立一台太阳能频振式杀虫灯，于5月1日起开灯至9月30日关灯，诱杀二化螟、稻纵卷叶螟、稻飞虱等害虫（图4）。

　　2.**昆虫性信息素结合干式诱捕器诱杀二化螟**　5月中旬（水稻移栽活棵后），按每亩一套放置二化螟性诱捕器，诱杀二化螟成虫，连片放置，周边密度稍大，中心稍稀（图5）。

图4　太阳能杀虫灯

图5　二化螟诱捕器

● **释放稻螟赤眼蜂防控水稻螟虫技术**

　　于7月中旬（即一代二化螟蛾羽化盛期）投放稻螟赤眼蜂，防治二代二化螟。每亩放4～6个点，放蜂10 000头左右（图6）。

● **科学使用高效低毒环保农药**

　　在病虫害大发生或暴发流行时选用生物农药，对症适时适量进行统防统治。优先选用16 000国际单位/毫克苏云金杆菌防治二化螟、稻纵卷叶螟，1.5%苦参碱可溶液剂防治稻飞虱，6%春雷霉素水剂、30亿/克枯草芽孢杆菌等防治稻瘟病、纹枯病、稻曲病等。

图6　赤眼蜂蜂球

效果与效益

● 防治效果

　　根据光山县植保植检站2021年6月18日、8月18日、8月31日三次示范区田间调查，核心示范区对一代二化螟、纹枯病、稻瘟病、二代二化螟的综合平均防效分别为84.32%、79.79%、83.32%、83.68%；农民自防区分别为61.73%、61.70%、71.92%、73.49%。防效提升十分显著。

● 经济效益

　　经测产，核心示范区、农民自防区、空白对照区平均亩产分别为822.8千克、688.8千克、571.2千克。核心示范区较农民自防区增产134千克，增产率为19.45%；较对照区增产251.6千克，增产率为44.05%。核心示范区较农民自防区化学农药减少43.5元/亩，减少38.16%。核心示范区所产稻谷由于米质优、口感好，没有使用化学农药，属无公害产品，售价（3.6元/千克）高于农民自防区和空白对照区（2.8元/千克）所产稻谷（空白对照区稻谷千粒重低，口感差）。通过5年的示范，核心示范区比农民自防区平均每亩增加收入828.89元，比空白对照区平均每亩增加收入1 096.69元，经济效益十分显著。同时实施病虫害绿色防控每亩平均减少用药2 ~ 3次，减少农药使用量400 ~ 500克，节约农药成本67元，农药减量增效明显。

● 生态效益

　　由于采用绿色防控集成模式技术，根据病虫信息科学组织防控和精准施用高效低毒农药或生物农药，纠正了盲目用药，减少了农药使用次数，从根本上避免了农民滥用农药的习惯，降低了农药使用量，提高了利用率，农药利用率达40%以上且杜绝了高毒、高残留农药的使用，农产品质量安全得到了保障。运用绿色防控技术，一方面可大幅降低稻谷农药残留，以及农药对土壤、大气、水源的污染，另一方面，稻田天敌种类和数量明显增加，对害虫的自然控制能力增强，生态效益明显。

● 社会效益

　　实施绿色防控技术和科学精准施药，机械化、半机械化作业，减轻了劳动强度，让农民可以有更多精力和时间从事其他产业，同时又节约了成本，增加了收入，大大提高了农民种粮积极性，为粮食增产、农民增收、农业增效起到了积极作用。

主要研发单位与人员

研发单位：光山县植保植检站
主要人员：罗倩云，刘和玉，徐正宏，靳星河，陈远平，屈春龙，李先花

44. 固始县水稻病虫草害统防统治与绿色防控融合技术模式

固始县隶属于信阳市，位于河南省东南端，属华东与中原交融地带，中国南北地理分界线（秦岭－淮河分界线）穿境而过，素有"北国江南，江南北国"之称，其复杂的气候也造成了当地病虫害的多发常发。固始县常年种植水稻180万亩左右，常发病虫害种类有稻瘟病、纹枯病、二化螟、稻纵卷叶螟、稻飞虱等。水稻病虫草害绿色防控融合示范基地位于郭陆滩镇太平村，示范区地势平坦，田、路、渠等配套设施齐全，土地肥沃。

集成技术

● 农业措施

1.**实施耕沤治螟**　在春季二化螟化蛹高峰期时，及时翻耕并灌5～10厘米的深水，经3～5天，杀死水稻螟虫的大部分老熟幼虫和蛹。

2.**选用抗病品种**　选用抗（耐）病水稻品种，如晶两优534、荆两优10号、Y两优1128、两优688、全优681等。

3.**科学管理水肥**　通过培育壮秧，加强栽培管理等一系列健身栽培技术，创造不利于病虫害发生的环境条件，减少病虫草害的发生。

● 生态调控

在田间种植大豆、芝麻、茭白、绿肥等，建造天敌诱集和保育带，在田埂种植香根草诱集防治水稻螟虫，创造天敌宜居生态环境。

● 生物防治

1.**保护利用天敌**　水稻移栽大田后生长前期尽量不用化学农药，为稻田蜘蛛及卷叶螟、绒茧蜂等天敌种群生长营造适宜环境，充分发挥自然天敌控害作用。

2.**采用稻鸭共育治虫控草技术**　在水稻移栽20天后，每亩释放15～20天的鸭苗15只左右（图1）。

图1　稻鸭共育

3. 释放天敌 在螟蛾高峰期每亩投放6枚稻螟赤眼蜂蜂卡（约1万头），用于防治二化螟、稻纵卷叶螟等（图2）。

4. 利用生物药剂防治病虫 如每亩使用100～200克的苏云金杆菌可湿性粉剂兑水50～70千克、3%阿维菌素微乳剂20～25毫升防治二化螟、稻纵卷叶螟。每亩应用10%井冈·蜡芽菌悬浮剂100～150克防治纹枯病、稻曲病，每亩应用2%春雷霉素水剂100毫升防治稻瘟病等。

● **理化诱控**

1. 使用性诱剂诱控二化螟、稻纵卷叶螟 在螟虫成虫高发期，每亩放置诱捕器1个，内置诱芯1个，每月换1次诱芯，诱捕器高出稻株10厘米左右（图3）。

2. 灯光诱杀技术 利用害虫对光的趋性，田间设置频振式太阳能诱虫灯，诱杀二化螟、三化螟、大螟、稻飞虱、稻纵卷叶螟等害虫的成虫，减少田间落卵量，降低虫口基数。每30～40亩安装1盏灯，采用"井"字形或"之"字形排列，灯距为150～200米，杀虫灯底部距地面1.5米，定时清扫诱虫（图4）。

● **科学用药**

1. 种子处理 播前种子进行药剂处理，如每亩用70%吡虫啉可溶性粒剂2～3克+25%咪鲜胺10毫升兑水30～40升浸种或拌种，预防稻飞虱、稻蓟马、稻瘟病、恶苗病等。

2. 秧田施送嫁药预防病虫 在秧苗移栽前3～5天喷施50%吡蚜酮可湿性粉剂15～20克、25%咪鲜胺乳

图2　释放天敌寄生蜂

图3　悬挂性诱剂

图4　放置频振式杀虫灯

油10毫升等对症防治二化螟、稻蓟马、稻飞虱、稻瘟病，可预防或减轻大田病虫的发生危害。

3.大田防治 在水稻生长前期放宽防治指标，通过生物农药进行防控，在病虫发生关键时期采取高效低毒绿色化学农药干预的用药策略。优化集成农药的轮换使用、精准使用和安全使用等配套技术，减少农药用量，严格遵守农药安全间隔期，保障农产品质量安全。

效果与效益

● 防治效果

核心示范区病虫发生面积减少，危害程度降低，损失率明显下降。太阳能杀虫灯有效控制了二化螟等害虫，一代和二代二化螟灯控效果分别为83.51%和86.62%，与农民常规防治效果基本一致（86.57%和85.12%），赤眼蜂对二代二化螟的防效为66.22%，性诱剂防效为79.6%。

● 经济效益

每盏太阳能杀虫灯购置费用及安装费用合计2 800元，使用寿命按10年计，每年每盏杀虫灯折价280元，电瓶寿命按5年计，每年投入成本折价为80元，加上清虫维护等管理费用为每盏40元，杀虫灯每年投入成本计为400元。按每盏灯有效控制面积为25亩计，折合每年每亩投入成本为16元。杀虫灯应用后，用药次数减少3次，用药量减少50%，加上喷药人工费，每亩每年可降低防治成本46元。综上，示范区每亩节约防治成本30元。根据测产调查，示范区平均亩产达626.5千克，农民自防区平均亩产为585千克，对照区亩产为519千克。每千克稻谷价格按2.6元计，示范区平均亩产值较农民自防区增产40.5千克，计105.3元。结合防治成本，示范区相较于农民自防区，每亩增加收益约135.3元。

● 生态效益

稻螟赤眼蜂防治二化螟、稻纵卷叶螟等，配合其他综合防控措施，显著减少了用药量和用药次数，水稻主要害虫二化螟、三化螟、稻纵卷叶螟、稻飞虱等基本得到了控制，减少了3次用药，减少了50%的用药量。

主要研发单位与人员

研发单位：固始县植保植检站
主要人员：张先华，刘庭洋，汪丽

45. 潢川县水稻病虫草害统防统治与绿色防控融合技术模式

潢川县位于我国亚热带和暖温带地理分界线（秦岭－淮河分界线）上的豫南地区，土地肥沃、雨水充沛，耕地面积122.9万亩，是农业生产和产粮大县，粮食作物以水稻、小麦为主，常年种植水稻93.5万亩，水稻病虫草害种类多、危害重，以水稻二化螟、"两迁"害虫、稻瘟病、稻曲病、纹枯病等为主，严重威胁粮食安全和品质提升。为了贯彻落实农业绿色发展要求，转变病虫防控方式，潢川县植保植检站自2011年以来，积极创建水稻病虫害绿色防控示范区，形成了以农业防治、生态调控、生物防治、理化诱控、科学用药等技术措施为主的潢川特色水稻主要病虫害绿色防控技术模式，水稻主要病虫草害绿色防控面积达65万亩，绿色防控覆盖率达69.5%。

集成技术

● 秧田期

1.选择优质、高产、综合抗性较好的水稻品种，用25%咪鲜胺乳油2 000倍液浸种杀菌，用20～40目防虫网或15～20克/米²无纺布覆盖育秧。

2.在二化螟越冬代幼虫化蛹期适时翻耕沤田，田面保持5～10厘米水层7～10天，降低二化螟越冬基数；打捞浪渣集中销毁，减少菌源量，降低纹枯病等病害发生。

3.移栽前3～5天每亩秧田用20%三环唑可湿性粉剂100克+25%吡蚜酮可湿性粉剂16克喷雾防治苗期病虫害，实行带药健苗移栽。

● 本田期

1.**农业防治** 加强田间肥水管理，适时晒田，增强水稻抗病虫性。二化螟一代幼虫化蛹期保持田间5～10厘米水层灭蛹，降低二代发生基数，同时防止高温热害的发生。

2.**生态调控** 大田四周种植大豆、芝麻等显花植物，为天敌创造宜居生态环境；种植茭白、香根草等植物诱杀螟虫。

3.**理化诱控** ①性信息素诱杀（图1）。水稻移栽后，每亩等距离设置干式飞蛾诱捕器1～2个，每个诱捕器内放二化螟诱芯一条，设置高度以诱捕器底端高出水稻顶端5～10厘米为标准，随着水稻生长而进行调整。6月下旬、8月上旬二化螟羽化期各更换一次诱芯，水稻收割前收回。利用雌性诱芯释放出的气味诱杀雄性成虫，降低交配概率。②灯光诱杀（图2）。水稻移栽后，每20～30亩安装太阳能杀虫灯1台，为了减少灯光对天敌的杀伤，开灯时间控制在20:00—23:30，利用灯光诱杀二化螟、稻纵卷叶螟等多种水稻害虫。

图1　放置性诱捕器

图2　安装太阳能杀虫灯

4.生物防治　①稻虾共作。稻田四周挖深0.8～1.2米、宽2.5～3.0米的龙虾隐身活动沟，沟间相通，水沟总面积控制在全田总面积的10%以内，沟内放养龙虾，其余种植水稻，以虾控草，达到稻虾互补、种养双赢的目的。②稻鸭共育（图3）。水稻移栽7天后，每亩稻田投放鸭龄7～9天当地麻鸭15～20只，水稻齐穗前收回处理，利用鸭子在田内来往穿梭活动达到控草、食虫的效果，并降低病害的发生。③释放天敌（图4）。在成虫高峰期每亩设置6个放蜂点，连续释放赤眼蜂2～3次，间隔3～5天，防治二化螟、稻纵卷叶螟等害虫。

5.科学用药　根据监测预警，病虫达防治标准时优先选用16 000国际单位/毫克苏云金杆菌可湿性粉剂、20亿PIB/毫升甘蓝夜蛾核型多角体病毒、1.8%阿维菌素乳油、5%井冈霉素水溶性粉剂、6%春雷霉素水剂、1 000亿孢子/克枯草芽孢杆菌

图3　稻鸭共育

可湿性粉剂等防治二化螟、稻纵卷叶螟、纹枯病、稻瘟病、稻曲病等病虫害,病虫害严重发生时选用高效、低毒、低残留化学农药适量防治。

效果与效益

水稻病虫害绿色防控示范区二化螟一代平均防效为84.5%,二化螟二代平均防效为91.4%,稻纵卷叶螟平均防效为85.2%,以鸭控草防效为87.5%,以虾控草防效为79.2%,均达到或超过农民自防区防效。示范区平均亩增产60千克,增产率10.9%,每亩增收节支260元左右。示范区减少农药使用量48.5%,蜘蛛、黑肩绿盲蝽、蜻蜓等天敌数量增加45%以上,农田生态环境显著改善。带动了"古黄国"有机米、稻虾共作绿色米等多个农产品品牌的发展,取得了良好的经济效益、社会效益和生态效益。

图4 释放赤眼蜂

主要研发单位与人员

研发单位:1.潢川县植保植检站;2.信阳市植保植检站

主要人员:张树友[1],孙国强[1],孙丹丹[1],姜照琴[2],詹杨[2],许玉梅[1]

46. 桐柏县水稻病虫草害统防统治与绿色防控融合技术模式

桐柏县隶属于南阳市,位于河南省南部,南阳盆地东缘,桐柏山腹地,豫鄂交界处。属北亚热带大陆性温湿季风气候,四季分明,雨量充沛。桐柏自然特点"七山一水二分田",县域内有大小河流58条,中小型水库72座,塘堰坝近万个,水资源总量8亿米³。水稻种植面积35万余亩,适合稻田综合种养的田地面积约20万亩,目前已有超过半数的农田实施了综合种养模式,已建成规模化稻田综合种养示范基地20余处,年产量近万吨,产值达10亿元。

集成技术

● 农业防治

1. 品种选择　选用优良抗病品种。因地制宜选择高产、优质、抗(耐)病虫品种。播种前对种子进行精选去杂、晾晒,选用健康无病虫种子育秧。加强种子的调动检疫,避免带病虫种子传入非疫区。

2. 秧苗期管理　加强沟系配套,防止深灌、漫灌、串灌。整平秧田,合理育秧,培育壮秧。避免用病稻草盖秧、扎秧把。手工拔除杂草、摘除二化螟卵块。在杂草结籽成熟之前人工拔除,以免新一代杂草种子进入田间。

3. 分蘖期管理　实行浅水勤灌,分蘖末期适当晒田,促进稻株有效分蘖,减少无效分蘖,保持水稻植株群体的通透性,避免过量施用氮肥,防止稻株贪青徒长。

4. 穗期管理　水稻生长中后期适时排水晒田,湿润灌溉,总的原则应以浅为主,浅、湿、干间歇灌溉,避免长时间深水淹灌。降低稻丛间相对湿度,提高植株抗病力。对白叶枯病等细菌性病害发生田,排、灌分开,不串灌、漫灌,防止涝渍。

● 理化诱控

1. 灯光诱杀　选用对天敌伤害小的黑光灯、频振式杀虫灯等诱杀二化螟、稻纵卷叶螟、稻飞虱等成虫。

2. 食诱剂诱杀　选用食诱剂诱杀稻纵卷叶螟等。

3. 性诱剂诱杀　安装二化螟性诱剂诱蛾器等专用性诱捕器,诱杀二化螟和稻纵卷叶螟等成虫，减少危害。

● 生物防治

1.以菌治虫 防治二化螟、大螟可选用16 000国际单位/毫克苏云金杆菌可湿性粉剂、100亿孢子/毫升短稳杆菌悬浮剂、80亿孢子/毫升金龟子绿僵菌可分散油悬浮剂；防治稻纵卷叶螟可选用16 000国际单位/毫克苏云金杆菌可湿性粉剂、100亿孢子/毫升短稳杆菌悬浮剂、20亿PIB/毫升甘蓝夜蛾核型多角体病毒悬浮剂、400亿孢子/克球孢白僵菌水分散粒剂、80亿孢子/毫升金龟子绿僵菌可分散油悬浮剂；防治稻飞虱可选用400亿孢子/克球孢白僵菌水分散粒剂、80亿孢子/毫升金龟子绿僵菌可分散油悬浮剂，于卵孵始盛期施用。

2.以菌治病 防治稻瘟病采用12.5%井冈·蜡芽菌水剂、1 000亿孢子/克枯草芽孢杆菌可湿性粉剂；预防稻曲病采用12.5%井冈·蜡芽菌水剂。

3.以虫治虫 ①利用天敌控虫：二化螟、稻纵卷叶螟、稻飞虱等虫害的天敌主要有赤眼蜂、青蛙、蜻蜓等。尽量减少对天敌杀伤大的农药，发挥天敌的自然控制作用。在水稻分蘖期时，防治稻纵卷叶螟尽量选用生物制剂，以保护天敌。②释放赤眼蜂：于二化螟越冬代蛾高峰期和稻纵卷叶螟迁入代蛾高峰期开始释放稻螟赤眼蜂，每代放蜂2～3次，间隔3～5天，每次放蜂10 000头/亩。

4.应用农用抗生素等 预防稻曲病可选用24%井冈霉素A水剂、1%申嗪霉素悬浮剂、1%蛇床子素水乳剂等，并可兼治纹枯病。与0.01%芸苔素内酯可溶液剂或0.136%赤·吲乙·芸苔可湿性粉剂混用，可提高防病效果。

● 科学用药

1.合理用药 选用对天敌安全的高效新型农药，推广高效、低毒、低残留、环境友好型农药，优化集成农药的轮换使用、交替使用、精准使用和安全使用等配套技术。加强农药抗药性监测与治理，普及规范使用农药的知识，严格遵守农药安全间隔期。通过合理使用农药，最大限度降低农药使用造成的负面影响。

2.推广带药移栽控害技术 秧苗移栽前3天左右施药，带药移栽，预防稻瘟病、蓟马、螟虫和稻飞虱及其传播的病毒病。

● 稻虾共养

成虾田选用中籼稻或者粳稻种植，用于为龙虾提供栖息和觅食环境。成虾田的放苗时间分为两次，第一次为11—12月之间，第二次为3月，每次每亩放虾苗4 000只。4月可以对上半年的虾苗进行捕捞，直到5月停止，使小龙虾继续生长。6月实行插秧，以人工插秧为主。7月可以对成虾进行捕捞。

效果与效益 ◆

稻虾共养模式具有投入小、周期短、见效快、易操作的特点，易于推广，既提高了农民种田积极性，又保障了粮食安全。该模式为两季虾、一季稻，小龙虾以稻田中水草、稻草腐殖质、虫卵为饵料，其排泄物又为水稻生长提供肥料，可不使用农药，并减少了80%化肥使用量。秸秆还田后，就地转化为小龙虾天然饵料，实现了综合利用，减少了环境污染。稻虾共养平均亩产稻谷450～600千克、小龙虾100～180千克，每亩平均节省机耕、农药、肥料、人工等直接投入500元。亩均纯利较单一种植水稻增加1 800～5 000元。

主要研发单位与人员 ◇

研发单位：1.南阳市植保植检站；2.桐柏县农业农村局
主要人员：袁伟[1]，华永[2]，康峰[2]，林威[2]，李勇[2]

47. 平顶山市湛河区水稻病虫害统防统治与绿色防控融合技术模式

平顶山市湛河区水稻常年种植面积1.2万亩左右，病虫害常年发生面积3.1万亩次，主要以"三虫三病"为主，即稻飞虱、二化螟、稻纵卷叶螟及稻瘟病、纹枯病、稻曲病等，防治面积8.4万亩次。长期以来由于病虫害防治存在用药不对症、用药量大、病虫抗性增强、防治配套技术不到位等问题，每年因病虫害造成的水稻损失达120吨左右，水稻亩产量常年在490千克左右，水稻病虫害已成为影响当地水稻丰产的主要障碍因素之一。湛河区以控制水稻"三虫三病"为核心任务，广泛采用物理防治、生物防治、生态控制、化学防治等技术，逐步开展水稻病虫害绿色防控和统防统治，引导农民改变用药习惯，提升防治技术水平。通过该模式的推广应用，全面降低了化学农药施用总量，减轻了农药面源污染，促进了农业生态可持续发展。

集成技术

● 农业防治

1.选用抗病品种　选用抗（耐）病品种如津原85、郑旱10、津稻372等。

2.清洁田园　收割后立即翻耕，减少再生稻、落谷稻等冬季寄主植物，降低越冬病源、虫源基数。

3.加强水肥管理　适时晒田，避免重施、偏施、迟施氮肥，适当增施磷、钾肥，提高水稻抗逆性。

● 理化诱控

1.杀虫灯诱杀　利用害虫对光的趋性，田间设置杀虫灯，诱杀二化螟、大螟、稻飞虱、稻纵卷叶螟等害虫成虫，减少田间落卵量，降低虫口基数。每30～50亩安装1盏灯，采用"井"字形或"之"字形排列，杀虫灯安置高度1.5～2米。可减少施药次数和农药用量，减轻环境污染，提升水稻品质，避免大量毒杀害虫天敌，延缓害虫抗药性产生（图1）。

2.性诱剂诱杀　利用性诱剂分别诱杀二化螟和稻纵卷叶螟成虫。每亩稻田挂一个诱捕器，诱捕器底部高出水稻10～20厘米，内置二化螟或稻纵卷叶螟性诱剂诱芯1个，每月更换一次诱芯。二化螟、稻纵卷叶螟性诱芯交叉安放。诱捕器在6月下旬至7月上旬悬挂，集中连片实施，诱杀成虫，可降低田间产卵量和幼虫量，减轻下一代幼虫危害。诱捕器的高度根据植株生长情况适时调整（图2）。

图1　太阳能杀虫灯

图2　性诱剂诱捕器

3.黄板诱杀害虫技术　通过在田间悬挂黄板，主要诱杀稻飞虱、蚜虫、粉虱、叶蝉等害虫。每亩地悬挂粘虫黄板30～40张，高度距作物上部15～20厘米。随植株生长进行调整（图3）。

图3　悬挂粘虫板

● 生物防治

1.释放赤眼蜂　投放时间在8月中下旬，即二化螟产卵始盛期。

2. 应用生物农药 　用16 000国际单位/毫克苏云金杆菌可湿性粉剂防治螟虫；用400亿孢子/克球孢白僵菌水分散粒剂防治稻纵卷叶螟；用6%春雷霉素水剂或1 000亿孢子/克枯草芽孢杆菌可湿性粉剂防治稻瘟病；用12.5%井冈·蜡芽菌水剂或5%多抗霉素水剂防治纹枯病、稻曲病。

● 应急防治

根据田间调查，当病害及幼虫量达标或过大时，可采用高效低毒低残留化学农药防治。在水稻分蘖始盛期，用40%氯虫·噻虫嗪水分散粒剂和30%苯甲丙环唑乳油喷雾防治螟虫、稻飞虱、纹枯病和稻瘟病，同时兼治稻纵卷叶螟。在水稻破口期，用40%氯虫·噻虫嗪水分散粒剂、24%噻呋酰胺悬浮剂、30%苯甲·丙环唑乳油喷雾防治二化螟、稻纵卷叶螟、稻飞虱、纹枯病、稻瘟病和稻曲病等。

效果与效益 ◆

● 防治效果

稻飞虱、稻纵卷叶螟等水稻重要害虫的虫口数量明显减少。由螟虫危害引起的枯鞘及白穗等症状，在农民自防区的百丛枯鞘或白穗率为3%，在示范区内平均危害率仅为0.2%，最高不超过1.3%。在病害防控方面，两个关键期的预防措施起到了较为理想的效果。水稻纹枯病在示范区内的病丛率为8%～10%，在农民自防区为15%～60%；稻曲病在示范区内的病丛率为1%～5%，在农民自防区为5%～10%；稻穗颈瘟在示范区内的病丛率为2%～40%，在农民自防区为40%～85%。

● 经济效益

示范区内平均亩穗数为24.67万穗，平均穗粒数为118.28粒，千粒重为23.6克，理论产量为688.64千克，折扣系数按0.85，示范区内水稻平均亩产量为585.34千克，较农民自防区增产52.44千克，增幅9.84%。

● 生态效益

农民自防区水稻整个生育期一般用药5～7次，严重时可达9次。农民在用药过程中可能随意加大用药量，使用高毒高残留农药的现象也比较普遍，对产品和土地造成严重污染。在示范区内，水稻整个生育期共施药3次，且为高效低残留农药或生物农药，对水稻和土地基本不造成污染，水稻品质提升明显，并大大减少了农药用量，降低了农民的防治成本和用工成本。

● 社会效益

水稻品质提升，获得了更好的销路和售价，起到了很好的辐射带动作用，吸引了当地大量的水稻种植户参观学习、咨询，受到社会各界的好评，成为当地减少农业面源污染、提高农产品品质和农民收入的有效途径。

主要研发单位与人员

研发单位：平顶山市湛河区农业农村和水利局

主要人员：任海龙，宋久洋，秦钧，王志华，孙松豪

48. 开封市祥符区水稻病虫害统防统治与绿色防控融合技术模式

集成技术

● 农业防治

1.选用抗病品种 如晶两优534、荆两优10号、Y两优1128、两优688、全优681等。

2.深耕灌水灭蛹 插秧前，结合整田铲除田边、沟边杂草及田间稻草、稻桩，并打捞病残稻桩，以减少病虫基数。

3.春季麦田和休闲地防治灰飞虱，压低虫口基数 稻区麦田用30%吡蚜酮·速灭威可湿性粉剂30克/亩喷雾防治水稻蚜虫，兼治灰飞虱。对于休闲地（包括空白地、地头、路边沟渠等），5月上旬也要施药进行防治，减少灰飞虱数量。

4.无纺布覆盖育秧 播种后出芽前采用无纺布覆盖育秧，育秧期间不揭开网或布，阻隔病毒病、灰飞虱、稻蓟马和螟虫（图1）。

图1 无纺布覆盖育秧

● 理化诱控

1.灯光诱杀 安放太阳能杀虫灯，每盏灯控制面积约40亩。于6月初开灯，至水稻

164

收获时停止，可诱杀二化螟、稻纵卷叶螟、稻飞虱等害虫。

2.食诱剂诱杀　利用食诱剂诱杀稻纵卷叶螟、稻苞虫、二化螟等。

● 生物防治

在打苞期、抽穗前用药，用1 000亿活芽孢/克枯草芽孢杆菌可湿性粉剂10克/亩，兑水50～60千克喷雾，预防稻瘟病。用3％井冈霉素水剂200毫升+2.5％枯草芽孢杆菌水剂250毫升，兑水50千克喷雾，预防纹枯病。在7月中旬、8月中旬喷施80亿孢子/毫升金龟子绿僵菌CQMa421可分散油悬浮剂60毫升/亩，防治稻纵卷叶螟、稻苞虫、二化螟等。

● 科学用药

1.种子处理　浸种前将精选好的种子暴晒2～3天，再用25％咪鲜胺乳油2 000～3 000倍液浸种24小时，取出稻种，催芽后播种。

2.在移栽前喷施送嫁药　拔秧前2～3天用20％三环唑可湿性粉剂100克+25％吡蚜酮可湿性粉剂20克/亩，兑水30千克均匀喷雾。

3.应急防控　在病虫害大发生或突发时，选用20％氯虫苯甲酰胺悬浮剂防治二化螟、稻纵卷叶螟；32.5％苯甲·醚菌酯悬浮剂、40％稻瘟灵乳油防治纹枯病、稻瘟病。

主要研发单位与人员 ◆

研发单位：开封市祥符区植保植检站
主要人员：窦强莉，闫劝劝，梁金鹏，卢素华，张全鸽

49. 获嘉县水稻病虫害统防统治与绿色防控融合技术模式

　　获嘉县常年种植水稻5万余亩，属于豫北沿黄稻米产区，主要病虫害为水稻纹枯病、稻瘟病（叶瘟、穗颈瘟）、胡麻斑病、稻飞虱、二化螟、稻纵卷叶螟等。获嘉县植保植检站经过长期技术积累，并结合植保领域前沿技术成果，总结出一套适合本地域的水稻病虫害全程绿色防控技术模式，在获嘉县冯庄镇屯街村建设3 000亩河南省水稻病虫害绿色防控示范区，采用绿色防控手段进行水稻病虫害全程防控技术推广，辐射推广面积2万亩左右。

集成技术

● 农业防治

　　1. **选用抗性品种**　因地制宜选择通过国家、河南省审定或引种认定的优质、高产、抗逆性好的品种，如获稻008、新丰6号、新丰7号、五粳519、新粮310等，合理布局，轮换种植。播种前对种子进行精选去杂、晾晒，选用健康无病的种子育秧。

　　2. **加强田间管理**　选择背风向阳、离水源近、排灌方便、土壤肥沃、结构良好、杂草少、无病虫、离本田近的地块做秧田，实施集中连片盘育秧与机插秧技术培育壮秧；清除本田田间及周边杂草、病残体，耕翻灭茬后进行田间灌水，及时打捞浪渣菌核，带出田外销毁。

　　3. **平衡施肥**　结合整地，粉碎秸秆还田，增加有机肥；控制氮肥总量，改变氮肥重心，适当降低基肥和分蘖肥的氮肥比例，减少无效分蘖；增加钾肥施用量，提倡基肥、追肥分施；通过合理施用氮、钾、硅肥，合理密植，水层管理等综合措施，防止水稻倒伏，提高抗病能力。

　　4. **合理灌溉**　水稻返青期保持浅水层，分蘖期湿润灌溉，分蘖末期重视晒田以控制无效分蘖，促进根系下扎生长和壮秆健株。抽穗期保持浅水勤灌。灌浆成熟期间歇灌溉，干湿交替。收获前7～10天断水。地头种植大豆、芝麻、绿肥等，利用鸟类、蜘蛛、青蛙、蜻蜓等天敌控制田间虫害发生基数。

● 理化诱控

　　1. **性信息素诱杀**　从始发期开始每亩悬挂二化螟、稻纵卷叶螟诱捕装置2～3套，按照"外围密，中间少"的原则安放，诱芯每隔30天左右换1次。秧苗期诱捕器底部设置高度要高于叶面0.5米左右，水稻长高时，诱捕器底部设置高度与水稻植株顶部相平，当稻纵卷叶螟出现大量迁入为害高峰时，诱捕装置应增加到每亩10个以上，当田间被害株率或新虫苞数量达到防治指标时，及时开展药剂防治（图1）。

图1　害虫理化诱控

2.灯光诱杀　在水稻害虫成虫发生期间每30～50亩稻田设置一盏频振式杀虫灯，利用趋光性诱杀二化螟、稻纵卷叶螟、稻苞虫、稻飞虱，降低田间虫口基数，减轻田间危害。

● 科学用药

根据主要病虫害发生规律，做好预测预报，在病虫发生关键时期采用生物农药或高效低毒绿色化学农药干预防控（图2）。

①播种前做好种子消毒处理，减少种子带菌，预防恶苗病和稻瘟病、白叶枯病。分蘖期（7月中下旬以前）主要防治二化螟、稻叶瘟、纹枯病、赤枯病等。②孕穗期（8月下旬），主要防治稻纵卷叶螟、稻飞虱、大螟、纹枯病。③抽穗扬花期（8月下旬至9月初），主要防治稻纵卷叶螟、稻飞虱、二化螟、穗颈瘟、稻曲病等。④灌浆期（9—10月），主要防治稻飞虱、谷粒瘟、胡麻斑病等。

防治稻纵卷叶螟、二化螟、大螟、黏虫、稻苞虫等害虫选用核型多角体病毒1 000倍液，或80亿孢子/毫升金龟子绿僵菌CQMa421可分散油悬浮剂60～90毫升/亩，

图2　植保无人机飞防

或200克/升氯虫苯甲酰胺悬浮剂10毫升/亩，或1%甲氨基阿维菌素苯甲酸盐微乳剂75～100毫升/亩。防治稻飞虱选用50%吡蚜酮可湿性粉剂10～12克/亩，或25%呋虫胺可湿性粉剂20～24克/亩，或50%烯啶虫胺可溶性粉剂5～6克/亩。防治赤枯病喷施98%磷酸二氢钾粉剂100克/亩+0.01% 14–羟基芸苔素甾醇水剂8～16毫升/亩。稻瘟病（包括叶瘟、穗颈瘟、谷粒瘟）选用1000亿孢子/克枯草芽孢杆菌可湿性粉剂25～30克/亩，或75%三环唑可湿性粉剂20克/亩，或2%春雷霉素水剂500～600倍液进行喷雾。防治纹枯病选用8%井冈霉素水剂50～100毫升/亩，兑水30～40千克进行喷雾。

效果与效益

● 防治效果

核心示范区对纹枯病的综合防效为93.2%，对叶瘟病防效为100%，对穗茎瘟防效为98.6%，对稻飞虱防效为92.5%，对稻纵卷叶螟防效为90%。

● 经济效益

示范区增产效果明显，平均亩产量为635.9千克，较完全不防治区亩增产253.6千克，较农民自防区亩增产35.2千克。

● 生态效益

通过推广种子包衣、植保无人机防控，以及广泛采用物理、生物、农业防治措施，最大限度降低了化学农药的使用量，示范区整个生长季化学农药使用量仅为110克，农民自防区为530克，示范区比农民自防区减少化学农药使用量79.2%。在核心示范区与辐射区全程采用绿色防控技术，关键技术覆盖率达到95%以上，统防统治覆盖率达到100%，既提升了作物的产量与质量，又保护了生态环境。

主要研发单位与人员

研发单位：1.获嘉县农业农村局；2.获嘉县水利局
主要人员：张清军[1]，崔世慧[1]，冯莉[1]，张倩倩[1]，花保强[2]

50. 范县水稻病虫草害统防统治与绿色防控融合技术模式

范县隶属于濮阳市，地处黄河冲积平原，属暖温带大陆性季风气候，耕地面积3.46万公顷，以种植小麦、水稻、玉米、大豆为主。依托优越的水利资源，常年水稻种植面积2万公顷左右。水稻常发病虫害主要有纹枯病、稻瘟病、二化螟、稻纵卷叶螟、稻飞虱等，草害以稗草、千金子为主。近年来，范县大力推行绿色生产方式，总结了一套水稻主要病虫草害绿色防控技术模式。

集成技术

● 育苗期

以预防水稻恶苗病、黑条矮缩病、稻飞虱为主，兼治稻蓟马等。

1. 农业措施 ①深耕灌水。在预留的秧田地，利用二化螟化蛹期抗逆性弱的特点，在春季越冬代螟虫蛹期时及时深耕、灌水、泡田，以水淹没稻桩7～10天为宜，可杀死70%～80%的越冬螟虫，降低虫源基数。每亩增施微生物菌肥30千克左右，可改善土壤肥力，提高作物抗逆性、增强作物抗病虫害能力。②选用优质品种。选用抗（耐）病虫、抗逆性强、适应性广的优质品种，如新丰2、天隆优619、新科稻31、新丰6、郑稻C42等。

2. 物理防治 露地育秧，播种前将精选好的种子暴晒2～3天，进行药剂拌种，晾干后播种。出芽前采用20～40目防虫网或者15～20克/米^{2}无纺布覆盖育秧，育秧期间不揭开防虫网或无纺布，阻隔灰飞虱传播病毒，减少黑条矮缩病发生。棚内秧盘育秧，每亩可悬挂20～30片色板，诱杀灰飞虱等刺吸式害虫，减少病毒病发生。

3. 生物防治 秧苗2～3叶期可喷施一遍6%寡糖·链蛋白可湿性粉剂，提高免疫力，增强抗逆性。

4. 科学用药 ①育秧前用药。育秧前可用25%咪鲜胺乳油浸种24小时，药液以浸没稻种为宜，然后取出稻种堆闷48小时进行催芽，催芽后便可播种；或用22%苯醚·咯·噻虫悬浮剂进行拌种，晾干后播种，可预防水稻恶苗病等苗期病虫害。②移栽前用药。在移栽前2～3天，喷施一遍"送嫁药"，可选用20%三环唑乳油、25%吡蚜酮悬浮剂、10%吡虫啉乳油、5%甲氨基阿维菌素苯甲酸盐微乳剂等高效低残留的环境友好型农药，减少苗期病虫害。

● **分蘖拔节期**

以防治纹枯病、二化螟为主，兼治稻飞虱、叶瘟等。目的是促苗早发，形成健苗多分蘖。

1.农业防治　在水稻返青后，每亩放养20天左右役鸭12～15只，不仅可吃掉水生浮游动物和田间杂草，而且鸭来回游动，形成浑水，可减少纹枯病发生和绿苔形成（图1）。役鸭于水稻抽穗前赶出稻田。

图1　稻鸭共育

2.生态调控　在水稻田周边路埂，可适当种植大豆、芝麻等显花作物，引诱害虫繁殖，利于集中消灭，减少大田危害。

3.理化诱控　田间安装频振式太阳能杀虫灯（图2）、色板、性诱剂诱捕器（图3）等。按企业标准，一般灯每40～50亩一盏，黄板20～30块/亩，性诱剂诱捕器3～5套/亩，

图2　安装太阳能杀虫灯

图3　性诱剂诱捕器

可诱杀稻飞虱、二化螟等害虫，同时根据诱杀数量，可监测不同害虫发生动态，为科学用药提供依据。

4.生物防治 若田间测报灯诱集到二化螟蛾量偏大，达到防治指标时，在卵孵化盛期前2～3天，可全田喷施2.4%甲维·苏云菌悬浮剂、20%阿维菌素悬浮剂等生物杀虫剂。在水稻分蘖末期，一般水稻纹枯病病株率达15%，或者拔节到孕穗期丛发病率达20%的田块，可选用12.5%井冈·蜡芽菌水剂、1 000亿孢子/克枯草芽孢杆菌可湿性粉剂等药剂进行防治。若发现水稻叶瘟且达到防治指标，可用2%春雷霉素水剂、5%多抗霉素水剂等药剂均匀喷雾防治。以上药剂严格按照标签说明交替、轮换使用。加强田间调查，发现重病田块间隔5～7天再防一次。同时可加入6%寡糖·链蛋白可湿性粉剂，提高作物免疫力。

5.科学用药 根据田间病虫监测调查情况，必要时可选用240克/升噻呋酰胺悬浮剂、18.7%丙环·醚菌酯悬浮剂、200克/升氟酰羟·苯甲唑悬浮剂等药剂防治纹枯病。用20%稻瘟酰胺悬浮剂、36%肟菌·戊唑醇悬浮剂等药剂防治水稻叶瘟。用6%阿维·氯苯酰悬浮剂、5%高效氯氟氰菊酯水乳剂、2.5%甲氨基阿维菌素苯甲酸盐微乳剂等药剂防治水稻二化螟等。

● **抽穗灌浆期**

以预防穗颈瘟、"两迁害虫"为主，兼治稻曲病、谷粒瘟。

1.生物防治 根据田间调查，结合天气情况，预防水稻穗颈瘟，按照水稻"早破口早打、晚破口晚打"的原则，于水稻破口前10～15天施药；抽穗期如遇持续阴雨天气，可在降雨间隙使用无人机进行飞防，可选用12.5%井冈·蜡芽菌水剂、5%多抗霉素水剂、1%申嗪霉素悬浮剂等药剂进行预防。防治稻纵卷叶螟，于卵孵化盛期施药，可用2.4%甲维·苏云菌悬浮剂、20%阿维菌素悬浮剂等药剂，按照标签说明浓度、剂量正确使用，视情况7天后再防一次。

2.科学用药 根据田间测报灯病虫监测情况，如果田间"两迁害虫"突增，防治稻飞虱，必要时可选用35%噻虫·吡蚜酮水分散粒剂、40%氯虫·噻虫嗪水分散粒剂、80%烯啶·吡蚜酮水分散粒剂、25%噻虫嗪水分散粒剂等药剂，对准稻丛基部均匀喷雾。防治稻纵卷叶螟，可用28%虫螨·虫酰肼悬浮剂、6%甲维·氟铃脲乳油等药剂防治，同时可加入30%苯甲·丙环唑悬浮剂、40%三环唑可湿性粉剂等药剂预防谷粒瘟、稻曲病，视情况7天后再防一次。以上药剂均按照农药标签正确使用，施药器械不能"跑、冒、滴、漏"，施药均匀，药液量合理，操作人员有防护服，无人机飞防人员持证上岗（图4）。

图4 植保无人机统防统治

效果与效益

　　太阳能杀虫灯、黄板和性诱捕器都有很好的杀虫效果，大大降低了虫口基数，抑制了害虫发生和危害，示范区统防统治覆盖率100%，绿色防控覆盖率100%，主要病虫害综合防效达95%以上。化学农药使用次数减少2次，使用量降低33.3%。每亩产量增加13.5%，增收节支295元。绿色防控技术的推广应用，不仅保护了生态环境，提高了水稻品质，而且大大降低了劳动强度，提高了劳动效率和效益。

主要研发单位与人员

　　研发单位：1.范县植保植检站；2.濮阳市植保植检站
　　主要人员：李大华[1]，柴宏飞[2]，陈艳利[2]，李国栋[1]，孙建华[1]

花生病虫草害统防统治与绿色防控融合技术模式

51.唐河县花生病虫害统防统治与绿色防控融合技术模式

唐河县花生常年种植面积在100万亩左右。受连年重茬种植、气候变暖及秸秆直接还田等因素影响，花生病虫害呈逐年加重趋势，主要有叶斑病、根腐病、茎基腐病、白绢病和地下害虫等，严重影响了花生的产量和品质，对花生产业的发展造成了严重影响。近年来唐河县致力于花生病虫害绿色防控技术研发和实施，通过技术攻关，集成了一套农业措施+生态调控+理化诱控+生物防治+科学用药的花生病虫害绿色防控技术模式。

集成技术

● 农业防治

1.清洁田园　将田间秸秆、杂草等清除干净，减轻病虫滋生；收获时结合花生收刨及复收，捡拾蛴螬等虫体，降低来年虫口基数，减轻第二年危害。

2.科学施肥　根据地力及目标产量科学配方施肥，注意控氮、稳磷、增钙钾，重施充分腐熟的有机肥，补施中微量元素硫、锌、铁等。

3.健康栽培　选用抗（耐）病品种，适期足墒播种，合理密植，适当播深。

● 生态调控

作物合理布局，实行麦田与花生田插花种植，可以增加瓢虫数量，有利于减轻蚜虫危害。在花生田周围种植豌豆等蜜源植物，有利于蛴螬的天敌臀沟土蜂发挥保护作用。

● 理化诱控

1.灯光诱杀　利用多种昆虫的趋光性，合理安装频振式杀虫灯、高空灯等诱杀夜蛾、螟蛾、菜蛾等蛾类，以及金龟子、蝼蛄、叶蝉等害虫。

2.性诱剂、食诱剂诱杀　田间安装性诱剂诱捕器、食诱剂诱杀平台（图1），诱杀棉铃虫、甜菜夜蛾、金龟子等成虫，减少田间产卵，降低幼虫危害。

3.黄板诱杀　黄色对蚜虫有强大引诱力，可使用黄板诱杀蚜虫，降低蚜虫发生量，减少传毒媒介，减轻病毒病发生。

图1　食诱剂诱杀平台

● 生物防治

1.天敌防治　释放天敌瓢虫类防治蚜虫，利用赤眼蜂、蚜茧蜂寄生害虫。

2.使用生物农药　在病虫害发生达到或接近防治指标时，选择1.8%阿维菌素乳油、0.3%苦参碱水剂、16 000国际单位/毫克苏云金杆菌可湿性粉剂、100亿孢子/克球孢白僵菌可分散油悬浮剂、20亿PIB/毫升甘蓝夜蛾核型多角体病毒悬浮剂、1.5%除虫菊素水乳剂、8%宁南霉素水剂、1%申嗪霉素悬浮剂、5%井冈霉素水剂等生物农药，对症进行防治。

● 科学用药

加强病虫草监测预报，推广高效植保机械，标准化作业，提高科学用药水平（图2）。

图2　人工施药

1.播种期　根据防治对象，科学选择种子包衣剂，并添加5%氨基寡糖素水剂进行包衣或拌种，预防苗期病虫害，提高花生抗逆性。

2.苗期 重点防治蚜虫、叶螨等害虫。花生蚜虫的重要天敌有瓢虫、草蛉、食蚜蝇等，田间百墩花生蚜量4头左右，瓢：蚜为1：（100～120）时，天敌可有效控制蚜虫危害。当蚜墩率达20%～30%，百墩蚜量1 000头时，可选用70%吡虫啉可湿性粉剂、1.8%阿维菌素乳油、1%苦皮藤素水乳剂等高效、低毒、低残留药剂喷雾防治。

3.结荚期 地下害虫发生严重时，春花生于6月中旬，夏花生于7月中旬，趁雨前或雨后土壤湿润时，每亩可用70%吡虫啉可湿性粉剂60克或40%毒死蜱乳油500克等，兑水30～50千克灌墩防治。百墩花生有棉铃虫低龄幼虫30头时，选用10%高效氯氟氰菊酯水乳剂或150克/升茚虫威乳油等喷雾防治。

效果与效益

● 防控效果

2021—2023年在示范区连续应用绿色防控技术模式后，调查结果显示，对叶斑病的防效为78.5%，对茎基腐病的防效为64.1%，对白绢病的防效为60%，对蚜虫的防效为95%，对地下害虫的防效为88.5%。

● 经济效益

唐河县常规防治区的花生干果（带壳，下同）平均产量为275千克，绿色防控示范区每亩增产26.5%，即亩增产72.9千克。每千克花生按当时市场价7.5元计算，每亩增加效益约546.7元。示范区每亩的防控成本较常规防治区节约5元（全程常规防治区每亩防治成本约130元，示范区为125元）。综上，示范区每亩增加效益551.6元。

● 社会效益和生态效益

在花生绿色防控示范区推广杀虫灯、食诱剂、性诱剂、黄板及异丙甲草胺等高效低毒低残留的化学农药，最终减少用药1～2次，每亩化学农药使用量减少150克以上，节约了防治成本。同时，化学农药使用量减少，降低了环境污染和农药残留，保护了生态环境。

主要研发单位与人员

研发单位：唐河县植物保护植物检疫站
主要人员：胡小丽，樊骅，李晓清，李燕

52. 邓州市花生病虫害统防统治与绿色防控融合技术模式

邓州市常年花生种植面积在7万公顷左右，年产花生3亿多千克，是河南省花生种植大县。近年来由于秸秆还田和花生连作面积不断扩大，以及水肥条件改善和有机肥施用量减少，花生根茎腐病、白绢病、青枯病、叶斑病、果腐病和地下害虫、棉铃虫、甜菜夜蛾、斜纹夜蛾、蓟马等病虫害频发、重发，给花生生产构成了严重威胁。目前花生病虫害防治水平较低，种植户对防治时期、防治指标、防治技术等掌握不准，普遍存在盲目用药、滥用农药的现象，不仅防治效果差，花生产量和品质受到较大影响，而且增加了防治成本，造成对农田生态环境的污染。

集成技术

● 农业防治

1.选种抗病优质高产花生品种 根据当地病虫害发生特点，种植适合当地的高产优质抗病虫品种。如花生青枯病发生严重区，选种高抗青枯病的远杂9102；叶斑病和根腐病严重区，可选种豫花22和豫花23等。

2.深翻改土 冠腐病、茎腐病、根腐病、青枯病、白绢病和果腐病等土传病害严重发生区，宜每2～3年在花生收获后或种植前深翻一次，深度30厘米以上。根据土壤肥力，每亩施用复合肥40～50千克。连作土壤可增施生物菌肥1～3千克或土壤改良剂30～50千克。果腐病发生较重地块，每亩可施钙肥（CaO）8～10千克。花生白绢病发生严重地块，每亩撒施0.5%噻呋酰胺颗粒剂3 000～4 000克。

3.合理轮作 冠腐病、茎腐病、根腐病、青枯病、白绢病和果腐病等土传病害严重发生区，实行花生与小麦、玉米、水稻、中药材等非寄主植物轮作，尤其是水旱轮作，能显著压低花生田病虫害基数。

4.适时播种，高垄栽培，合理密植 麦收后趁墒播种，宜早不宜晚，底墒不足时造墒播种。起垄播种，一垄双行，垄高25厘米，垄面宽80厘米，垄上行距25～30厘米，穴距12～17厘米。播种深度3～5厘米，每亩1.2万～1.8万穴。

5.合理排灌 田间应沟渠配套，灌排通畅。雨后应及时排除田间积水。应根据花生植株对水分的需求进行规范灌水，适时适量，采用喷灌、滴灌等节水灌溉技术。

6.清洁田园　播种前彻底清除花生田的杂草、残叶等杂物，彻底铲除病虫寄主。花生生长期及时清除杂草和田间病虫株，避免病虫扩散。病田用的农机具、工具和架材要进行消毒。收获后，病虫害较重的秸秆勿还田。

● 物理防治

1.灯光诱杀　利用害虫的趋光性，安装杀虫灯诱杀棉铃虫、甜菜夜蛾、金龟子等害虫（图1）。

2.人工捕杀　利用棉铃虫成虫对杨树枝叶的趋性，采用杨柳枝诱集棉铃虫成虫，进行人工捕杀，利用花生田间悬挂黄（蓝）粘虫板，诱杀花生蚜虫（图2）。

图1　设置杀虫灯

图2　悬挂粘虫板

● 生物防治

1.利用天敌　利用赤眼蜂、小花蝽、中华草蛉等自然天敌，控制棉铃虫危害，利用性诱剂诱杀棉铃虫，利用瓢虫类、草蛉类、食蚜蝇类等，控制花生蚜虫危害。

2.应用生物制剂　防治棉铃虫，每亩可用2 000国际单位/毫克苏云金杆菌悬浮剂500毫升，在棉铃虫卵孵化盛期，兑水25千克喷雾，每隔7天喷施1次，连喷4次。防治蚜虫，每亩可用0.2%苦参碱水剂100 ~ 200倍液喷雾。

● 科学用药

1.播种期　杀虫杀菌一体化种子处理：精选种子，播种前晒种1 ~ 2天，提高种子发芽率。采用杀虫剂与杀菌剂混合拌种或种子包衣防治花生病虫害。每100千克种子用25%

噻虫·咯·霜灵悬浮种衣剂300～700毫升，或38%苯醚·咯·噻虫悬浮种衣剂288～432克，或35%噻虫·福·萎锈悬浮种衣剂500～570毫升进行包衣；也可使用30%吡·萎·福美双种子处理悬浮剂667～1 000毫升，或27%精甲霜灵·噻虫胺·咪鲜胺铜盐悬浮种衣剂1 500～2 000毫升进行拌种，防治蛴螬、茎腐病、根腐病等病虫害。

2.苗期　防治蚜虫，每亩可用10%吡虫啉可湿性粉剂30～40克或20%氰戊菊酯乳油30～40毫升等，兑水50千克喷雾。防治棉铃虫、甜菜夜蛾等害虫，每亩可用8 000国际单位/毫克苏云金杆菌可湿性粉剂200～300克或5%甲氨基阿维菌素苯甲酸盐微乳剂15～20毫升等，兑水50千克，于卵孵化盛期喷雾。防治叶螨，每亩可用1.8%阿维菌素乳油15～20毫升或20%哒螨灵乳油20～25毫升等，兑水50千克喷雾（图3）。

图3　集中施药，统防统治

3.开花下针期　防治根腐病、茎腐病、白绢病等，每亩可用50%多菌灵可湿性粉剂80～100克或70%甲基硫菌灵可湿性粉剂80～100克等药剂，兑水50千克，喷淋茎基部。防治青枯病，在发病初期，每亩可用25%络氨铜水剂100～150毫升等药剂，兑水50千克，喷淋茎基部。根据病情发生状况，喷施2～4次，间隔7～10天喷施1次。

4.结荚期至饱果成熟期　防治棉铃虫、甜菜夜蛾、斜纹夜蛾等害虫，每亩可用8 000国际单位/毫克苏云金杆菌可湿性粉剂200～300克或5%甲氨基阿维菌素苯甲酸盐微乳剂15～20毫升等药剂，兑水50千克，于卵孵化盛期喷雾。防治蛴螬、金针虫等地下害虫，可用70%噻虫嗪悬乳剂2 000倍液或20%噻虫胺悬浮剂1 000～1 500倍液，沿垄灌根防治，结合浇水，提高防治效果。

● 注意事项

1．根据当地病虫害发生情况，有选择地推广应用抗病品种。

2．加强病虫害预测预报，有针对性地进行病虫害防治，避免盲目用药。

3．科学放宽防治指标，尽量推迟第一次全田使用杀虫剂的时间，充分发挥自然天敌的控害作用。

4．推广高效新型施药机械，提高施药质量和农药利用率，严防农药中毒事故发生。

效果与效益

● 防治效果

该技术体系实现了花生生产农机农艺融合、良种良法配套、生产生态协调。通过深翻改土，改善了土壤通透性和土壤微生物菌落结构，减少了越冬病源和虫源，有效减轻花生生长期病虫害；通过合理轮作、选种抗（耐）病品种、适时播种、起垄栽培、合理密植及合理排灌，可有效减轻病虫害发生概率；通过杀虫杀菌一体化种子处理，有效防治根腐病、茎腐病、苗期蚜虫和蛴螬等地下害虫，确保花生正常出苗和幼苗健康生长；通过科学用药减少了化学农药的施用量，保证了花生品质。

核心示范区相比于常规防治区，病虫害防治效果提升明显。其中，核心区草害平均防效为96%，常规区平均防效为90%；核心区根、茎腐病防效为91%，锈病防效为95%，叶斑病防效为92%，常规区根、茎腐病防效为83%，锈病防效为88%，叶斑病防效为84%；核心区蚜虫防效为97.6%，棉铃虫防效为91.6%，常规区蚜虫防效为89.6%，棉铃虫防效为86.4%。

● 经济效益

2017—2021年，花生融合示范区与空白对照区相比，平均每亩增产75.6千克，平均每亩增加纯效益258.48元。辐射带动区与空白对照区相比，平均每亩增产64.8千克，平均每亩增加纯效益217.4元。

● 生态效益

专业化统防统治与绿色防控融合采用高效、低毒、低残留化学农药和环保的农业、物理、生物防治技术，有效减少了农药使用次数，降低了农药使用量，优化了农业生态环境，保护了天敌。花生融合核心示范区比农民自防区平均用药次数减少1.7次，化学农药使用量逐年降低，同时，农业生态环境有了较大改善，田间害虫天敌明显增多。

● 社会效益

通过几年来的示范，有效推动了农作物病虫草害统防统治工作和绿色综合防控技术的推广应用，引导农户科学用药，减少了对环境的污染，保持了生态平衡。通过专业化统防统治和绿色防控技术融合示范，进一步推动提升了全域统防统治和绿色防控面积，提高了花生的品质，具有明显的社会效益。

主要研发单位与人员

研发单位：邓州市植保植检站
主要人员：张光先，贾建平，王浩然，张浩，刘建伟

53. 方城县花生病虫草害统防统治与绿色防控融合技术模式

　　方城县位于河南省西南、南阳盆地东北缘，常年花生种植面积60万亩左右，平均单产365千克/亩左右，总产21.9万吨，产值11.826亿元，花生已成为方城县继小麦、玉米之后的第三大作物。方城县危害花生严重的病害有茎腐病、白绢病、根腐病、褐斑病、叶斑病、纹枯病、锈病、炭疽病、枯斑病、青枯病等，害虫主要有小地老虎、种蝇、蛴螬、金针虫、蚜虫、红蜘蛛等，每年花生病虫草害发生面积达85万亩次。由于县内花生种植面积不断加大，重茬现象普遍，各类病虫害发生较重，特别是叶斑病、根腐病、白绢病、青枯病和菌核病有加重趋势。方城县按照"绿色植保、公共植保"的理念，以及"预防为主、综合防治"的植保方针，针对该县农作物病虫草害防治中存在的问题，探索出一套花生病虫草害绿色防控技术模式（图1）。

图1　方城县花生病虫草害绿色防控示范田

集成技术

● 农业防治

　　1. 选用抗病、优质、高产花生品种　抗叶斑病、网斑病、根腐病的品种有豫花23、豫花37；高抗青枯病的品种有远杂9102、远杂9307；抗病毒病、网斑病的品种有宛花2号、驻花2号。病害发生不严重的地块宜选用农大花103、开农1715等高油酸花生品种，在提高花生产量的同时，提高品质。

　　2. 合理深耕、科学施肥　深耕前，清除病残体，土壤耕翻深度25～30厘米。平衡配方施肥，增施农家肥，氮、磷、钾配合使用。根据方城县土壤养分状况，一般肥力地块需肥比例为15-15-15，高肥水田块需肥比例为16-16-16或18-18-18，每亩50～60千克比较合适。花生田要重视前茬施肥，原则上掌握化肥和有机肥相结合（有机肥

181

1 000 ～ 2 000千克/亩），合理增施磷肥、钾肥，及时增加钙肥（8 ～ 10千克/亩），适量补充微肥，控制氮肥用量。

3.采用高垄双行地膜覆盖栽培模式　起垄要做到垄顶细平、沉实，一般垄高25厘米，宽80厘米，穴居12 ～ 17厘米，地膜选用宽度适宜、耐拉力强、不易老化、透光性好的优质地膜。地膜覆盖可以改善小气候，提高地温，增强光合作用，促进根系生长，减轻草害的发生。

● 生物防治

1.微生物制剂防治　木霉菌是一种新型的植物杀菌剂，对多数病菌都具有拮抗作用，利用拌种、拌土及喷施的方法，可有效减轻花生青枯病、根腐病、茎腐病等病害的发生。绿僵菌或白僵菌在蛴螬发生盛期进行防治，具有很好的防效。

2.利用天敌防治蚜虫　蚜虫吸食花生汁液，对产量影响较大，另外蚜虫还是病毒病的传播媒介。保护并利用瓢虫类、草蛉类、食蚜蝇等天敌对蚜虫进行防治。可以有效调节生态环境，达到保益灭害的目的。

3.利用寄生性天敌防治害虫　每亩释放赤眼蜂卵1.2万 ～ 1.5万头，可有效防治棉铃虫、甜菜夜蛾等害虫，防效为75%。

● 物理防治

1.人工除草　当地膜内有杂草时，采用压土的方法，见草就压，在地膜上面，用土压在杂草顶端，使杂草因缺光、缺氧窒息枯死。垄沟内的杂草用人工拔除，也可结合中耕进行除草。

2.灯光诱杀　在防治区安装频振式杀虫灯（图2）和高空灯，可诱杀蛴螬（金龟子）、小地老虎、菜粉蝶、甜菜夜蛾等多种花生田害虫的成虫，控害效果可达70%，增产20%以上。

3.色板诱杀　从花生团棵期到膨果期，在田间悬挂黄（蓝）诱虫板，诱杀蚜虫、蓟马等害虫，每亩地悬挂20 ～ 30块板，30天更换一次。

4.性信息素诱杀　每亩花生田安装两套诱捕器，可诱杀棉铃虫、甜菜夜蛾、地老虎等害虫的雄成虫。

图2　安装频振式杀虫灯

● 合理用药

1.地下害虫　对地下害虫发生严重的田块，用38%苯醚·咯·噻虫嗪悬浮种衣剂60克/亩或60%吡虫啉悬浮种衣剂60毫升/亩进行拌种，拌种后置于阴凉处晾干，播种防治。

2.花生蚜虫　播种时可用吡虫啉种衣剂拌种，也可在蚜虫发生初期用70%吡虫啉水分散粒剂10克/亩或5%啶虫脒可湿性粉剂20克/亩进行喷雾防治。

3.甜菜夜蛾、棉铃虫 在卵孵化盛期至低龄幼虫期用11.6%甲维·氯虫苯悬浮剂18克/亩或5.7%甲氨基阿维菌素苯甲酸盐水分散粒剂10克/亩，兑水30千克，均匀喷雾。

4.花生叶斑病 在发病初期可用50%多菌灵可湿性粉剂1 000倍液，或17%唑醚·氟环唑悬浮剂30克，或25%吡唑醚菌酯悬浮剂20克，或25%苯醚甲环唑微乳剂20克，或200克/升氟酰羟·苯甲唑悬浮剂20毫升，或40%苯甲·啶氧悬浮剂10克，加微肥（磷酸二氢钾粉剂或钼酸铵）兑水15千克/亩均匀喷雾，每隔15天1次，连喷3次。

5.花生白绢病 发病初期使用24%噻呋酰胺悬浮剂、10%苯醚甲环唑微乳剂、6%春雷霉素水剂、60%氟酰胺·嘧菌酯水分散粒剂等喷淋，喷匀淋透，间隔7～10天喷一次，交替施用2～3次，也可使用5%噻呋酰胺颗粒剂拌土撒施。重发地块要增加用药次数。

6.花生病毒病 及时防治蚜虫、飞虱、蓟马等，杜绝病毒传入。在发病初期用31%寡糖·吗胍可溶粉剂25克+5%氨基寡糖素水剂20克+少许0.001%芸苔素内酯水剂叶面喷施，7～10天1次，连喷2～3次。

7.花生田杂草 可选用72%异丙甲草胺乳油120克/亩，于播后0～3天喷施，封闭杂草。苗后杂草2～3叶期，用440克/升氟醚·灭草松水剂90毫升+10%精喹禾灵乳油60毫升+120克/升烯草酮乳油20毫升+15%乙羧氟草醚乳油7毫升兑水30千克混合喷雾，可防治单子叶和双子叶杂草。

效果与效益

绿色防控示范区每亩增产39.8千克，增产率达11.4%。同时示范区可带动周边花生种植户绿色种植面积10万亩，按亩增加产值90元计算，可增加产值900万元，实现了花生的优质、高产。花生绿色防控技术的推广，加快了当地绿色高质高效花生种植技术的升级改造，通过推广应用新品种、新技术，降低农药使用量15%以上，减少了农药的使用次数，提高了防治效果，保护了天敌，改善了花生品质，降低了成本，促进了花生增产，创造了良好的农业生态小气候，保护了生态环境，减轻了污染，取得了较高的经济效益和生态效益。

主要研发单位与人员

研发单位：方城县植保植检站
主要人员：李保全，朱海燕，郭建伟

54. 驻马店市花生病虫草害统防统治与绿色防控融合技术模式

驻马店市常年种植花生410万亩，其花生产量占河南省油料作物总产量的16%。该市花生常发害虫主要有蚜虫、棉铃虫、甜菜夜蛾、地下害虫等；常发病害主要有根腐病、青枯病、白绢病、叶斑病等；常见杂草主要有青葙、鸭跖草、铁苋菜、苍耳、马齿苋、马唐、稗草、狗尾草、香附子、牛筋草等。驻马店市集成了一套花生病虫草害绿色防控技术，包括以选用抗（耐）病品种、合理密植、健壮栽培为主的农业措施，以昆虫性信息素、杀虫灯诱杀为主的理化诱杀措施，以种子药剂处理、土壤处理为主的病虫草害化学防治措施，重点防治花生蚜虫、红蜘蛛、食叶害虫及根腐病、茎腐病、白绢病和叶斑病等。

集成技术

● 农业措施

1. 选用良种 选用抗（耐）病虫性强的优良品种。不要留上年病害较重的花生果做种子。

2. 改良土壤 对酸性土壤，播种前每亩施石灰35～50千克，降低土壤酸度。

3. 健康栽培 科学配方施肥、深耕、深翻、精细整地、轮作倒茬、清洁田园、合理密植、培育健壮植株、提高植株抗（耐）病性。

4. 清洁田园 播种前对前茬作物进行灭茬整地。花生生长期及时清除杂草和田间病虫株，避免病虫扩散（图1）。

图1　清洁田园，灭茬整地

● 理化诱杀

1.灯光诱杀　按每30～50亩设立太阳能杀虫灯1台，灯与灯之间的距离一般在120～150米，棋盘式分布（图2）。诱杀鳞翅目、鞘翅目、直翅目等多种主要害虫，尤其对金龟甲、棉铃虫、甜菜夜蛾、斜纹夜蛾、地老虎等常发性害虫有效。使用过程中，要及时清理接虫袋内的死虫。

2.性诱剂诱杀　选择不同的诱芯和配套的性诱器固定在立杆上，插立在田间，高出植株20～60厘米，每亩放置1～2个诱捕器（图3），诱杀棉铃虫、甜菜夜蛾、斜纹夜蛾等害虫成虫。

图2　安装太阳能杀虫灯

图3　放置性诱捕器

● 科学用药

1.药剂处理　①种子处理：采用杀虫剂与杀菌剂混合拌种或种子包衣防治花生病虫害。蛴螬发生严重地块，每100千克种子用18%氟腈·毒死蜱悬浮种衣剂1 000～2 000毫升进行包衣。花生根茎部病害、蚜虫、蛴螬等混合发生严重田块，每100千克种子可用35克/升咯菌·精甲霜悬浮种衣剂330～430毫升+600克/升吡虫啉悬浮种衣剂200～400毫升进行包衣，也可用30%吡·萎·福美双种子处理悬浮剂667～1 000毫升或27%精甲霜灵·噻虫胺·咪鲜胺铜盐悬浮种衣剂1 500～2 000毫升进行拌种（图4）。②土壤处理：若地下害虫密度较大，整地前，每亩撒施5%辛硫磷颗粒剂3千克。

图4　种子包衣处理

2.苗前除草　每亩选用40％砜吡草唑悬浮剂25毫升+50％丙炔氟草胺可湿性粉剂8克，或96％精异丙甲草胺乳油75～100毫升+50％丙炔氟草胺可湿性粉剂8克，兑水30～45千克，花生播后苗前土壤喷雾处理。

3.生长期防治　防治花生叶部病害，在发病初期喷施30％吡唑醚菌酯悬浮剂、430克/升戊唑醇悬浮剂、17％唑醚·氟环唑悬浮剂、32.5％苯甲·嘧菌酯乳油、200克/升氟酰羟·苯甲唑悬浮剂、60％唑醚·代森联水分散粒剂等单剂或复配制剂进行防控，隔7～10天喷1次，连喷2～3次。防控蚜虫、蓟马等，可喷施150亿孢子/克球孢白僵菌可湿性粉剂、20％噻虫胺悬浮剂、25％噻虫嗪水分散粒剂等药剂；防治棉铃虫、斜纹夜蛾、甜菜夜蛾等，宜在害虫三龄之前，喷施60克/升乙基多杀菌素悬浮剂、1％苦皮藤素水剂、20％氯虫苯甲酰胺悬浮剂、9％甲维·茚虫威悬浮剂、6％甲维·氟铃脲乳油等药剂。要注意对症适时适量，交替用药。花生根茎部病害施药时要加大水量，着重喷淋茎基部，喷雾均匀，加入农药助剂，有效提高防治效果（图5）。

图5　自走式喷杆喷雾机施药

主要研发单位与人员 ◆

研发单位：驻马店市驿城区农业技术推广和植物保护检疫站
主要人员：曹然，万三喜，陈丽，刘婷婷，赵放达

55. 正阳县花生病虫草害统防统治与绿色防控融合技术模式

正阳县位于驻马店市东南部，地处淮北平原，处于北亚热带向暖温带过渡地区，属大陆性湿润季风气候，日照充足，降水量丰富，土地肥沃，气候温和，适合多种农作物生长。正阳县花生常年种植面积150万亩左右，总产量超过4亿千克，约占农业总产值的40%，但重茬面积大，一些土传性病害白绢病、青枯病、叶斑病发生面积逐年增加，危害程度逐年加重，地下害虫、食叶类害虫年年都有发生，严重影响花生的正常生长，造成单产水平低，部分地块减产严重，阻碍了花生产业的健康发展。为了有效控制这些病虫草害，提高全县花生病虫害绿色防控技术水平，正阳县结合多年种植经验，探索制定出一套花生病虫草害全程绿色防控技术模式。

集成技术

● 农业措施

1.选用良种　根据当地病虫害的发生特点，选择种植适合的高产优质抗病虫花生品种。如花生青枯病发生严重区，选种高抗青枯病的远杂9102；叶斑病和根腐病严重区，可选种豫花22和豫花23等。精选种子，保证种子发芽率。

2.深翻改土　土传病害严重发生区，每2～3年在花生收获后或种植前深翻一次，深度30厘米以上（图1）。根据土壤肥力，每亩施用复合肥40～50千克。连作土壤可增施生物菌肥1～3千克或土壤改良剂30～50千克。果腐病发生较重地块，每亩可施钙肥（CaO）8～10千克。

3.合理轮作　冠腐病、茎腐病、根腐病、青枯病、白绢病和果

图1　深翻改土

187

腐病等土传病害严重发生区，实行花生与玉米、水稻、中药材等非寄主植物轮作，尤其是水旱轮作，能显著降低花生田的病虫害发生率。

4. 适时播种　麦收后趁墒播种，宜早不宜晚，底墒不足时造墒播种。播种深度3～5厘米。

5. 合理密植　起垄栽培，一垄双行，垄高25厘米，垄面宽80厘米，垄上行距25～30厘米，穴距12～17厘米。每亩1.2万～1.8万穴。

6. 科学排灌　田间应沟渠配套，保证灌排通畅。雨后及时排除田间积水。根据花生植株对水分的需求进行规范灌水，适时适量，采用喷灌、滴灌等节水灌溉技术。

7. 清洁田园　播种前彻底清除花生田的杂草、残叶等杂物，彻底铲除病虫寄主。花生生长期及时清除杂草和田间病虫株，避免病虫扩散。病田用的农机具、工具和架材要进行消毒。收获后，严禁将病虫害较重地块的秸秆还田。

8. 科学收获　及时收获，减少荚果损伤，并尽快晒干，妥善储藏，防止黄曲霉、黑曲霉菌侵染而导致花生种子霉变。

● **理化诱控**

选择杀虫灯诱控金龟子和棉铃虫等鳞翅目害虫。每50亩设置一盏杀虫灯（图2）。悬挂棉铃虫、斜纹夜蛾、甜菜夜蛾等蛾类专用诱捕器，底部与作物顶部距离为20～30厘米，诱捕器进虫口与地面的垂直距离为0.5～1米。诱捕器每4～6周更换一次，或用棉铃虫生物食诱剂防治棉铃虫，兼治地老虎（图3）。

图2　灯光诱杀

图3　食诱剂诱捕

● **科学用药**

1. 土壤处理　蛴螬发生较重的地区或田块，每亩施用30%毒死蜱微囊悬浮剂500克+200亿孢子/克卵孢白僵菌粉剂500克。花生白绢病发生严重地块，每亩撒施0.5%噻呋酰胺颗粒剂3 000 ~ 4 000克。

2.种子处理　采用杀虫剂与杀菌剂混合拌种或种子包衣防治花生病虫害。用600克/升吡虫啉悬浮种衣剂30毫升+40%萎锈·福美双悬浮种衣剂40毫升，包衣种子12 ~ 15千克。也可每100千克种子选用38%苯醚·咯·噻虫悬浮种衣剂288 ~ 432克、35%噻虫·福·萎锈悬浮种衣剂500 ~ 570毫升等进行种子包衣，或30%吡·萎·福美双种子处理悬浮剂667 ~ 1 000毫升、27%精甲霜灵·噻虫胺·咪鲜胺铜盐悬浮种衣剂1 500 ~ 2 000毫升进行拌种。

3.喷施药剂　苗期注意防控蓟马、粉虱等，可喷施60克/升乙基多杀菌素悬浮剂、22.4%螺虫乙酯悬浮剂及20%噻虫胺悬浮剂、25%噻虫嗪水分散粒剂等新烟碱类农药或12%阿维·虫螨脲悬浮剂等杀虫剂。防治红蜘蛛，可喷施1.8%阿维菌素乳油+15%哒螨灵乳油（或5%唑螨酯悬浮剂）+34%螺螨酯悬浮剂。防治棉铃虫、斜纹夜蛾、甜菜夜蛾、造桥虫等，宜在幼虫三龄之前，喷施20%氯虫苯甲酰胺悬浮剂、9%甲维·茚虫威悬浮剂、12%甲维·虫螨腈悬浮剂、1%苦皮藤素水乳剂等。花生生长中后期，注意防治褐斑病、黑斑病、网斑病等叶部病害，宜于发病初期，均匀喷30%吡唑醚菌酯悬浮剂、30%肟菌·戊唑醇悬浮剂、17%唑醚·氟环唑悬浮剂、32.5%苯甲·嘧菌酯乳油、200克/升氟酰羟·苯甲唑悬浮剂、60%唑醚·代森联水分散粒剂等复配制剂进行防控，隔7 ~ 10天喷1次，连喷2 ~ 3次。

效果与效益

　　花生绿色防控示范田病虫害发生率在2%以下，出苗率99%，成苗率95%以上，小区实收亩产480千克以上。和常规防治区相比，示范区花生增产15%以上，降低农药用量20%以上，亩增收节支60元以上，同时大大改善了土壤结构，减少了花生中化学农药残留，提高了花生品质，提升了花生产业化水平和市场竞争力。

主要研发单位与人员

　　研发单位：正阳县植保植检站
　　主要人员：王宏臣，赵刚，于海潮，罗旭杰，马明

56.平舆县花生病虫草害统防统治与绿色防控融合技术模式

平舆县位于河南省东南部，是淮北平原旱作区南缘平原农业县，耕地面积135万亩，是全国商品油料生产基地和河南省规模较大的花生种植加工基地。花生种植历史悠久，常年种植面积20万～30万亩，随着种植机械化程度和栽培管理技术的提高，在种植面积、产量和收益大幅上升的同时，花生地下害虫、茎腐病、白绢病、叶斑病等病虫害发生危害加重，产量损失率达30%以上，严重地块达50%以上。近年来，平舆县加强花生病虫草害绿色防控技术研究和引进示范力度，通过设立花生绿色防控示范区的示范应用和调整提高，逐渐形成了花生病虫害全程绿色防控技术模式，达到高产、优质、高效、生态、安全要求。花生种植面积扩大到50万亩，亩产量达到400千克，有效地促进了花生产业发展。

集成技术

● 农业防治

1.选择良种　选择适宜本地种植的高产、适应性强、较抗（耐）病花生优良品种，如远杂9102、远杂9307、宛花2号、漯花8号、豫花23、远杂6号等。

2.合理轮作　花生可与玉米、芝麻、甘薯等作物隔年轮作，减轻病害发生。

3.精细整地　选择地势平坦、排灌方便、中等肥力以上的地块种植；深耕灭茬，麦茬不超过10厘米，精耕细整，提高保水保肥能力。

4.合理施肥　增施土杂肥、磷钾肥和钙肥，每亩施土杂肥2～3米^3，基施氮–磷–钾15–15–15的三元复合肥40～50千克，钙肥30千克；初花期至盛花期叶面喷施硼肥10克＋水溶钙肥50克+98%磷酸二氢钾粉剂200克，下针期至荚果期叶面喷施多元水溶肥80克＋水溶钙肥50克，防止早衰。

5.高畦种植　改平播为垄播，垄宽70～80厘米，畦高25厘米，利于排水和灌溉。

6.合理密植　抢时早播，推广机械化打垄条播技术，通风透光，每垄面种2行，行距25厘米，株距15～20厘米，夏花生密度10 000～12 000穴/亩，春花生密度8 000～10 000穴/亩，每穴双株。

7.加强田间管理　遇旱及时浇水，遇涝及时排水；适时采收，趁晴天机械化快速收获，及时脱果晒干，防止霉变。麦茬种植夏花生，清除多余的小麦秸秆和杂草，减少病菌残留。

● 物理防治

1.日光晒种　在播种前进行日光晒种，杀灭种子表面病菌，并提高发芽率。

2.灯光诱杀　可在苗期至荚果期安装20瓦频振式杀虫灯，诱杀金龟子、棉铃虫、甜菜夜蛾、地老虎、斜纹夜蛾等。单灯控制面积为30亩，各灯间距120米左右，连片安装效果更好（图1）。

3.应用性诱剂　可在苗期至荚果期在田间布设性诱捕器，诱杀棉铃虫、甜菜夜蛾、斜纹夜蛾等，每亩安放2～3套，10天收一次虫。对不同种类害虫安放不同的性诱剂诱捕器。

4.应用性迷向器（用于交配干扰的性信息素释放装置）　可在花生苗期至乳熟期安装性迷向器，在性迷向剂中配装棉铃虫、甜菜夜蛾等性信息素，每3～6分钟喷射一次，使害虫不能正常交配，减少落卵，每3亩安装一台，需要100亩以上连片安装（图2）。

5.色板诱杀　可用黄色粘虫板诱杀有翅蚜、白粉虱、斑潜蝇等害虫的成虫；蓝板诱杀蓟马、种蝇等害虫。在田间悬挂黄板和蓝板，高度略高于植株顶部，每亩放20～30块，当色板粘满虫子时，可涂上机油继续使用。

● 生物防治

1.土传病害　播种期，每100千克花生种子可用100亿芽孢/克枯草芽孢杆菌可湿性粉剂500克拌种，防治根腐病、茎腐病等。

2.地下害虫　花生下针期，每亩可用10亿孢子/克金龟子绿僵菌颗粒剂4千克，或400亿孢子/克球孢白僵菌可湿性粉剂50克等，配成毒土撒施，防治蛴螬等。

图1　安装频振式杀虫灯

图2　设置性迷向器

191

3.食叶害虫　开花期至荚果期，每亩可用400亿孢子/克球孢白僵菌可湿性粉剂30～50克，或16 000国际单位/毫克苏云金杆菌可湿性粉剂100～200克喷雾，防治棉铃虫、甜菜夜蛾、斜纹夜蛾等。

● **科学用药**

加强病虫监测预报，抓住病虫害防治关键时期选用高效低毒对症农药，优化施药技术和农药用量，科学安全施药，精准用药。

1.播种期　播种前，每100千克花生种子可用28%噻虫胺·咯菌腈·嘧菌酯悬浮种衣剂1～1.5千克包衣或拌种，防治根腐病、茎腐病、白绢病等。播后苗前，每亩使用50%丙炔氟草胺可湿性粉剂6～8克+72%异丙甲草胺乳油120克（或96%精异丙甲草胺乳油80克）处理土壤，防除一年生禾本科杂草和阔叶杂草。

2.幼苗期　每亩使用10%精喹禾灵乳油30～45克+44%氟胺·灭草松悬浮剂75～100克喷雾，防治一年生禾本科杂草和阔叶杂草。

3.团棵期　每亩使用30%甲霜·噁霉灵水剂30～50克，或20%噻菌铜悬浮剂100克，或10%丙硫唑水分散粒剂50～80克，防治茎腐病、根腐病等。

4.下针期　每亩可用24%噻呋酰胺悬浮剂70～100克（或27%噻呋·戊唑醇悬浮剂40～50克，或25%吡唑醚菌酯悬浮剂20～30克）+12%甲维·虫螨腈悬浮剂20克（或20%甲维·甲虫肼悬浮剂10克，或20%氯虫苯甲酰胺悬浮剂8～15克），防治白绢病、棉铃虫、甜菜夜蛾等。

5.荚果期　每亩可用27%噻呋·戊唑醇悬浮剂40～50克（或25%吡唑醚菌酯悬浮剂20～30克，或40%苯甲·吡唑酯悬浮剂20克，或20%氟唑菌酰羟胺悬浮剂20克）+12%甲维·虫螨腈悬浮剂20克（或20%甲维·甲虫肼悬浮剂10克，或20%氯虫苯甲酰胺悬浮剂8～15克），防治白绢病、叶斑病、棉铃虫、甜菜夜蛾等。

6.化学调控　花针期，夏季雨水较多，花生植株易徒长，每亩可用5%烯效唑可湿性粉剂50～70克，或15%调环酸钙·烯效唑水分散粒剂15～20克，或10%多唑·甲哌鎓可湿性粉剂60克叶面喷施进行化控，增强抗病性。荚果期，每亩可用0.01%芸苔素内酯水剂20克，或0.136%赤·吲乙·芸苔可湿性粉剂1克调控，防止早衰。

效果与效益 ◆

● **防治效果**

绿色防控示范区较常规防治区发病株数减少，发病程度降低，死苗较少，对根腐病、茎腐病的防治效果达83%以上，高于常规防治区10%以上；对白绢病的防治效果达到78%，白绢病发病时间较常规防治区推迟15天以上，发病株数较常规防治区减少22.3%，单株发病程度降低，4级以上发病株数较常规防治区降低52.4%，且有效缓解了花生中后期严重死苗问题。对花生叶斑病防治效果达到81.8%，病叶数和单叶病斑数明显下降，且发生期推迟10～15天，花生生长后期叶色青绿时间延长约10天。

示范区地下害虫危害明显减轻，果实被害率下降37.9%，且单果受害程度较轻，虫量减少41.1%，防治效果达83.5%。杀虫灯平均单灯累计诱杀棉铃虫762头，性诱捕器累计诱杀棉铃虫113头，诱杀成虫量较大，有效降低了田间落卵量和幼虫量。示范区田间杂草发生量大幅度降低，防治效果达98%以上。

● 经济效益

示范区在果数和百果重上较常规防治区增加明显，果数增加8.8%，百果重增加4.6%，饱果率和出仁率都有所提高。示范区产量为347.9千克/亩，较常规防治区增产13.2%，较空白对照区增产61.4%，且花生商品性好，收购价格较高，总收益达2 087.2元/亩，较常规防治田增加489.6元/亩，较空白对照区增加1 052.8元/亩。由于示范区采用杀虫灯及性诱捕器等，材料费用和人工成本投入增加130元，但农药投入费用减少33元，总投入较常规防治区增加97元/亩，扣除投入成本，示范区净收益1 835.2元/亩，较常规防治区增收392.6元/亩，经济效益提高27.21%。

● 生态效益

运用绿色防控技术进行生产管理，花生绿色防控示范区较常规防治区减少化学农药使用2次，减少农药折百量180克/亩，用药量降低50%以上；提高了产品品质，农药残留不超标，减轻了农药对土壤、水源等环境的污染；保护农田自然生态环境，捕食性天敌（蜘蛛、猎蝽等）数量较常规防治田提高2 ~ 3倍，维护了自然生态平衡，提高了自然生态系统的控制能力，减轻病虫发生危害程度。

主要研发单位与人员 ◇

研发单位：1. 平舆县农业技术推广服务中心；2. 平舆县农村社会事业发展服务中心；3. 平舆县农业综合行政执法大队

主要人员：冯贺奎[1]，郭承杰[1]，张化春[2]，王书珍[3]，万富强[3]

57.西平县花生病虫草害统防统治与绿色防控融合技术模式

西平位于河南省中南部，地势西高东低，处在北亚热带向暖温带过渡地带，属亚湿润大陆性季风气候。气候温和，四季分明。西平县常年种植花生面积达10万亩以上，主要病害有根腐病、叶斑病、白绢病等；主要虫害有蛴螬、甜菜夜蛾、棉铃虫、斜纹夜蛾等；常见杂草有狗尾草、牛筋草、马唐、反枝苋、莎草、马齿苋等。

集成技术

● 农业防治

1.选用优良品种　如罗汉果308、远杂9102、花育25等，播前进行精选，剔除杂质。
2.灭茬整地　使用旋耕机进行浅耕灭茬、起垄栽培。
3.适时播种　小麦收获后尽早播种，夏花生要在6月15日前播种。
4.合理施肥　每亩施三元复合肥（18-10-12）50千克。
5.及时浇水　遇到天气干旱土壤墒情差，及时进行浇水，确保花生正常生长（图1）。

图1　合理灌溉

● 生物防治

在甜菜夜蛾等害虫孵化盛期时，每亩使用5%阿维菌素乳油10毫升或8 000国际单位/毫升苏云金杆菌悬浮剂400毫升进行防治。

● 理化诱控

安装频振式太阳能杀虫灯（符合GB/T 24689.2—2009标准）。安装标准50亩1台（图2）。

图2　太阳能杀虫灯

● 科学用药

积极推广多种生物制剂，搭配高效低毒农药。

1.播种期病虫害防治　主要防治花生种传土传性病害及地下害虫，进行种子包衣和土壤处理。杀菌剂选用10%苯醚甲环唑微乳剂、2.5%咯菌腈悬浮种衣剂、430克/升戊唑醇悬浮剂、450克/升咪鲜胺水乳剂等，杀虫剂选用10%吡虫啉乳油等。种子包衣可使用9%噻虫·咯·霜灵悬浮种衣剂300克包衣花生种子15千克；土壤处理可使用5%吡虫啉颗粒剂每亩3千克进行撒施。

2.苗期病虫草害综合防治　苗期以化学除草为主，花生田主要是禾本科和阔叶杂草混生，花生出齐苗开始用药，3～5叶期为最佳用药时期，采用自走式喷杆喷雾机进行施药，每亩喷水量15千克，可使用10%精喹禾灵乳油30毫升+20%乙羧氟草醚乳油6毫升+240克/升甲咪唑烟酸水剂10毫升+20%甲维·吡丙醚悬浮剂30毫升。

3.开花下针期病虫害防治　开花下针期重点防控夜蛾类、棉铃虫等虫害，复配杀菌剂预防病害。采用自走式喷杆喷雾机或植保无人机进行病虫害统防统治，每亩可使用16%甲维·茚虫威悬浮剂10克+40%丁香·戊唑醇悬浮剂20毫升+10%多唑·甲哌鎓可湿性粉剂40克+99%磷酸二氢钾粉剂200克。

4.结荚期病虫害防治　结荚期重点防控叶斑病、根腐病、白绢病等病害，复配杀虫剂和植物生长调节剂，防治虫害并调节生长。采用自走式喷杆喷雾机或植保无人机进行病虫害统防统治，每亩可使用5%甲氨基阿维菌素苯甲酸盐水乳剂20毫升+20%吡唑醚菌酯乳油20毫升+0.01%芸苔素内酯水剂20毫升（图3）。

图3　适时进行化学防治

效果与效益

● 防治效果

核心示范区对地下害虫的综合防效为95.7%，对茎叶害虫防效为98.4%，对叶部病害防效为84.3%，对根茎部病害防效为89.6%。

● 经济效益

核心示范区与对照区相比，平均亩增产52.2千克，增产率15.6%，每亩增加产值276.2元，每亩增加纯效益229.6元。

● 生态效益

应用花生病虫草害专业化统防统治与绿色防控融合技术，可以提高农作物病虫害防治的整体水平，减少农药使用量，保护天敌，减少环境污染。

● 社会效益

应用花生病虫草害专业化统防统治与绿色防控融合技术，花生产量高、品质好，种植户收入增加，可以调动种植积极性，稳定油料作物种植面积，保障市场油料供应。

主要研发单位与人员

研发单位：西平县植保植检站
主要人员：杨新志，王海红，杜俊敏，汪军，韩超

58.漯河市郾城区花生病虫害统防统治与绿色防控融合技术模式

　　漯河市郾城区地处我国长江流域花生种植区和黄河流域花生种植区的过渡地带，7—8月平均气温≥24℃，是各种类型花生品种的适宜种植区域。近年来随着农业结构调整，优质花生种植面积不断增加，种植品种主要有远杂9102、白沙101、豫花37、漯花8号、漯花20等，搭配种植鲁花14等。漯河市郾城区花生种植面积达15 000亩，总产量约3 500吨。由于种植方式主要是粗放的麦收后夏直播，地膜覆盖栽培技术没有很好推广、肥水管理不当等原因，造成花生病虫害发生严重，对花生产量及品质造成一定影响，严重制约花生产业进一步发展。郾城区总结多年来花生生产经验及示范成果，形成了漯河市郾城区花生主要病虫害绿色防控技术模式，旨在推进花生产业的发展。

集成技术

● 花生病虫害绿色防控技术措施

　　1.植物检疫　严格检疫，包括田间检疫、调运检疫等，繁殖材料经消毒后调运，防止花生根结线虫等检疫性有害生物侵入。

　　2.农业防治　①选用抗（耐）病品种。种植抗（耐）病品种要严格执行GB 4407.2—2024。品种抗（耐）病性要经过2～3年田间抗（耐）病性鉴定评价。②消灭虫源菌源。清除地边地头沟渠路边杂草，消灭病虫发生源。花生收获后秸秆清除出田外或粉碎深翻还田。③加强肥水管理。根据土壤肥力和产量目标确定全生育期氮、磷、钾和硼、钼等微肥用量以及底肥所占比例，同时根据各生育期苗情长势确定不同时期追肥用量，并根据作物需水规律和土壤墒情适时灌水。④轮作倒茬。与玉米等禾本科作物轮作，轻病田实行2年轮作，重病田实行3～5年轮作，降低田间病原菌和地下害虫数量，减轻病虫危害。推广间作套种技术，改变生态环境，通过恶化其食料，降低病虫发生概率。

　　3.生物防治　创造有利于天敌的生存条件，利用食蚜蝇、蚜茧蜂等生物来控制蚜虫数量。利用井冈霉素、多抗霉素等抗生素类农药防治叶斑病害。

　　4.理化诱控　①灯光诱杀。金龟子、甜菜夜蛾、棉铃虫等成虫发生期，在田间设置频振式杀虫灯或黑光灯进行诱杀，每3公顷放置1盏灯。②药枝诱杀。取杨树、柳树等枝条50厘米左右，用40%氧乐果乳油30倍液浸泡12小时后取出，按照每公顷70～80把，在傍晚来临之前均匀插在田间诱杀金龟子。③黄板诱杀。有翅蚜迁飞期，利用其对橘黄色有正趋性的习性，在田间悬挂黄板诱杀有翅蚜。④性诱剂诱杀。田间设置甜菜夜蛾性诱剂，诱杀甜菜夜蛾成虫。

5. 科学用药　严格执行 GB/T 8321.10—2018 和 NY/T 1276—2007。农药混用时需执行其中残留性最强的有效成分的安全间隔期。农药严格按照防治对象和推荐剂量，在当地植保部门指导下使用。

加强病虫害监测及预测预报，根据病虫发生动态、防治指标，适时用药。根据天敌发生情况，使用选择性强或高效、低毒、低残留的杀虫剂，选择适当的施药时期和方法，尽量避开天敌活动盛期，以减少杀虫剂对天敌的伤害。按照每种农药的安全间隔期，严格限制使用时间、使用剂量、使用次数。多种病虫害混合发生时，可将针对不同病虫害且相互之间没有拮抗作用的药剂进行混用，以降低防治成本，提高防治效果。防治单一病虫害时，注意不同作用机理农药交替使用和合理使用，严格控制一种农药有效成分每年只使用一次，以延缓病菌和害虫产生抗药性。

坚持农药正确使用，严格按照农药登记使用作物、用量、使用方法使用。施药要求均匀一致。施药时做好施药人员的自我保护，防止生产性中毒事故发生。农药用完后，农药包装废弃物回收至网点，规范化处置。

● 花生不同生长发育期病虫害绿色防控技术

1. 播种期　主要防治蛴螬、金针虫、小地老虎、黄地老虎、蚜虫、根腐病、白绢病、冠腐病、茎基腐病、果腐病等病虫害。花生与玉米等禾本科植物轮作换茬，清除田间秸秆等。施足基肥，田间旋耕，高垄栽培，地膜覆盖，合理密植。选用适宜当地栽培的优质高产抗（耐）病品种，剔除发霉、小粒、紫色籽粒。选用咯菌腈·精甲霜·噻呋、精甲·咯·嘧菌、噻呋·戊唑醇等种衣剂进行种子包衣处理。

2. 幼苗期　主要防治蚜虫、蓟马、红蜘蛛、枯萎病、病毒病等病虫害。枯萎病发生严重时，人工拔除病株。利用瓢虫、食蚜蝇等天敌防治蚜虫，益害比大于 1 ∶（80 ~ 100）时，用鱼藤酮、印楝素等喷雾防治。蓟马、红蜘蛛防治选用阿维菌素、哒螨灵、螺螨酯等。喷施氨基寡糖素等，提高作物抗逆能力。

3. 开花下针期　主要防治蚜虫、红蜘蛛、卷叶虫、甜菜夜蛾、金龟子、茎腐病、枯萎病、根腐病、褐斑病、网斑病、锈病等病虫害。人工拔除枯萎病、根腐病病株。田间设置频振式杀虫灯或黑光灯诱杀鳞翅目、鞘翅目成虫，或田间插药枝诱杀金龟子，田间悬挂黄板诱杀有翅蚜。根据病虫发生动态适时用药，杀虫剂选用苦皮藤素、印楝素、鱼藤酮、苏云金杆菌等喷雾防治。杀菌剂选用乙基多杀霉素、浏阳霉素、春雷霉素等喷雾防治。

4. 结荚期　主要防治蚜虫、红蜘蛛、卷叶虫、甜菜夜蛾、斜纹夜蛾、棉铃虫、金龟子、枯萎病、黑斑病、褐斑病、疮痂病、炭疽病、焦斑病、网斑病、白绢病、锈病等病虫害。田间设置频振式杀虫灯或黑光灯诱杀害虫成虫，田间悬挂黄板诱杀有翅蚜，田间设置甜菜夜蛾性诱捕器，诱杀甜菜夜蛾成虫。杀虫剂可选用苦皮藤素、印楝素、乙基多杀霉素、阿维菌素、Bt 乳剂、除虫菊酯、金龟子绿僵菌等喷雾防治。杀菌剂可选用浏阳霉素、多抗霉素、春雷霉素等喷雾防治。根据病虫发生动态、防治指标，适时用药。使用甲氨基阿维菌素苯甲酸盐、虱螨脲、虫螨腈、茚虫威、甲基硫菌灵、氟环唑、戊唑醇、苯甲·嘧菌酯、噻呋·戊唑醇等选择性强或低毒残留时间短的农药应急防控。注意药剂合理、轮换使用。

5.饱果成熟期 主要防治黑斑病、白绢病、炭疽病等病虫害，以农业防治为主。花生成熟后及时收获，减少荚果损伤。花生收获时人工捡拾蛴螬、金针虫、地老虎等幼虫，人工销毁或喂食家禽。花生收获后清除田间病茎残叶，填埋或销毁，减少病菌侵染源和害虫越冬场所。

主要研发单位与人员

研发单位：1.漯河市郾城区植保植检站；2.漯河市植保植检站
主要人员：胥付生[1]，边红伟[1]，薛伟伟[2]，马国岭[2]，张航[2]

59. 民权县花生病虫草害统防统治与绿色防控融合技术模式

民权县位于河南省东部，豫东平原东北部，属暖温带半湿润大陆性季风气候。近年来由于秸秆还田和花生连作面积不断扩大，以及水肥条件改善和有机肥施用量减少，导致花生根茎腐病、茎基腐病、叶斑病、果腐病和棉铃虫、甜菜夜蛾、斜纹夜蛾、蓟马等病虫害频发重发，给花生生产构成了严重威胁。然而目前花生抗病品种相对缺乏，病原种类复杂，症状隐蔽，病虫害防治水平较低，导致花生产量和品质受到较大影响。民权县针对以上问题，经过多年探索实践，形成了以产出高效、产品优质、资源集约、环境友好为导向，覆盖花生生产全过程，集成应用农业防治、物理防治、生物防治、生态调控及科学用药等措施的花生病虫草害全程绿色防控技术体系。通过深翻改土，改善了土壤通透性和土壤微生物菌落结构，减少了越冬病原和虫源，有效降低花生生长期病虫危害；通过合理轮作、选种抗（耐）病品种、适时播种、起垄栽培、合理密植及合理排灌可有效减轻病虫害的发生程度；通过杀虫杀菌一体化种子处理，有效防治根茎腐病、苗期蚜虫和蛴螬等地下害虫，确保花生正常出苗和幼苗健康生长；通过科学用药减少了化学农药的施用量，保证了花生品质。

集成技术

● 深翻改土

茎腐病、根腐病、果腐病、白绢病等土传病害严重发生区，宜每2～3年在花生收获后或种植前深翻一次，深度26厘米。根据土壤肥力，每亩施用复合肥40～50千克；连作土壤可增施生物菌肥1～3千克或土壤改良剂30～50千克。果腐病发生较重地块，每亩可施钙肥（CaO）8～10千克；蛴螬发生较重的地区或田块，亩施30%毒死蜱微囊悬浮剂500克+200亿孢子/克卵孢白僵菌粉剂500克；花生白绢病发生严重地块，每亩撒施0.5%噻呋酰胺颗粒剂3 000～4 000克（图1）。

图1　撒施药肥和土壤改良剂

● **合理轮作**

　　茎腐病、根腐病、白绢病和果腐病等土传病害严重发生区，实行花生与玉米、中药材等非寄主植物轮作，能显著压低花生田病虫害。

● **选种抗病优质高产花生品种**

　　根据当地病虫害发生特点，种植适合当地的高产优质抗病虫品种。可选种豫花9719、商研9658、商花5号等。

● **杀虫杀菌一体化种子处理**

　　精选种子，保证种子发芽率。采用杀虫剂与杀菌剂混合拌种或种子包衣防治花生病虫害（图2）。蛴螬发生严重地块，可用18%氟腈·毒死蜱悬浮种衣剂按1：（50～100）的药种比进行种子包衣。花生根茎腐病、蚜虫、蛴螬等混合发生严重田块，用25%噻虫·咯·霜灵悬浮种衣剂300～700毫升，或38%苯醚·咯·噻虫悬浮种衣剂288～432克，或35%噻虫·福·萎锈悬浮种衣剂500～570毫升，对100千克种子进行包衣；也可使用30%吡·萎·福美双种子处理悬浮剂667～1000毫升，或27%精甲霜灵·噻虫胺·咪鲜胺铜盐悬浮种衣剂1500～2000毫升，对100千克种子进行拌种，防治蛴螬、茎腐病、根腐病等病虫害。

图2　种子包衣

● **适时播种，合理密植**

　　麦收后趁墒播种，宜早不宜晚，底墒不足时造墒播种（图3），行距25～30厘米，穴距12～17厘米。播种深度3～5厘米，每亩1.2万～1.8万穴。

● **合理排灌**

　　田间应沟渠配套，灌排通畅。雨

图3　花生播种

后应及时排除田间积水。应根据花生植株对水分的需求进行规范灌水，适时适量，采用喷灌、滴灌等节水灌溉技术。

● **生长期病虫草害防治**

1. 第一遍药（苗期至初花期） 团棵前施药最好，每亩施用27.5%胺鲜·甲哌鎓水剂25毫升+8%胺鲜酯可溶性粉剂10毫升+30%噁霉灵水剂20毫升，预防治疗根腐病、茎腐病、立枯病，补充微量元素，预防治疗各种叶斑病、黄叶病；促发侧枝多开花，整齐度高，为多下针打好基础。

2. 第二遍药（谢花末期、结荚初期） 每亩施用30%多唑·甲哌鎓悬浮剂12克+15%调环酸钙·烯效唑悬浮剂5克+0.01% 24–表芸苔素内酯水剂10毫升/袋+27%噻呋·戊唑醇悬浮剂20克+25%吡唑醚菌酯悬浮剂15毫升+5%高氯·甲维盐微乳剂15克/亩，适当补充钙、镁元素，预防治疗各种叶部病害，延缓地上部生长，促进营养向下针结荚转移，补充荚果膨大所需营养，促进下针整齐。

3. 第三遍药（荚果膨大期） 每亩施用8%胺鲜酯可溶性粉剂10毫升/袋+调之歌10毫升+浩之大靓果50克+30%肟菌·戊唑醇悬浮剂20克+25%吡唑醚菌酯悬浮剂15毫升+20%甲维·茚虫威悬浮剂15毫升，补充荚果膨大、干物质积累所需营养，提高品质及单果重量，抗早衰。褐斑病、黑斑病、网斑病等叶部病害严重发生年份，可以增加喷施25%吡唑醚菌酯悬浮剂、25%戊唑醇可湿性粉剂或75%烯肟·戊唑醇水分散粒剂、17%唑醚·氟环唑悬浮剂、32.5%苯甲·嘧菌酯乳油、60%唑醚·代森联水分散粒剂等复配制剂进行防控。

4. 防治害虫 防治病害的同时，根据虫害发生情况加入杀虫药剂，防治红蜘蛛，可喷施10.5%阿维·哒螨灵乳油、5%唑螨酯悬浮剂或5%噻螨酮乳油。防控蓟马、粉虱等，可喷施60克/升乙基多杀菌素悬浮剂、22.4%螺虫乙酯悬浮剂及20%呋虫胺悬浮剂、20%噻虫胺悬浮剂、25%噻虫嗪水分散粒剂等新烟碱类农药或12%阿维·虱螨脲悬浮剂等杀虫剂。防治棉铃虫、斜纹夜蛾、甜菜夜蛾、造桥虫等，宜在害虫三龄之前，喷施20%氯虫苯甲酰胺悬浮剂、1%甲氨基阿维菌素苯甲酸盐乳油、150克/升茚虫威乳油、10%虫螨腈悬浮剂、1%苦皮藤素水剂或其复配制剂等。

5. 防治杂草 在花生播后苗前，杂草刚萌发时，每亩使用68%扑·乙乳油110～150毫升兑水30～50千克进行土壤地面喷雾，防除花生田一年生禾本科杂草及阔叶杂草。苗后防除花生田禾本科杂草，每亩可使用10.8%高效氟吡甲禾灵乳油20～30毫升或15%精喹禾灵乳油20～25毫升，兑水20～30千克于杂草3～5叶期进行茎叶喷雾；防除阔叶杂草，每亩可使用24%乳氟禾草灵乳油20～30毫升或20%乙酸氟草醚20～30毫升，兑水20～30千克于花生1～2片复叶期、阔叶杂草2～4叶期喷雾。禾本科杂草和阔叶杂草等多种杂草混合发生田每亩可使用26%氟羧醚·高氟吡·灭草松乳油80～90毫升，兑水30～50千克于花生田杂草2～5叶期茎叶喷雾。

6. 植保机械使用 可选用喷杆喷雾机或植保无人机等植保机械。施药前检查药械器件是否完好、管道是否畅通。用清水试喷，查看是否有跑冒滴漏现象。喷施除草剂前后，应及时用碱水或专用清洗剂浸泡，多次清洗施药机械，以防残留除草剂交叉对其他敏感作物产生药害。喷杆喷雾机每亩施药液量为15 ～ 20升，植保无人机每亩施药液量为1 ～ 1.5升。

● 清洁田园

播种前彻底清除花生田的杂草、残叶等杂物，彻底铲除病虫寄主。花生生长期及时清除杂草和田间病虫株，避免病虫扩散。病田用的农机具、工具和架材要进行消毒。收获后，病虫害较重的秸秆勿还田。

● 科学收获

及时收获，减少荚果损伤。尽快晒干，妥善储藏，防止黄曲霉、黑曲霉侵染而导致花生种子霉变。

效果与效益

● 经济效益

核心示范区、辐射带动区、农民自防区平均用药次数分别是3次、3.5次、4次，亩防控成本分别为87.5元、97.5元、103.75元，平均防效分别为91.1%、88.5%、81.5%。核心示范区、辐射带动区、农民自防区和完全不防区每亩纯收益分别为2 154.4、2 043.1元、1 698.5元、1 130.3元。核心示范区产投比比辐射带动区和农民自防区分别高出19.0%和52.6%。实现了花生优质高产、农药减量、防效提高等示范目标。

● 生态效益和社会效益

核心示范区用药合理，辐射带动明显，共用三遍药，减少了用药次数。根据花生的生长发育规律，适期用药，实现病虫综合治理、农药减量控害，促进农业绿色可持续发展，示范效果明显。该技术模式能显著提升花生的分枝与下针能力，加强光合效率，平衡花生的营养生长与生殖生长，推动养分有效转移，使荚果更加饱满，同时有效防治病害，延长功能叶的寿命，并增强花生的抗逆性，最终实现提升花生品质与增产增效的目标。

主要研发单位与人员

研发单位：民权县植保植检站
主要人员：董念玲，宋相明，王玉梅，杨红美

60. 开封市祥符区花生病虫害统防统治与绿色防控融合技术模式

　　祥符区是河南省开封市市辖区，位于黄河冲积平原，属暖温带大陆性季风气候。花生是祥符区重要的经济作物之一，常年种植面积60万亩。长年连作导致花生病虫害发生较重，近年来祥符区花生病虫害整体呈中度偏重发生，病虫害主要有叶斑病、茎基腐病、白绢病、棉铃虫、甜菜夜蛾、斜纹夜蛾、蛴螬等。生产上主要采用化学农药防治，易造成环境污染、病虫害产生抗药性、农药残留超标、杀伤天敌等问题。为落实专业化统防统治、绿色防控示范推广工作要求，提升花生病虫害防治技术水平，确保农药使用量零增长，保障花生生产、产品质量和农业生态环境安全，祥符区建立专业化统防统治与绿色防控技术融合示范区，集成示范以农业措施、种子处理、理化诱控、生物防治为主的花生病虫害绿色防控技术模式。

集成技术

● 农业措施

　　选用适合本地栽培的优良抗病品种豫花15、开农308等。豫花15高抗网斑病、枯萎病，抗叶斑病、锈病，耐病毒病。开农308中抗叶斑病、锈病，抗茎腐病。此外，应注意翻耕灭茬，科学施肥，起垄栽培，种植玉米诱集带。

● 种子处理

　　播种前，根据土传病害和地下害虫发生情况进行种衣剂拌种。用600克/升吡虫啉悬浮剂拌种防治地下害虫，用量为每100千克种子600 ~ 800毫升药剂；用2.5%咯菌腈悬浮剂拌种防治茎腐病、根腐病等土传性病害，用量为每100千克种子600 ~ 800毫升。

● 物理防治

　　1.杀虫灯诱杀技术　　利用太阳能频振式杀虫灯诱杀棉铃虫、甜菜夜蛾、斜纹夜蛾、金龟子等成虫，每30 ~ 50亩设置1盏杀虫灯（图1）。

　　2.黄板诱杀技术　　利用花生蚜虫的趋黄特性，使用黄色粘虫板进行诱杀，该技术绿色环保，减少施用农药次数，有效降低农药残留量，可有效减少蚜虫、蓟马等虫口密度。

一般每亩放置20～30块板左右,均匀分布即可(图2)。

3.食诱剂诱杀技术 澳朗特生物食诱剂1 000毫升加10%灭多威可湿性粉剂10毫升,诱杀棉铃虫、甜菜夜蛾、斜纹夜蛾、金龟子等害虫成虫。7月上中旬投放食诱剂,根据药液蒸发程度适时再次投放食诱剂。食诱剂使用剂量为60～70毫升/亩,药水按照1：3进行稀释后倒入诱盘进行诱杀(图3)。

● **生物防治**

每亩使用1.8%阿维菌素乳油50毫升喷雾防治花生叶螨、蚜虫、蓟马。在病害发生初期,每亩使用1.5%多抗霉素可湿性粉剂400克或15%多抗霉素可湿性粉剂40克,防治花生叶斑病。每亩使用1 000亿孢子/克枯草芽孢杆菌可湿性粉剂30克喷施,防治花生白绢病,也可淋灌种植穴进行防治,播种期每亩可用1 000亿孢子/克枯草芽孢杆菌可湿性粉剂400克进行土壤处理防治花生白绢病。在棉铃虫、甜菜夜蛾等害虫卵孵化盛期,每亩可用苏云金杆菌8 000国际单位/毫克悬浮剂400毫升进行防治。当株高达40厘米以上时及时化控,每亩使用15%多效唑可湿性粉剂50克或20%多唑·甲哌鎓微乳剂25～40毫升进行控旺。后期进行病虫害防治时,加入少量0.001%芸苔素内酯水剂和98%磷酸二氢钾粉剂作为免疫诱抗剂,以增强作物的抗逆性。

● **应急防控**

当病虫危害较重时及时开展应急防控。花生叶螨局部发生严重时,用10%阿维菌素悬浮剂1 500倍液喷雾防治。棉铃虫、甜菜夜蛾、斜纹夜蛾等发生严重时,可用15%甲维·茚虫威悬浮剂20～30毫升/亩进行防治。

图1　安装太阳能杀虫灯

图2　悬挂粘虫板

图3　投放食诱剂

效果与效益

● 防治效果

核心示范区各项病虫害防效均高于农民自防区，综合防效达85.42%。其中叶斑病防效为85.35%，茎腐病防效为85.87%，花生白绢病防效为79.77%，棉铃虫防效为96.35%，蛴螬防效为79.78%。核心示范区各项绿色防控技术的实施，有效降低了花生病虫发生及危害程度，为大面积推广提供了依据。

● 经济效益

核心示范区平均亩产量较空白对照区高177.36千克，每亩增加产值1 064.13元。核心示范区亩投入成本较农民自防区高9.5元，但核心示范区平均亩产量较农民自防区高56.50千克，每亩增加产值339.03元。核心示范区各项绿色防控技术的实施，提高了病虫防治效果，增加了花生产量，提高了花生品质，从而实现收入增加。

● 生态效益

示范区采用阿维菌素、多抗霉素、枯草芽孢杆菌、苏云金杆菌等生物农药，减少了农业生态环境的污染。杀虫灯、黄板、食诱剂的应用可减少化学农药防治2～3次。核心示范区及辐射带动区采取花生病虫害专业化统防统治与绿色防控相融合，相比农民自防区，化学农药使用量减少60%以上，综合防效高23.87%。以上措施的配合使用实现了病虫害高效防控、农药减量，降低了花生农药残留，保障了花生生产及产品质量安全。同时，保护了有益生物，有利于生物多样性，保护了农业生态环境。

● 社会效益

核心示范区及辐射带动区依托专业化防治服务组织作业，统防统治覆盖面积100%。示范区引进植保无人机飞防作业，促进农机服务与专业化统防统治结合，不断提升服务质量和水平，促进农村劳动力就业，推动现代农业发展。一架无人机一天工作面积200～300亩，比传统施药方式提高了15倍，降低农民自防劳动强度，提高了劳动效率。通过集成技术示范推广，辐射带动周围2 000亩花生开展绿色防控，提升了农民科技素质和防治水平。核心示范区平均亩产值较农民自防区高339.03元，提高了农民收益，进而保护了农民种粮积极性，推动了粮食生产持续稳定发展。

主要研发单位与人员

研发单位：开封市祥符区植保植检站
主要人员：窦强莉，闫劝劝，梁金鹏，卢素华，张全鸽

61. 兰考县花生病虫草害统防统治与绿色防控融合技术模式

兰考县位于河南省东部，地处豫东平原西部，属暖温带季风气候。兰考县常年花生种植面积30万亩左右，主要病虫害有蛴螬、棉铃虫、甜菜夜蛾、蚜虫、叶斑病等。近年来，兰考县推广和示范绿色防控技术，从农田生态系统整体出发，以农业防治为基础，积极保护利用自然天敌，恶化病虫的生存条件，提高农作物抗虫能力，在必要时合理使用化学农药，将病虫危害损失降到最低限度。经过几年的摸索，集成了一套以"选用良种+播前拌种+频振式杀虫灯+性诱捕器+科学用药+统防统治"为代表的花生病虫草害绿色防控技术模式。

集成技术

● 选用良种，播前拌种

选定适合本地土壤、气候条件的高抗、多抗优良品种豫花9326、豫花65、豫花37、远杂9102，播前进行精选，剔除杂质、草籽等，并进行药剂处理，预防及减轻苗期病虫害发生。

● 物理防治

核心示范区每50亩花生田安装一盏频振式杀虫灯（图1），按时开灯，按时收集所诱杀害虫，以减少害虫田间数量。

● 生物防治

在性诱捕器中放入带有雌性小地老虎、草地贪夜蛾性信息素的诱芯，引诱雄成虫前来交配，从而杀死雄成虫，大幅度降低雌成虫田间落卵量，减轻田间虫害。性诱捕器高度距离花生植株60厘米。每亩放置1～2个性诱捕器。诱捕器诱

图1　太阳能杀虫灯

到的成虫要做好记录，并及时清理，诱
芯每个月更换一次（图2）。

● 科学用药

1. 药剂拌种 药剂拌种采用25克/升
咯菌腈悬浮种衣剂按种子重量的0.2% +
30%毒死蜱微囊悬浮剂按种子重量的
0.6%，兑水2～3千克，喷淋100千克种
子，避光堆闷4～6小时后播种。

2. 土壤处理 花生播种前顺垄每亩
撒施5%辛硫磷颗粒剂5～6千克防治地
下害虫。雨前撒施或撒后浇水效果好。

3. 苗期化学除草 兰考县花生田以
禾本科和阔叶杂草混生为主，禾本科杂
草主要有马唐、牛筋草、稗草、狗尾草；

图2　性诱捕器

阔叶杂草有反枝苋、马齿苋、藜等；莎草科杂草主要为香附子。除草剂选择高效、低毒、
低残留产品，在花生田一年生禾本科杂草3～5叶期，阔叶杂草2～4叶期，大部分杂草
出齐苗后开始用药，每亩使用11.8%精喹·乳氟禾乳油30～40毫升，兑水30千克均匀
喷雾。

● 病虫害统防统治

病虫害统一防治，防治机械有电动喷雾器、自走式喷杆喷雾器、无人机等（图3）。
统防统治采取植保站技术指导、农药生产企业与群众对接农药直供的方式，推广大型高

图3　病虫害统防统治

效植保机械及植保新技术的应用，提高施药精准性及病虫害防控组织化程度。

苗期统一用50％多菌灵可湿性粉剂600～800倍液+10％吡虫啉可湿性粉剂4 000～6 000倍液喷雾防治蚜虫、棉铃虫、茎基腐病等。初花期用560克/升嘧菌·百菌清悬浮剂1 000倍液+0.01％芸苔素内酯水剂3 000倍液+0.1％钼酸铵水溶液+0.2％磷酸二氢钾粉剂水溶液，混合后整株均匀喷洒，对于缺硼的地块，加入0.2％硼酸水溶液。7—8月根据田间病虫害发生情况用5％甲维·虫螨脲乳油26毫升/亩防治棉铃虫、甜菜夜蛾等，用25％戊唑醇可湿性粉剂30克/亩防治叶斑病等。

效果与效益

● 经济效益

示范区产量为360.1千克/亩，辐射带动区产量为341.9千克/亩，农民自防区产量为312.6千克/亩。示范区、辐射带动区比农民自防区增产13.2％、8.6％。由于采用机械化作业，节省劳动力，同时农药等原材料统一采购，能够批量购买，降低成本。

● 生态效益

示范区施药4次，群众自防区施药5次，示范区比群众自防区减少施用农药1次，农药使用量减少20％。专业化统防统治具有专业性、统一性、组织化程度较高，能够更科学地选择、轮换使用不同作用机理的高效低毒低残留农药，把握好用药时机，提高用药针对性和效果，切实做到及时有效防控暴发性、流行性病虫害，真正做到加快农作物病虫害绿色防控集成技术的推广应用。示范区绿色防控覆盖率达到100％，统防统治率达到100％。

主要研发单位与人员

研发单位：兰考县植保植检站
主要人员：邓允，徐竹莲，段相玉，吴泽允

209

62.武陟县花生病虫草害统防统治与绿色防控融合技术模式

　　武陟县位于河南省西北部，属暖温带大陆性季风气候，盛产优质小麦、玉米、花生、水稻等，是四大怀药的原产地。花生常年种植面积13万亩，其中高油酸花生1.5万亩左右，主要病虫害有地下害虫、蚜虫、蓟马、甜菜夜蛾、棉铃虫、叶螨、根腐病、青枯病、茎腐病、白绢病、褐斑病、黑斑病、网斑病等。武陟县结合当地实际，集成了以农业防控、种子处理、化除防控、免疫诱抗、黄板诱杀、灯光诱杀、科学用药等技术措施为主的花生主要病虫草害全程绿色防控技术模式。

集成技术

● 农业防治

　　1.合理轮作，选用良种　花生病害、地下害虫发生较重地块实行以花生与小麦、玉米轮作，有条件的实行水旱轮作，选择增产潜力大的花生品种，如开农1715、豫花23、豫花37等抗逆性强的品种。

　　2.灭茬整地，配方施肥　在小麦收获后，及时灭茬，切碎秸秆，深耕或旋耕整地（图1），耕翻深度以25～30厘米为宜，实行配方施肥，亩施花生专用复合肥或氮-磷-钾15-15-15复合肥50千克，在施肥方法上，70%的肥料在犁地前均匀撒施于地表，剩余

图1　深耕土地

30%肥料撒施于垄头，撒施后精细耙地，达到全层施肥。

3.抢时播种，起垄栽培 力争在6月10日前播种结束。播种时要有适宜的土壤墒情，墒情不足时应先造墒再播种，用起垄播种机一次完成起垄播种。以单垄双行为主，垄高15厘米，垄距90厘米，垄面宽60厘米左右，垄沟宽25厘米左右，花生种植离垄边15厘米左右，双粒穴播，根据品种的种植密度确定穴距，一般每亩种植10 000穴左右，播深3～5厘米（图2）。

4.科学排灌，清洁田园 花针期和结荚期遇旱应及时灌沟润垄，生长中后期如雨水较多时，应及时排水防涝，防止沤根烂果。花生收获后深耕深翻，清除田间病株残体，增施腐熟后不带菌的有机肥及磷、钾肥，减少田间病虫越冬基数。

图2 起垄栽培，确定穴距

● **种子处理**

播种前，选用适宜药剂进行拌种或种子包衣（图3）。每100千克花生种子，选用30%吡·萎·福美双种子处理悬浮剂800毫升+5%氨基寡糖素水剂40毫升均匀拌种。

● **化学除草**

花生田主要杂草以马唐、牛筋草、稗草等禾本科杂草及藜、苋、马齿苋等阔叶杂草为主，除草方式以苗后除草为主。

1.播后苗前化学除草 一般每亩使用50%乙草胺乳油150毫升或33%二甲戊灵乳油200毫升，兑水50千克进行土壤封闭防除杂草。

图3 药剂拌种

2.苗后化学除草 对于禾本科杂草，可在杂草3～5叶期，每亩使用10.8%高效氟吡甲禾灵乳油50毫升或5%精喹禾灵乳油70毫升兑水30千克喷洒。对于阔叶杂草，每亩使用10%乙羧氟草醚乳油30毫升兑水30～40千克喷洒。对于禾本科和阔叶杂草混合发生地块，可将上述两种药剂混合喷洒。

● **免疫诱抗**

在花生苗期，每亩喷施5%氨基寡糖素水剂750倍液+清洁沼液+2%阿维菌素乳油30毫升+1%申嗪霉素悬浮剂50克，诱导花生产生免疫抗性，提高抗逆性，防控根腐病、茎基腐病、红蜘蛛等。

● **黄板诱杀**

在花生田设置黄色粘虫板，规格为24厘米×20厘米，每亩设30块，高于花生15厘米，7天换一次，诱杀蚜虫。

● **灯光诱杀**

利用害虫的趋光性，安装高空杀虫灯诱杀棉铃虫、甜菜夜蛾、金龟子等害虫。按棋盘式或条带式布设高空灯，每台间隔2～5千米，天黑后开灯，次日清晨关灯，及时清除电网上的害虫。

● **科学用药**

根据田间病虫发生情况，科学合理搭配用药，选用生物制剂和高效低毒农药开展适时防控，提高防控效果。

1.**生长调控**　当花生主茎高度30厘米左右时，选用5%烯效唑可湿性粉剂，每亩30～50克，兑水50千克均匀喷雾，控制旺长。

2.**病虫防治**　在病虫发病初期每亩可用24%噻呋酰胺悬浮剂50毫升+25%嘧菌酯悬浮剂30毫升+25%络氨铜水剂150毫升+8 000国际单位/毫克苏云金杆菌可湿性粉剂300克+1.8%阿维菌素乳油每亩30毫升，兑水50千克均匀喷雾，防治白绢病、叶斑病、青枯病、棉铃虫、甜菜夜蛾、叶螨等病虫害（图4）。

图4　无人机喷施农药

效果与效益

● 经济效益

示范区内花生每亩产量为371.7千克，较农民自防区平均增产57.6千克，增产率18.3%。示范区平均每亩用药成本为91元（农药投入76元，黄板费用15元），农民自防区为129元，示范区每亩防控费用减少38元，增收288元，每亩增加效益326元。

● 生态效益和社会效益

通过综合应用农业、物理、生物和科学用药等措施防控花生田病虫草害，有效减少了农药使用量，增加生物药剂的使用，改善了花生品质，保证了人畜安全，减少环境污染，生态、社会效益显著，同时，使天敌种群数量和有益生物的生存环境得到了进一步改善，对安全有效控制花生田病虫草危害，减少农业面源污染，确保当地生态环境和农产品质量安全具有重要意义。

主要研发单位与人员

研发单位：武陟县农业技术推广中心
主要人员：马建华，吴海波，何霞，宋庆乾，吉金金，赵磊

63. 安阳市花生病虫草害统防统治与绿色防控融合技术模式

花生是安阳市的主要油料作物，常年种植面积约80万亩，病虫草害防治是花生生产管理的重要环节。安阳市从农田生态系统整体出发，以健身栽培为主线，针对花生不同生育期的病虫草害，协调应用植物检疫、农业措施、理化诱控、生态调控、生物防治和科学用药等综合措施，经优化组合，集成了花生病虫草害全程绿色防控技术模式。

集成技术

● 播种期

重点防控对象：茎腐病、根腐病、白绢病、菌核病、果腐病、青枯病、根结线虫病、新蛛螨、蛴螬、金针虫、杂草等借助土壤及种子传播的病虫草害。

1.植物检疫　严格执行植物检疫制度，加强检疫措施，使用检疫合格种子。保护无病区，严禁从疫区、重病区调运种子。

2.农业措施　①选择适宜地块。选择质地疏松、通透性好、土层深厚、土壤肥沃、排灌方便的地块种植花生。②合理轮作倒茬。花生与玉米、谷子、高粱、小麦、甘薯、芝麻、棉花、蔬菜等非豆科作物轮作，或水旱轮作，避免连作（图1、图2）。③科学施

图1　花生与小麦轮作

肥。实行配方施肥，施足基肥，施用充分腐熟的有机肥，科学施用钙、铁、锌、硼、硫、锰、钼等中微量元素肥和根瘤菌等生物菌肥。④清洁田园。及时清除田内外残留的秸秆、病残体和杂草、自生苗等，集中深埋或销毁等，清除机具黏附的病残体和泥土，人工捡拾、捕杀害虫。⑤科学整地。改良土壤，深耕暴晒，精细整地，通过机械杀伤、冻死或天敌捕食消灭越冬害虫。⑥选用优良品种。选择适合当地栽培、综合抗性好的

图2　花生与棉花间作

高产优质品种，不同品种搭配或轮换种植，适时晒种剥壳，精选种子。⑦科学播种。适期播种，适墒下种，适宜播深，合理密植。改平垄栽培为起垄覆膜栽培，适时合理排灌。

3.生态调控　在花生地边、田埂及沟渠旁点种蓖麻、除虫菊、芝麻、棉花、玉米、高粱等植物，涵养天敌，引诱害虫取食、产卵和躲藏，集中施药毒杀或人工捕杀。

4.科学用药　①土壤处理。花生白绢病、根腐病、果腐病、根结线虫病、蛴螬、新蛛蚧等土传病虫害发生严重地块，结合耕翻整地，适当选用淡紫拟青霉、球孢白僵菌、噁霉灵、福美双及噻虫嗪、辛硫磷、噻唑膦等药剂，拌制成毒土或毒液，撒施或喷施于耕作层、种植垄土壤内或播种沟、穴内。②种子处理。温汤浸种：花生种子用35℃温水浸泡3～4小时，捞出在25～30℃下催芽至胚根露白播种，预防播种后遇低温阴雨或土壤墒情差，出苗时间延长，出现烂种缺苗现象。药肥浸种：选用适宜浓度的萘乙酸、芸苔素内酯、S-诱抗素、矮壮素、硫酸亚铁、腐殖酸等药液或肥液浸泡，捞出晾干播种，促进种子生根发芽和幼苗生长，提高抗逆性。拌种包衣：选用申嗪霉素、宁南霉素、咯菌腈、苯醚甲环唑、戊唑醇、精甲霜灵及吡虫啉、呋虫胺、氟虫腈、毒死蜱等药剂拌种或包衣，防治土传和种传病虫害。③防除杂草。花生覆膜栽培，采取地膜下喷施土壤封闭性除草剂的方法化学除草。根据主要杂草种类，选用乙草胺、二甲戊灵、甲咪唑烟酸、乙氧氟草醚、噻吩磺隆等药剂，加水均匀喷施于土壤表层，喷施后马上覆膜封闭。④封锁菌源。菌核病、白绢病、纹枯病、叶斑病等土传病害发生严重地块，在花生播种后，结合地面喷施封闭性除草剂，在药液中加入多菌灵、菌核净、噁霉灵、福美双、三唑酮等杀菌剂，混合喷洒杀灭地表病菌。

● 苗期

重点防控对象：冠腐病、茎腐病、青枯病、根腐病、病毒病、蓟马、叶螨、地老虎、杂草等。

1.农业措施　①清棵蹲苗。覆膜栽培花生出苗期，结合天气情况及幼芽破土时间，人工及时捅破薄膜以帮助出苗，避免灼伤幼苗。露地栽培花生出苗后，用锄或铲随出苗及时破垄清棵，清理幼苗周围的土壤、杂物，深度以露出子叶为准。②中耕除草。清除田间及地边杂草，中耕灭茬，铲除自生苗和病虫中间寄主。③清洁田园。拔除花生病毒病苗株，清除田内外作物秸秆、病残体，带到田外集中深埋或销毁。

2.理化诱控　①色板诱杀。花生生长期间，田内悬挂黄色或黄绿色、蓝色粘虫板或

信息素板等诱虫板，悬挂高度以高出植株顶部5 ～ 20厘米为宜，每亩20 ～ 45块，诱杀蚜虫、蓟马、小绿叶蝉、烟粉虱等害虫。②灯光诱杀。花生生长期间，在田间安装频振式杀虫灯、黑光灯、高压汞灯、高空诱虫灯等杀虫灯，夜间开灯，诱杀地老虎、棉铃虫、甜菜夜蛾、斜纹夜蛾、金龟子等害虫。每30 ～ 50亩安装1台杀虫灯，悬挂高度1.2 ～ 2米。集中连片安灯诱杀效果更佳，平原区及没有障碍物遮挡的空旷地带，可适当减少安灯密度，降低悬挂高度（图3、图4）。③糖醋液诱杀。将红糖、醋、高度白酒、水、杀虫剂等按一定比例配制成糖醋液（糖：醋：酒：水：药按6：3：1：10：1或3：4：1：2：1等），倒入盆、桶等广口容器内，放在田间或地边，每亩放3 ～ 5个，诱杀地老虎、金龟子等害虫（图5）。④银膜驱避。在田间四周覆盖或悬挂银灰色薄膜，或安装防虫网等，驱避蚜虫、预防病毒病。⑤食饵诱杀。在地老虎成虫初盛期，选用甘薯、胡萝卜、烂水果等发酵变酸的食物，或用甘薯、胡萝卜等发酵液、泡菜水等，加适量杀虫剂，放入田间及地边诱杀成虫。⑥毒草诱杀。在地老虎幼虫三龄后，选用藜、苜蓿、小蓟、苦荬菜、打碗花、艾草、青蒿、白茅、繁缕等地老虎幼虫喜食的柔嫩多汁的鲜草或菜叶切碎，按其量的0.5% ～ 1%取90%敌百虫可溶粉剂或50%二嗪磷乳油等杀虫剂，加适量水喷拌制成毒草，于傍晚成堆撒于田间，或撒在幼苗根际周围，每亩撒施15 ～ 20千克。⑦毒饵诱杀。在蝼蛄发生为害期，选用炒香的麦麸、棉籽、豆饼、花生饼、玉米碎粒等饵料，按其量的0.5% ～ 1%取90%敌百虫可溶粉剂或48%毒死蜱乳油等杀虫剂，加适量水喷拌制成毒饵，于傍晚撒于田间，撒成小堆，或撒在幼苗根际周围，每亩撒施2 ～ 5千克（图6）。

图3　太阳能杀虫灯　　　　　　图4　高空诱虫灯

图5　糖醋液诱杀地下害虫

图6　投放食诱剂

3.生物防治　①保护利用天敌。优先选用高效、低毒、低残留、选择性强、对天敌杀伤小的药剂品种，选择隐蔽施药、精准施药等保护性施药技术，避开天敌迁入及活动盛期施药。注意保护茧蜂、姬蜂、赤眼蜂、瓢虫、食蚜蝇、捕食螨、食虫虻、马蜂、步甲、蜘蛛、青蛙等天敌。②引进释放天敌（图7）。蚜虫、叶螨、棉铃虫等种群密度上升期，田间人工助迁或引进释放七星瓢虫、蚜茧蜂、草蛉、食蚜蝇、赤眼蜂、捕食螨、蜘蛛、蛙类等天敌。

图7　释放赤眼蜂

4.科学用药　①抗逆诱导。在花生幼苗期，遇低温、高湿、干旱、盐碱、药害或病虫害等不良影响，适时选用萘乙酸、吲哚丁酸、复硝酚钠、胺鲜酯、黄腐酸、三十烷醇、芸苔素内酯、S-诱抗素等适当浓度药液，茎叶喷雾1~2次，每亩喷药液30~40千克，间隔10~15天喷施1次，提高植株抗逆能力。②喷淋灌根。花生茎腐病、青枯病、根结线虫病、新珠蚧等发生严重地块，选用枯草芽孢杆菌、阿维菌素、中生菌素、嘧啶核苷类抗菌素、氯溴异氰尿酸、戊唑醇、噻唑膦、噻菌铜、吡虫啉等适宜药剂喷淋茎基部或灌根，施药后浇水。③药剂喷雾。茎叶病虫害发生初期，选用苦参碱、印楝素、多杀霉素、耳霉菌、球孢白僵菌、多黏类芽孢杆菌、多角体病毒、吡虫啉、虫螨腈、螺螨酯等药剂，以适宜浓度茎叶喷雾，药液加入有机硅等助剂，根据虫情、天气和持效期，酌情进行防治1~2次，利用植保无人机、自走式喷杆喷雾机等高效植保机械等实施统防统治，药剂轮换使用。④化学除草。杂草发生较重的地块，根据主要杂草种类，在花生苗2~4片复叶期，杂草2~5叶期，选用高效氟吡甲禾灵、精噁唑禾草灵、精喹禾灵、乙羧氟草醚、氟磺胺草醚、甲咪唑烟酸胺盐、甲咪唑烟酸、草甘膦异丙胺盐等花生苗后茎叶除草剂，每亩药剂加水20~40千克，在晴天无风时，对杂草茎叶均匀喷雾。

● 花针期

重点防控对象：褐斑病、病毒病、茎腐病、根腐病、青枯病、缺铁性黄化和新蛛蚧、金龟子、棉铃虫、甜菜夜蛾、蚜虫、小绿叶蝉等。

1.农业措施 ①清洁田园。铲除田间杂草，清除青枯病零星病株，田外集中晒干、销毁或深埋处理，对病穴撒石灰或药剂灌根。②合理排灌。在金龟子产卵期、新蛛蚧卵孵化期、地老虎低龄幼虫期等，适时浇大水，可有效消灭虫卵及低龄幼虫。土壤0～30厘米土层含水量低于40%，或植株出现萎蔫时，适当浇水，大雨后及时清沟排渍。③叶面喷肥。喷施硫酸亚铁、硫酸锌、磷酸二氢钾、腐殖酸水溶肥、氨基酸水溶肥、中微量元素肥等叶面肥，补足营养元素，提高植株抗逆能力。棉铃虫产卵期叶面喷施2%过磷酸钙浸出液，可驱避成虫，降低田间落卵量。④人工捕杀。结合农事操作管理，人工捕捉金龟子，除杀甜菜夜蛾、斜纹夜蛾等害虫卵块和幼虫等。

2.理化诱控 ①色板诱杀。见苗期。②灯光诱杀。见苗期。③性诱剂诱杀。在棉铃虫、甜菜夜蛾、金龟子等害虫成虫发生初期，在田间安置性诱剂诱捕器或诱捕盆等，每亩安置1～3套，高度距地面1.0～1.5米。④食饵诱杀。在棉铃虫及玉米螟、银纹夜蛾、甜菜夜蛾、金龟子等害虫成虫羽化始盛期，利用昆虫食诱剂或毒饵、发酵变酸的食物等诱杀害虫。将食诱剂、杀虫剂与水按比例混匀，倒入诱捕器内，每亩安置1～3套。

3.生物防治 ①保护利用天敌。见苗期。②引进释放天敌。在棉铃虫、甜菜夜蛾等成虫始盛期至卵盛期，田间释放人工繁殖的赤眼蜂等天敌，每亩放蜂1.2万～1.5万头，分2～3次释放。

4.科学用药 ①抗逆诱导。视花生群体长势、肥水条件，酌情喷施植物生长调节剂，调节植株生长发育，增强对病虫害、自然灾害、不良环境的抵抗能力，提高产量与品质。②土壤处理。茎腐病、根腐病、青枯病、新蛛蚧、蛴螬等土传病害和地下害虫发生严重地块，可选用枯草芽孢杆菌、厚孢轮枝菌、哈茨木霉菌、氯溴异氰尿酸、苯醚甲环唑、三唑酮、噻菌铜、毒死蜱、噻唑膦等药剂，采用撒施毒土、喷淋灌根、药剂冲施等方法施药，将药剂施入花生根际和荚果周围土壤。发生严重时，间隔7～10天再防治1次。交替轮换用药，施药后宜浇水或者抢在雨前施药。③药剂喷雾。防治褐斑病、缺铁性黄化等花生叶部病害、食叶类害虫、刺吸类害虫，可选用苦参碱、春雷霉素、球孢白僵菌、苏云金杆菌、虱螨脲、虫酰肼、溴虫腈、戊唑醇、辛菌胺醋酸盐、醚菌酯、硫酸亚铁等适宜药剂或肥料，酌情均匀喷雾1～2次，间隔7～15天防治1次，轮换用药。药液中建议加入有机硅、植物油等喷雾助剂，借助植保专业化服务组织，使用植保无人机、喷杆喷雾机等高效植保机械开展统防统治（图8）。

图8 植保无人机统防统治

● 结荚期

重点防控对象：褐斑病、黑斑病、网斑病、焦斑病、锈病、茎腐病、白绢病、菌核病、果腐病、纹枯病和蛴螬、金针虫、棉铃虫等。

1.农业措施 ①科学排灌。土壤缺墒，植株出现萎蔫时，应及时浇水，以小水浸润垄沟或地面为宜。特别是收获前20～30天遇干旱务必浇水，以防荚果感染黄曲霉菌，引起贮藏期霉变产生毒素而降低花生品质。降雨多、降水量大，要及时清沟排渍，防止积水或内涝造成芽果、烂果。②叶面追肥。每亩使用99%磷酸二氢钾粉剂150～200克＋尿素500～1 000克叶面喷雾，或用大量元素水溶肥、氨基酸水溶肥、中微量元素肥、腐殖酸水溶肥等100～200克，加水30～50千克喷雾，间隔7～10天喷施1次，连喷2～3次。延缓植株衰老，增强抗逆能力，提高产量与品质。③清洁田园。人工拔除田间大草，减少越冬草种。

2.理化诱控 采用色板诱杀、灯光诱杀、性诱剂诱杀、食饵诱杀等技术，参照苗期和花针期措施。

3.生物防治 保护利用、引进释放天敌，参照苗期和花针期措施。

4.科学用药 ①抗逆诱导。叶面喷施适宜的植物生长调节剂和叶面肥，可提高根系及叶片活力，防止植株早衰，促进荚果膨大、增加产量。具体参照苗期。②土壤处理。防治白绢病、茎腐病、菌核病、果腐病、果壳褐斑病、蛴螬、金针虫等土传病害和地下害虫，选用解淀粉芽孢杆菌、木霉菌、金龟子绿僵菌、戊唑醇、氟酰胺、腐霉利、噁霉灵、二嗪磷、毒·辛等药剂，采用撒施毒土、喷淋灌根、药剂冲施等土壤处理的方法，将药剂均匀施入花生根系及荚果周围。具体参照花针期。③药剂喷雾。防治黑斑病、锈病等花生叶部病害，甜菜夜蛾、银纹夜蛾等食叶类害虫，小绿叶蝉、烟粉虱等刺吸类害虫，选用多抗霉素、蛇床子素、苦皮藤素、短稳杆菌、绿僵菌、咪鲜胺、丙环唑、氟硅唑、溴氰虫酰胺、灭幼脲、高效氟氯氰菊酯等药剂，茎叶喷雾或喷施茎基部，开展植保专业化统防统治。具体参照花针期。

● 收获期

重点防控对象：荚果黄曲霉病、地下害虫、杂草等。

主要采取农业措施，适时收获，就地收刨，及时晒干，剔除破损、霉变果，安全贮藏，合理冬灌，消灭越冬病虫源。

效果与效益

● 防治效果

示范区花生病虫害绿色防控效果为89%，其中叶斑病防效为87.6%，白绢病防效为95%，果腐病防效为71%，地下害虫防效为84%，杂草防效为92%。

● **经济效益**

核心示范区的亩穴数、穴荚数、百荚重等指标都明显高于农民自防区和不防控区。核心示范区每亩花生产量为352.3千克，比空白对照区增产108.2千克，增产率30.7%；比农民自防区增产34.4千克，增产率9.8%。每千克花生按7.2元计算，扣除防治总投资115元，核心示范区比空白对照区每亩增加收益664.0元，比农民自防区增加收益267.6元。

● **生态效益**

通过大力推广农作物病虫草绿色防控技术，采用专业化统防统治服务模式，科学用药和精准作业实现率100%，绿色防控技术覆盖率100%，病虫草害综合防治效果比常规防治区提高近10个百分点，化学农药使用量比常规防治区减少20%以上，农药包装废弃物回收率100%，田间天敌种群数量增加，生物多样性明显改善，取得了良好的生态效益。

● **社会效益**

在核心示范区与辐射区全程采用绿色防控技术，示范区病虫草害防治及时率100%，关键技术覆盖率达到95%以上，航空植保统防统治覆盖率达到100%，通过示范项目宣传、引导、辐射带动全县开展花生病虫害绿色防控，对实现农药减量控害目标起到了极大推动作用，有效控制了花生重大病虫害的发生危害，绿色防控水平显著提高，农业生产安全、农产品质量安全和农业生态环境安全得到进一步保障。

主要研发单位与人员

研发单位：1. 安阳市植物保护检疫站；2. 滑县农技推广区域站
主要人员：王朝阳[1]，支艳英[1]，李亚萍[1]，朱磊[1]，李文燕[1]，王建胜[2]

64. 浚县花生病虫草害统防统治与绿色防控融合技术模式

浚县位于河南省北部，地处黄河故道冲积平原沙区，属温带大陆性季风气候，四季分明，光照充足，是重要的优质花生种植基地。全县花生种植面积常年稳定在20万亩左右，其中高油酸花生5万亩，平均单产370千克。但浚县花生根茎腐病、白绢病、叶斑病、果腐病和棉铃虫、甜菜夜蛾、红蜘蛛、新黑地蛛蚧等病虫害频发，成为影响花生丰产丰收的主要障碍因素。

集成技术

● 播种期

1.农业措施 ①合理轮作：茎腐病、根腐病、叶斑病、白绢病和果腐病等土传病害严重发生区，实行花生与小麦、玉米、蔬菜、中药材等非寄主植物轮作。②配方施肥：根据土壤肥力普及推广配方施肥，增施有机肥。麦垄套种：一般7月10日左右施肥30千克，8月初第二次施肥20千克，8月底第三次施肥10千克；连作土壤可增施生物菌肥1～3千克或土壤改良剂20千克。③深翻整地：茎腐病、根腐病、叶斑病、白绢病和果腐病等土传病害严重发生区，宜每2～3年在花生收获后或种植前深翻一次，深度30厘米以上。④选用品种：根据病虫害发生特点，种植适合当地的高产优质抗（耐）病虫品种。主推品种为豫航花1号、豫花37、天府12、金罗汉、豫花76等。精选种子，保证种子发芽率。⑤科学种植：春花生适温播种；夏花生麦收后趁墒播种，宜早不宜晚，底墒不足时造墒播种。积极推广高垄栽培，合理密植，一垄双行，垄高25厘米，垄面宽80厘米，垄上行距25～30厘米，穴距12～17厘米。播种深度3～5厘米，每亩1.2万～1.8万穴（图1）。

图1　造墒播种

2. 土壤处理 ①地下害虫：蛴螬发生较重的区域或土壤，每亩施用30%毒死蜱微囊悬浮剂500克+200亿孢子/克卵孢白僵菌粉剂500克进行防治。②土传病害：花生白绢病发生严重地块，每亩可用0.5%噻呋酰胺颗粒剂3～4千克撒施。果腐病发生较重地块，每亩可施氧化钙等钙肥8～10千克。花生黑皮烂果发生严重地块，施用复合益生菌进行土壤封闭处理。

3. 种子处理 蛴螬发生严重地块，每100千克种子可用60%吡虫啉悬浮种衣剂200～400毫升进行包衣或拌种。花生根茎腐病、蚜虫、蛴螬等混合发生严重田块，每100千克种子可用30%吡·咯·噻虫悬浮种衣剂400～500毫升或23%吡虫·咯·苯甲悬浮种衣剂500～600克等进行种子包衣或拌种（图2）。

图2 种子包衣

● **生长期**

1. 农业措施 ①合理排灌：田间沟渠配套，灌排通畅。雨后应及时排除田间积水。应根据花生植株对水分的需求规范灌水，适时适量，采用喷灌、滴灌等节水技术。②清洁田园：及时清除杂草和田间病虫株，避免病虫扩散。病害田使用过的农机具、工具和架材要进行消毒。

2. 理化诱控 安装频振式杀虫灯，每30亩一套（图3），诱杀金龟子、甜菜夜蛾、棉铃虫等害虫。悬挂黄色、蓝色诱虫板、诱捕器等（图4），诱杀蚜虫、蓟马、甜菜夜蛾、棉铃虫等害虫。

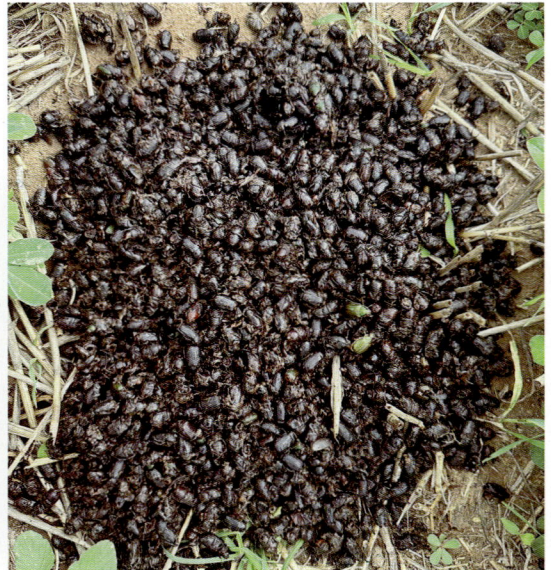

图3 杀虫灯诱杀金龟子

3.生长调控 在花生开花到荚果膨大期，选用15%多效唑可湿性粉剂、5%烯效唑可湿性粉剂、15%调环酸钙·烯效唑水分散粒剂、8%胺鲜酯可溶性粉剂、0.001%芸苔素内酯水剂、1.8%复硝酚钠水剂等进行化学生长调控，提高植株抗逆性。

4.科学用药 ①防治杂草：在苗后到植株封行前，选用10%精喹禾灵乳油（防除禾本科杂草）或10.8%高效氯吡甲禾灵（防除禾本科杂草）+防除阔叶杂草药剂10%乙羧氟草醚乳油（防除阔叶杂草），进行禾阔双除。②防治红蜘蛛：可喷施1.8%阿维菌素乳油、15%哒螨灵乳油等药剂。③防治棉铃虫、黏虫、甜菜夜蛾等，宜在害虫三龄之前，喷施10%甲维·茚虫威悬浮剂、10%虱螨脲悬浮剂、16 000国际单位/毫克苏云金杆菌可湿性粉剂、30亿PIB/毫升甜菜夜蛾核型多体病毒悬浮剂、1%苦皮藤素水剂等药剂。④防治白绢病、叶斑病等，可用24%噻呋酰胺悬浮剂、45%戊唑·咪鲜胺悬浮剂、300克/升苯醚·丙环唑乳油、25%吡唑醚菌酯悬浮剂、80%乙蒜素乳油等进行防控。

● **收获期**

及时收获，减少荚果损伤（图5）。尽快晒干，妥善储藏，防止黄曲霉、黑曲霉侵染而导致花生种子霉变。收获后，病虫害较重的秸秆勿还田。

效果与效益

● **防治效果**

花生田主要病虫害得到有效控制，2020—2022年花生病虫害绿色防控示范田常发病害，如根腐病、茎腐病、叶斑病、白绢病、果腐病等的平均综合防效达到80%以上，比常规防治田提高18.3%。主要害虫红蜘蛛、棉铃虫、甜菜夜蛾、蛴螬平均综合防效达到87.5%，比常规防治田提高8.6%。

图4 投放食诱剂

图5 机械收获

● 经济效益

绿色防控示范田花生产量为413.5千克/亩，比常规防治田增产50.8千克/亩，增加14%，每亩增加收入355.6元。示范田干花生秧产量为533千克/亩，比常规防治田增收83千克/亩，增加18.4%，每亩增加收入41.5元。绿色防控示范每亩成本为296元（含土壤处理、理化诱控、人工费等），比常规防治田高81元。绿色防控示范田比常规防治田每亩增加收益316.1元。

● 社会效益

绿色防控技术模式可延缓花生病虫害抗性的产生，减缓农药更替，为病虫害的防治减轻压力，对有害生物抗性治理具有积极作用。绿色防控技术模式不但为花生安全生产保驾护航，也起到减少土壤和环境污染的作用。

主要研发单位与人员 ◇

研发单位：浚县植保植检站
主要人员：耿青芬，艾黎辉，唐俊峰，李绍阳

65. 滑县花生病虫草害统防统治与绿色防控融合技术模式

滑县拥有耕地面积195万亩，是一个典型的农业大县，常年种植花生30万亩。因多年连作、秸秆还田、施肥等因素影响，近年来花生果腐病、白绢病、蛴螬等病虫害发生趋重。花生病害主要有褐斑病、黑斑病、网斑病、果腐病、白绢病、茎基腐病、根腐病等；害虫主要有棉铃虫、蛴螬、甜菜夜蛾、红蜘蛛、蓟马等；杂草有马唐、牛筋草、铁苋菜、反枝苋、香附子、田旋花等。近年来，滑县大力推广全程机械化生产，同时与花生病虫草害绿色防控技术相融合，经过多年试验示范，不断对花生不同生育期的病虫草害防治关键技术进行优化，逐渐总结出一套适合滑县乃至豫北地区的花生病虫草害全程绿色防控技术模式。

集成技术

● 播种期

1.选用良种　选用通过审定或登记的优质高产抗病商品性好的花生品种，如豫花37、开农61、开农1768、天府12等。

2.整地　小麦收获后，选用还田破茬机进行还田处理，粉碎要细碎，秸秆长度不大于10厘米，抛撒均匀。再用拖拉机进行深耕，耕深一般25～30厘米，耕后用旋耕机旋耕1～2遍，使其达到疏松、细碎、平整、无杂草。

3.拌种或种子包衣　播前每100千克种子选用48%噻虫胺种子处理悬浮剂400毫升+2.5%咯菌腈悬浮种衣剂150毫升+0.01%芸苔素内酯可溶液剂10毫升，或用48%噻虫胺种子处理悬浮剂400毫升+3%苯醚甲环唑悬浮种衣剂100毫升+0.01%芸苔素内酯可溶液剂10毫升进行拌种。也可选用9%苯醚·咯·噻虫悬浮种衣剂100毫升+0.01%芸苔素内酯可溶液剂10毫升进行拌种。

4.播种　使用起垄、播种、施肥等复合作业的播种耧进行种肥同播（图1）；垄距70厘米左右，垄高15厘米左右，垄面宽55厘米左右，播种行距25厘米，播种深度3～5厘米；花生种植密度采用增穴减粒技术，单粒精播亩播16 000粒左右，或采用双粒穴播，中上等肥力地块亩播种12 000～13 000穴；小麦收获、整地后应及时抢时播种，不宜晚于6月10日。

5.土壤处理 对花生白绢病、根腐病等发生严重的田块，于花生收获后，结合秋耕整地亩施70%甲基硫菌灵可湿性粉剂、80%多菌灵可湿性粉剂、80%代森锰锌可湿性粉剂等3～5千克，轻病田2～3千克。

图1　种肥同播，起垄栽培

● 生长期

根据花生病虫草害发生情况，一旦病虫草害达到防治指标，及时组织使用自走式喷杆喷雾机、植保无人机（图2）等进行专业化统防统治，一般情况下整个花生生育期统防统治4～5次。防治杂草时，每亩使用15%精喹·乙羧氟乳油50毫升，加水30千克，可使用自走式喷杆喷雾机进行防除；此时若棉铃虫、甜菜夜蛾等达到防治指标，喷施除草剂时每亩加入20%氯虫苯甲酰胺悬浮剂10毫升；若花生蓟马达到防治指标，每亩加入10%吡虫啉悬浮剂20毫升；若花生红蜘蛛达到防治指标，每亩加入1.8%阿维菌素乳油20毫升或15%哒螨灵乳油20毫升。7月初、8月底9月初使用25%吡唑醚菌酯悬浮剂15毫升+0.01%芸苔素内酯可溶液剂10毫升+助剂7.5毫升加水1.5千克，使用植保无人机统防统治，预防叶斑病、锈病等病害2次。当花生株高大于35厘米时，在上述配方中加入30%多唑·甲哌鎓悬浮剂25毫升。

有条件的地区可安装太阳能振频式杀虫灯（30～50亩一盏），6—9月20:00至翌日7:00开灯诱杀，高压电网要2～3天清扫一次，灯杆高2.5米（图3），也可每亩悬挂20厘米×30厘米黄色诱虫板或蓝色诱虫板20～30块，诱虫板底部距花生植株15～20厘米。

图2　植保无人机统防统治

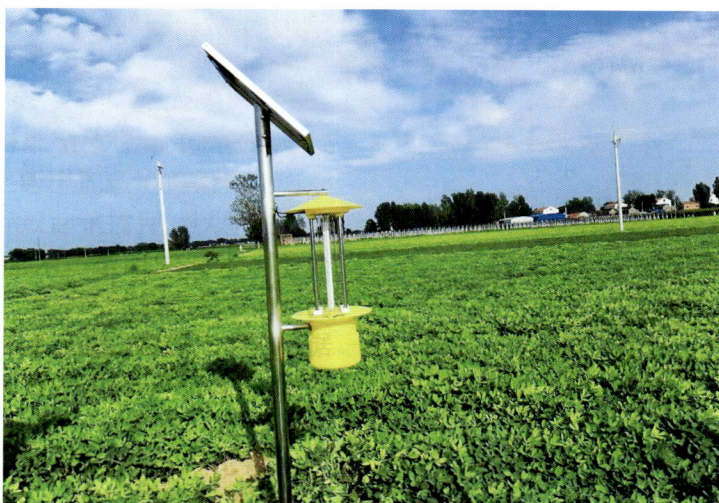

图3　安装太阳能杀虫灯

● 收获期

85%左右的花生荚果网纹清晰、果壳内壁有青褐色斑片时，及时收获。使用花生挖掘机对花生进行收获（图4）；荚果含水量在10%左右时，用自走式花生捡拾摘果机进行机械摘果（图5）。收获后将花生秸秆和花生荚果分别运输、储藏。花生荚果的仓储环境应干燥、低温、通风；贮藏时注意预防黄曲霉毒素污染。

图4　花生机械化收获

图5　自走式花生捡拾摘果机

效果与效益 ◇

● 防治效果

9月下旬花生收获期调查，采用绿色防控技术模式的花生示范田，叶斑病发病轻，病情指数为2～5，常规防治区为30，防控效果平均为90%左右；示范田蛴螬危害荚果率为1.0%，常规防治区为10%，防控效果为90%左右。

● **经济效益**

示范田平均亩产350千克以上，较常规防治区增产35%以上，亩产值增加400元，扣除农药和人工成本，每亩增加效益300元。

● **生态效益**

通过重点抓好种子拌种、三遍药防治和灯诱技术等，示范田每亩使用农药量为280毫升，较常规防治田（360毫升）减少了80毫升，减量22.2%。

● **社会效益**

通过大力推广应用花生全程机械化生产技术，同时与全程病虫害绿色防控技术相融合，大大提高了生产效率和病虫害防控效果。通过建立示范区，适时开展现场指导培训，设立植保新产品试验等，有力提高了花生病虫害防治水平和植保社会化服务水平，为促进花生绿色高质量发展提供了技术保障。

主要研发单位与人员 ◆

研发单位：滑县植保植检站
主要人员：陈一品，郭风勋，张永峰，单俊奇，罗俊丽

果树病虫害统防统治与绿色防控融合技术模式

66.洛宁县苹果病虫害统防统治与绿色防控融合技术模式

洛宁县位于河南省洛阳市西部，地处豫西山区，地形地貌复杂多样，西部山区上戈镇是苹果种植保护区，属暖温带大陆性季风气候，四季分明，历年平均气温在12℃左右，非常适合苹果树的生长。上戈苹果种植面积达20余万亩，主栽品种为红富士，年产销量达到37 500万千克以上。在苹果生产过程中，会遭受多种病虫害的危害，对苹果产量和质量造成较大的影响。主要病害有白粉病、褐斑病、腐烂病、早期斑点落叶病、炭疽病、轮纹病等，主要虫害有叶螨类、蚜虫、介壳虫、金纹细蛾、卷叶蛾、桃小食心虫和金龟子等。近年来，随着人们食品安全意识逐渐增强，对果品质量的要求也随之提高，洛宁县逐渐采用绿色防控技术，集成出一套苹果主要病虫害绿色防控技术模式。

集成技术

● 农业防治

农业防治在绿色防控中起着基础性作用，果农在果园管理中应加以重视，应从以下方面着手。

1.**果园规划**　果园周边不栽植桧柏和刺槐，防止锈病和介壳虫发生危害，也不和梨、桃混栽或近距离栽植，减少桃小食心虫转移危害。

2.**深翻果树周围土壤**　病虫枝、枯枝是多种病虫的越冬场所，结合深翻将病虫枝深埋，可有效减轻来年病虫害的发生。

3.**疏花疏果、夏剪冬剪**　结合疏花疏果、夏剪冬剪，去除病虫梢、叶，减轻病虫害的发生（图1）。

4.**清洁田园**　苹果收获后及时清除田间枯枝落叶，同时结合防治腐烂病，

图1　冬季修剪

刮除病斑，消除病虫越冬场所。

5.喷施石硫合剂　喷施29%石硫合剂水剂防治白粉病、锈病、褐斑病及红蜘蛛、介壳虫等多种病虫害。

● **诱杀害虫**

1.性诱剂诱杀　设置金纹细蛾、桃小食心虫、梨小食心虫、苹小卷叶蛾4种性诱芯，每亩各悬挂5个三角形性诱捕器或简易诱捕器（图2）。

2.杀虫灯诱杀　杀虫灯诱杀害虫是利用害虫对光、色的趋性将害虫诱集起来利用高压电网将其杀死。杀虫灯安装高度应该2米左右，灯与灯之间距离大约为100米，及时将诱杀的害虫进行深埋，应根据果园大小合理放置杀虫灯（图3）。经调查果农在果园实际应用情况，效果非常好。

3.糖醋液诱杀　利用害虫对糖醋液的趋性进行诱杀，可以将糖醋液装入广口瓶或其他容器中，放置在果园中，每60米^{2}放一个，可诱杀顶梢卷叶蛾、苹小卷叶蛾等多种害虫。

4.黄板诱蚜　在果树生长期，利用昆虫对黄色的趋性，在果园中每亩悬挂黄板40～60块，规格24厘米×20厘米，悬挂于果树下部树枝上。可以有效减少蚜虫、飞虱虫口密度，从而减轻对果树的危害（图4）。

● **物理防治**

1.人工捕杀　吉丁虫幼虫可人工刮除，成虫可人工捕捉防治。介壳虫可用铁刷子刷除。金龟子可进

图2　三角形性诱捕器

图3　太阳能杀虫灯

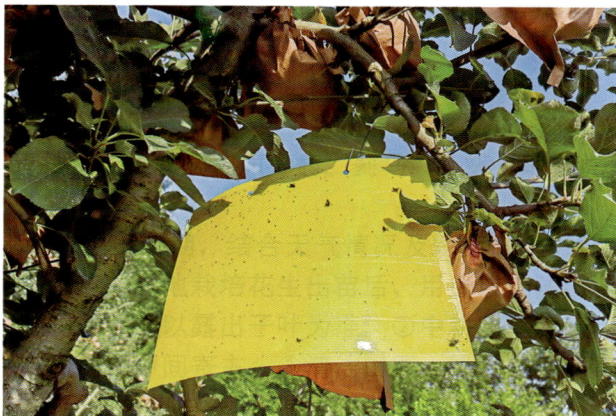

图4　色板诱杀

231

行诱集捕杀。深秋在树干上捆绑诱虫带，在初春时集中销毁，可有效减少冬虫上树危害。

2. 果实套袋 套袋是苹果生产中普遍采用的一项重要管理技术，能极大改善果品外观并有效预防病虫害，帮助减少农药使用及残留，实现提质增效。套袋应在疏花疏果之后的晴天进行（图5）。

3. 树盘覆膜 初春时节，可以在树盘的周围覆上地膜，不仅能使果树根系活动旺盛，保水防旱，还能防止越冬害虫上树危害。

4. 树干涂白 苹果树落叶之后，在树干上涂抹按一定比例配制的涂白剂，能够有效防止冻害及果树腐烂病的发生。

5. 树干捆绑诱虫带 利用害虫沿树干下爬越冬的习性，越冬前在树干分枝下5～10厘米处在树体上绑缚诱虫带，将诱虫带绕树体一周用胶带绑缚，诱集害虫在此处越冬，来年春天将害虫集中消灭。

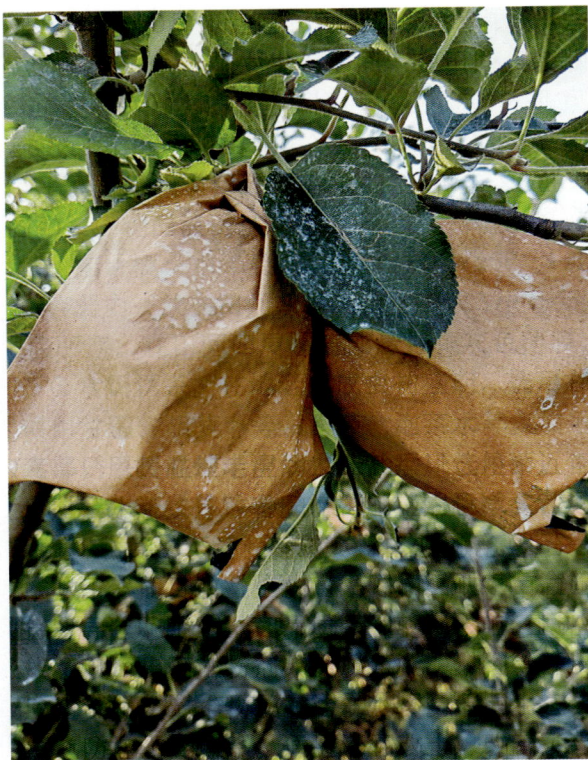

图5　果实套袋

● **科学使用农药**

在做好苹果病虫害监测预报的基础上，根据病虫害发生规律和危害特点，结合苹果生育期、气象条件、天敌等因素确定用药品种和喷药适期。优先选择生物农药，对症选择高效、低毒、低残留环境友好型杀菌剂、杀虫剂、杀螨剂，科学进行药剂组合，最大程度减少用药品种和农药使用量。

1. 果树萌芽至开花前（3月中旬至4月上旬） 对越冬卷叶蛾、白粉病等，可用29%石硫合剂水剂喷雾。

2. 花后7～10天（5月上中旬） 白粉病、斑点落叶病、褐斑病、锈病、蚜虫、叶螨、金纹细蛾开始危害，可用80%代森锰锌可湿性粉剂+5%甲氨基阿维菌素苯甲酸盐水分散粒剂+20%哒螨灵可湿性粉剂兑水混合喷雾。

3. 套袋前（5月下旬至6月中上旬） 可用7.5%氯氟·吡虫啉悬浮剂100倍液+70%甲基硫菌灵可湿性粉剂800倍液喷雾，防治斑点落叶病、褐斑病、叶螨、黄蚜、金纹细蛾等病虫害。

4. 套袋后幼果期与果实膨大期（6月下旬至9月上旬） 重点防治叶螨、早期落叶病。可用0.5%倍量式波尔多液（硫酸铜∶生石灰∶水=0.5∶1∶100）或等量式波尔多液（硫酸铜：生石灰：水 =0.5 ： 0.5 ： 100），或用 430 克/升戊唑醇悬浮剂 5 000 ～ 6 000 倍液、20%阿维·螺螨酯悬浮剂 4 000 ～ 6 000 倍液、5%高效氯氟氰聚酯水乳剂 3 000 ～ 4 000 倍液等杀菌、杀虫、杀螨剂混合喷雾。

效果与效益

● 经济效益

绿色防控技术模式的推广应用，极大降低了病虫害防控对化学农药的依赖，每年苹果病虫害防控每亩可减少喷洒农药 4 次，加上人工成本的减少，每年每亩可增收节支 120 元左右。

● 生态效益

绿色防控技术模式的应用，减少了化学农药的使用，也减少了化学农药对害虫天敌的杀伤，有利于生态系统健康发展。同时，由于化学农药使用的减少，也减少了对土壤的污染，以及农药包装废弃物造成的面源污染，对环境起到了一定的保护作用。

● 社会效益

绿色防控技术模式的推广应用，降低了农药在果品中的残留，大大提高了苹果的品质，增强了产品的市场竞争力，每年在苹果丰收季节，都有大量的外地客商来洛宁采购苹果，销量可观，效益较好。

主要研发单位与人员

研发单位：洛宁县植物保护植物检疫站
主要人员：刘帆

67. 灵宝市苹果病虫害统防统治与绿色防控
融合技术模式

  灵宝市位于河南省西部豫、陕、晋三省交界处，地处豫西丘陵山区，苹果是灵宝三大支柱产业之一，种植面积约90万亩，年产量14亿千克，其中全国绿色食品原料（苹果）标准化生产基地面积19.2万亩，主栽品种为红富士、新红星、秦冠等，常发性病虫害主要有山楂叶螨、苹果全爪螨、二斑叶螨、金纹细蛾、桃小食心虫、梨小食心虫、绣线菊蚜、梨花网蝽、粉虱、白粉病、褐斑病、斑点落叶病、轮纹病、炭疽病、霉心病等，总体上病害重于虫害。为满足国内外市场对高品质苹果的需要，不断提高苹果市场竞争力，从2011年起，灵宝市先后在五亩乡五道源、苏村乡周家源、寺河乡东村园艺场、城关镇牛庄村苹果主要产区实施苹果主要病虫害绿色防控技术示范，集成了果实套袋+释放捕食螨+杀虫灯诱杀+黄板诱杀+性诱芯诱杀+轮换使用高效低毒低残留及生物农药的技术模式。

集成技术

● 播前农业措施

  加强田间栽培管理，清洁果园，及时清除果园内的病虫残枝落叶，并将其带出果园集中销毁或深埋，减少菌源、虫源，切断病虫传播和蔓延途径；平衡施肥，果实采摘后每亩施3 000～5 000千克有机肥，疏花疏果，以增强树势。

● 全园果树套袋

  落花后35～40天，全园果树套袋，有效提高果品外观品质，减少污染，阻隔病虫害直接侵害果实（图1）。一般在苹果采收前10～15天除袋，忌高温下除袋。

● 释放害螨天敌

  释放天敌胡瓜钝绥螨，有效抑

图1　果实套袋

制螨类危害，且能减少化学农药使用量，调节、改善果园生态环境（图2）。5月上中旬至8月中旬，当害螨初发或数量较少时，选择阴天或傍晚，且1～2天内无降雨时放置于果园内。每棵果树1袋，每袋2 500头，规格为12厘米×17厘米，持效期3个月，可有效控制山楂叶螨、苹果全爪螨、二斑叶螨。经调查相对防效为85%～90%。

● 杀虫灯诱杀技术

5月1日至9月30日，采用佳多牌PS-15VI-2/4太阳能杀虫灯和PS-1511（光控）频振式杀虫灯（图3），每2公顷悬挂1盏，有效诱杀鳞翅目（金纹细蛾、桃小食心虫、梨小食心虫、苹小卷叶蛾、棉铃虫）、鞘翅目（苹毛丽金龟、铜绿丽金龟）以及蚜虫、粉虱、潜叶蛾等害虫，减少成虫基数，诱杀效果显著。

● 昆虫性信息素诱杀害虫技术

5月1日至9月20日，将金纹细蛾、桃小食心虫、梨小食心虫、苹小卷叶蛾4种性诱芯制成三角形性诱捕器或简易诱捕器，每亩各悬挂5个（图4、图5）。简易诱捕器以口径为10厘米的碗，取性诱芯1枚，用细铁丝固定在碗口上方1厘米左右中心处，

图2　释放捕食螨

图3　安装太阳能杀虫灯

图4　三角形性诱捕器

图5　自制简易诱捕器

碗内灌皂液至离碗口2厘米。性诱芯1个月更换1次，遇高温干旱时，可适当缩短时间，保持诱捕器中皂液的量。总计更换4次，相对防效可达85%～90%。

● 黄板诱杀技术

4月20日至8月20日，用黄板诱杀害虫。黄板数量可根据果园树龄、虫量酌情放置，一般每亩悬挂40～60块，规格24厘米×20厘米，悬挂于果树下部树枝上（图6）。按照不同生育期适当调整悬挂高度，能有效诱杀蚜虫、粉虱、斑潜蝇等小型害虫。更换两次，相对防效达90%以上。

图6　悬挂黄板

● 合理轮换使用高效低毒低残留农药及生物制剂

可用430克/升戊唑醇悬乳剂2 000倍液防治苹果褐斑病、轮纹病、炭疽病，全生育期6次（4月25日、5月25日、6月10日、6月25日、7月10日、7月27日）用药喷雾，防效分别达89.05%、94.89%、92.65%。用10%苯醚甲环唑微乳剂1 000倍液防治苹果斑点落叶病，全生育期5次（5月9日、5月24日、6月11日、6月29日、7月12日）用药喷雾，防治效果达86.73%。用2.5%鱼藤酮乳油防治绣线菊蚜2次（5月25日、8月27日），防治效果达91.41%。防治腐烂病可3月涂抹1.6%噻霉酮涂抹剂，6月下旬至7月上旬涂抹主干大枝，11月上旬全树喷施1.6%噻霉酮水乳剂600～750倍液。

效果与效益

● 经济效益

示范区通过悬挂太阳能杀虫灯、黄板诱杀和性诱剂诱杀等绿色防控技术的应用，全年比群众自防区减少用药次数两次，每亩节约农药成本170元左右，节约人工成本80元

（表1）。经过调查，示范区苹果亩产量为1 550千克，价格每千克10元，产值约15 500元，而群众自防区苹果产量为2 150千克，价格每千克6元，产值约12 900元，二者对比，亩增收2 600元。经过对比分析，示范区比群众自防区亩净增加收入2 635元，经济效益明显。

表1　示范区和自防区防治成本对比

序号	投入产品名称	示范区				自防区		
		每亩使用量或次数	单价	使用年限	合计	每亩使用量或次数	单价	合计
1	杀虫灯	30亩/盏	3 000元	10	10元			
2	捕食螨	50袋	2.5元		125元			
3	黄板	40块	1元		40元			
4	性诱剂	20枚	2元		40元			
5	喷药	6次	85元		510元	8次	85元	680元
6	人工费	6次	40元		240元	8次	40元	320元
合计					965元			1 000元

● 生态效益和社会效益

示范区用药次数比群众自防区减少化学防治2次，化学农药使用量减少25%。同时减少了因多次施药造成的环境污染，保护了天敌正常生长繁殖，促进了劳动力转移就业，改善了果实品质，增加了果农收入，带动了绿色农业发展。

主要研发单位与人员

研发单位：1.灵宝市植保植检站；2.灵宝市农业技术推广中心；3.三门峡市植保植检站

主要人员：郭银英[1]，李文坡[1]，薛卫科[1]，王晓娟[1]，赵艳亭[1]，郭战烈[1]，郭华[2]，张冠霞[3]

68.新野县桃树病虫害统防统治与绿色防控融合技术模式

新野县位于河南省西南部，南阳盆地中心，境内平坦，沃野百里。新野属北亚热带地区，具有明显的大陆性季风气候特征，温暖湿润，四季分明，光、热、水资源丰富，适宜多种作物生长，也适宜病虫害的发生。新野县桃树常年种植面积约10 000亩，品种有霸王脆、六月脆、霸王桃、中桃9号等，亩产2 000千克以上。桃树上主要病虫害有桃树细菌性穿孔病、褐腐病、黑星病、桃小食心虫、梨小食心虫、蚜虫、介壳虫等。新野县多年来试验推广集成了农业防治+物理防治+生物防治+高效低毒低残留化学药剂防治的绿色防控技术模式，有效控制了桃树病虫害的发生和蔓延，并取得了良好的社会、生态和经济效益，为新型农业经营主体和广大农民种果树提供了参考。

集成技术 ◆

● 农业防治

在桃树休眠期合理修剪、清除病残体、清洁果园、树干和伤口涂白，通过多种农业措施减少桃园越冬病虫害基数，增强树势。也可以在桃收获后，在桃树主干上绑草引诱梨小食心虫幼虫进入其中结茧越冬。第二年开春前再将草把从树上摘下，集中销毁，降低桃园越冬虫源基数。应用果园生草技术，11月在桃园内套种优势草种，如山农柔毛豌豆。

● 物理防治

1.黄板诱杀 落花后采用黄板诱蚜，在桃树外围中部枝条上，每亩悬挂黄板40～60张，可有效诱杀有翅蚜（图1）。

2.灯光诱杀 自4月下旬开始在桃园安装频振式杀虫灯或太阳能杀虫灯，每2公顷设置

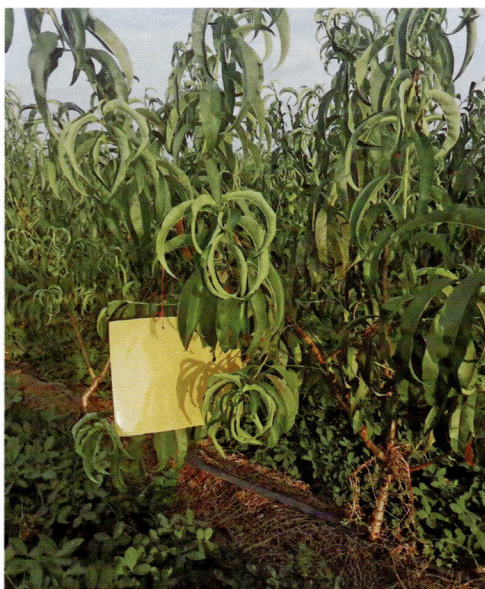

图1　悬挂黄色粘虫板

一盏灯，杀虫灯距地面1.5～2米，可诱杀金龟子、桃蛀螟等多种害虫的成虫（图2）。

3.性诱剂诱杀　利用梨小食心虫性诱芯制作诱捕器诱杀，每亩放置诱捕装置4～6个，悬挂高度1.5米，诱芯每月更换1次（图3）。

图2　安装太阳能杀虫灯

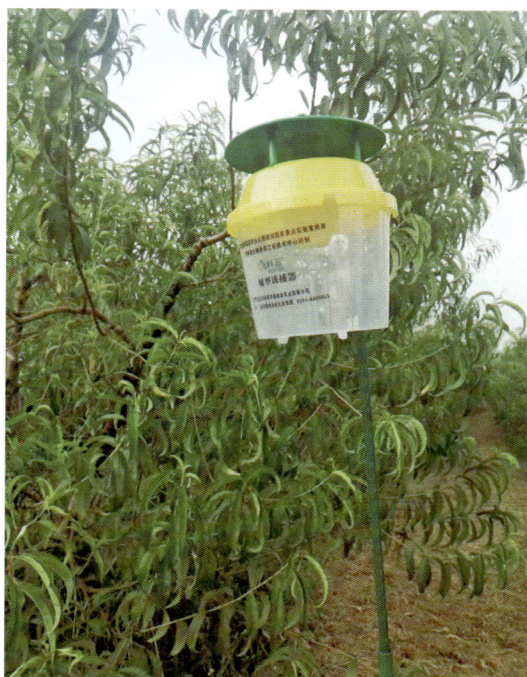

图3　悬挂桶形诱捕器

4.糖醋液诱杀　诱杀液用红糖、醋、白酒、水按照1∶4∶1∶16的比例配制，利用糖醋液诱杀食心虫等害虫成虫。把糖醋液诱捕器悬挂在树冠外围中上部无遮挡处，高度在1.5米左右，每亩悬挂诱捕器5～6个。在使用期间，每10天更换1次糖醋液，并及时清除诱杀液中的虫尸和杂物。如果遇雨，为了确保杀虫效果在雨后也要及时更换糖醋液。

● 生物防治

幼果期及果实采收后可用30%噻唑锌悬浮剂或3%中生菌素可湿性粉剂预防细菌性穿孔病。

● 科学用药

1.萌芽期至开花前　平均温度达10℃以上时，全园喷洒石硫合剂1～2次，可有效铲除介壳虫和螨类，并且预防缩叶病、黑星病、细菌性穿孔病等。

2.花期　花蕾期用10%吡虫啉乳油、30%噻虫嗪悬浮剂、25%吡蚜酮悬浮剂或50%烯啶虫胺可溶性粉剂等均匀喷施枝条。谢花后用35%噻虫·吡蚜酮水分散粒剂+2.5%高效氯氟氰菊酯乳油全园喷施，间隔7天连续喷施2次。

3.幼果期 4月下旬到5月上旬介壳虫繁殖期，用22%氟啶虫胺腈悬浮剂或22.4%螺虫乙酯悬浮剂喷施1～2次，可兼治蚜虫。黑星病可用10%苯醚甲环唑水分散粒剂、43%戊唑醇可湿性粉剂或30%吡唑醚菌酯悬浮剂等预防。桃树流胶病可用86%十三吗啉油剂或70%甲基硫菌灵可湿性粉剂预防。细菌性穿孔病用30%噻唑锌悬浮剂、3%中生菌素可湿性粉剂或6%春雷霉素水剂预防。

4.果实膨大成熟期 可用30%阿维·灭幼脲悬浮剂或10%虱螨脲悬浮剂、5%甲氨基阿维菌素苯甲酸盐微乳剂或20%氯虫苯甲酰胺悬浮剂等防治食心虫。黑星病用43%戊唑醇可湿性粉剂、10%苯醚甲环唑水分散粒剂或30%吡唑醚菌酯悬浮剂预防。褐腐病用50%腐霉利可湿性粉剂或50%异菌脲可湿性粉剂预防。

5.果实采收后至落叶前 9月第二代介壳虫繁殖期用22%氟啶虫胺腈悬浮剂或22.4%螺虫乙酯悬浮剂防治1～2次。

效果与效益

● 经济效益

示范区桃产品质量明显提升，100%符合农产品质量安全标准，销售价格高于常规防治区。以2023年6月的价格计算，绿色防控区亩产量2 500千克，每千克桃售价3.6元，亩产值9 000元，投入总成本2 140元，每亩净收益6 860元。绿色防控区每亩物化投入1 140元，其中，绿色防控材料成本为每亩140元，农药防治投入300元，化肥秋施基肥投入300元，果实上市前冲施肥投入400元；每亩人工投入成本1 000元，其中，浇水60元，清园培植绿肥210元，冬剪180元，打药210元，疏果140元，收获200元。常规防控区亩产量2 500千克，每千克桃售价3元，亩产值7 500元，物化投入1 000元，人工投入成本1 000元，每亩净收益5 500元。

● 生态效益

绿色防控区整个生长期内用药4次，且以生物农药为主，以高效低毒低残留化学农药为辅。常规防治区用药6～7次，且以化学农药为主，生物农药用量较少。整个生育期，绿色防控区与常规防治区相比，减少化学农药使用量达40%以上。绿色防控区白僵菌、茧蜂、姬蜂、七星瓢虫等天敌种类及数量增多，而常规防治区由于农药使用量大，天敌种类和数量都很少。

主要研发单位与人员

研发单位：新野县植物保护植物检疫站
主要人员：张涛，贺小伦，宋焕才，刘媛

69. 漯河市郾城区桃树病虫害统防统治与绿色防控融合技术模式

漯河市郾城区地处河南省中南部，属淮河流域大沙河中游平原地区，地势由西北向东南方向倾斜，属平原洼地。属温带季风气候，光照充足，降雨充沛，但水旱、虫害较多，风灾、雹灾时有发生。郾城区耕地面积42.3万亩，近年来随着农业结构调整，大力发展特色农业产业，桃、梨等果树栽培面积不断增加，鲜食普通桃栽培面积0.67万亩，主要品种为大久保、雨花露、沙红桃等早中熟品种，总产量约1.1万吨。由于果农在生产中重栽培轻管理、农药使用不科学、果园生态恶化、生产效益不高等因素，影响了果农生产的积极性，制约了桃产业的健康稳定发展。郾城区总结多年来桃树生产经验及示范成果等技术，集成了当地桃树主要病虫害绿色防控技术模式，旨在指导桃树病虫害绿色防控，推进绿色环保桃产业的发展。

集成技术 ◇

● 萌芽前

主要防治桃缩叶病、疮痂病、炭疽病等病害。

1.**农业防治**　追施肥料，补充养分消耗。

2.**科学用药**　喷施4 ～ 5波美度石硫合剂，混加五氯酚钠，兼治桃穿孔病。

● 开花前15 ～ 20天

主要防治桃蚜、桃瘤蚜。

1.**农业防治**　土壤墒情不足及时浇水，促花芽、叶芽萌动。

2.**科学用药**　五氯酚钠涂抹树干。

● 开花前7 ～ 10天

主要防治桃蚜、桃潜叶蛾、苹果小卷叶蛾、黑星麦蛾、黄刺蛾、桃缩叶病等。

1.**农业防治**　人工刮除果树老皮、粗皮、翘皮缝中的越冬幼虫，集中销毁，减少虫源。

2.**生态控制**　行间种植紫花苜蓿、白三叶、夏至草，繁殖瓢虫、草蛉等天敌，控制蚜虫、潜叶蛾等害虫发生。

3.生物防治 选用鱼藤酮、苦皮藤素、印楝素、多抗霉素、浏阳霉素、春雷霉素等生物农药防治病虫害。

4.科学用药 病虫防治选用吡虫啉、灭幼脲3号、甲基硫菌灵、氟环唑等喷雾防治。

● 新梢速长期

主要防治桃蚜、山楂叶螨、二斑叶螨、桃蛀螟、梨小食心虫、桑盾蚧、草履蚧、康氏粉蚧、疮痂病、炭疽病等病虫害。

1.农业防治 树干缠绕防虫胶带，防治草履蚧、康氏粉蚧等。

2.生态控制 果园种植玉米诱集带，诱蛾产卵，集中销毁。

3.理化诱控 ①灯光诱杀。每年4月1日至9月30日，在田间设置频振式杀虫灯或黑光灯，每50亩放置1盏灯，主要诱杀金龟子类、卷叶蛾类、椿象、叶蝉、天牛及多种鳞翅目夜蛾科害虫。②黄板诱杀（图1）。有翅蚜迁飞期对橘黄色有正趋性，在果园悬挂黄板诱杀有翅蚜。

4.生物防治 选用苦皮藤素、印楝素、浏阳霉素、多抗霉素、阿维菌素等。

图1　悬挂黄色粘虫板

● 果实膨大期

主要防治桃蚜、桃粉蚜、山楂叶螨、桃一点叶蝉、桃潜叶蛾、桃小卷叶蛾、梨小食心虫、麻皮蝽、桃红颈天牛、黑绒金龟子、褐腐病、炭疽病等病虫害。

1.农业防治 ①预防裂果。雨水集中时及时排水降渍，降低土壤湿度，防止裂果。②钩杀幼虫。人工钩杀红颈天牛幼虫或向孔洞中塞毒签。③套袋避害。桃幼果期套专用果袋，可有效阻碍桃蛀螟、梨小食心虫等害虫进入果实，减少桃疮痂病、褐腐病等病害发生，减少农药使用及农药残留。在套袋前结合防治其他病虫害喷药1次，消灭早期桃蛀螟等所产的卵。

2.理化诱控 ①灯光诱杀（图2）。田间设置频振式杀虫灯、黑光灯诱杀鳞翅目、鞘翅目成虫。 ②糖醋液诱杀。果园悬挂糖醋液，利用大部分害虫成虫具有趋化性的特点进行诱杀，主要诱杀桃潜叶蛾、桃蛀螟、梨小食心虫、苹果小食心虫等鳞翅目害虫。

图2 安装频振式杀虫灯

3.生物防治 害虫产卵盛期及幼虫期喷施苏云金杆菌、青虫菌、球孢白僵菌、苦皮藤素、印楝素、Bt乳剂等防治。病害初发期喷施井冈霉素、多抗霉素等抗生素防治。

4.科学用药 加强病虫害的监测，根据病虫发生动态适时用药，使用选择性强或低毒、低残留杀虫剂，杀虫剂选用虫螨腈、四螨嗪、阿维菌素等，杀菌剂选用咪鲜胺、代森锰锌等。注意药剂轮换使用。

● 成熟采收期

主要防治桃蛀螟、桃潜叶蛾、桃剑纹夜蛾、梨小食心虫、褐腐病、褐斑病、炭疽病、穿孔病等病虫害。

1.农业防治 人工捡拾落果、僵果、虫果、枯枝等。

2.生物防治 根据农药安全间隔期确定最后一次农药使用时间，病虫害防治可选用苦皮藤素、印楝素、浏阳霉素、多抗霉素等生物农药。

● 落叶期

主要防治桃小卷叶蛾、桃剑纹夜蛾、山楂叶螨、二斑叶螨、茶翅蝽、细菌性穿孔病、炭疽病等病虫害，以农业防治为主。

①适度修剪。调整树体生长势，保持通风透光，降低田间湿度，减少病原。②深翻树盘。增施有机肥，消灭部分越冬害虫。③清洁果园。清除地边地头沟渠路边杂草，处理玉米秸秆等寄主植物的残体，减少病菌侵染源和害虫越冬场所。④诱杀害虫。树干绑

诱虫带、草绳、纸板等，诱集在树干上越冬的叶螨、蚧类等，休眠期集中销毁。

● 休眠期

主要防治红蜘蛛、桃红颈天牛、流胶病、穿孔病、疮痂病、缩果病等病虫害，以农业防治为主。

①清洁果园。清理地面及树上病果、枯枝及落叶，集中深埋或销毁。②加强肥水管理。合理施肥、浇水，增施有机肥，强健树冠，提高树体抗病虫能力。③主干涂白。树干、主枝涂白，刮除粗皮、翘皮、病斑及流胶，集中销毁。④清除越冬虫茧。结合冬季修剪，采用敲、挖、剪除、刺伤等方法，清除越冬虫茧。

效果与效益 ◆

桃树进入盛果期，亩产2 500～3 800千克，商品性好、品质高，价格每千克6～8元，亩产值1.75万～2.66万元。扣除人工成本3 600元，农药及器械损耗550元，亩纯收益1.34万～2.25万元。

主要研发单位与人员 ◆

研发单位：1. 漯河市郾城区植保植检站；2. 漯河市植保植检站
主要人员：边红伟[1]，胥付生[1]，马国岭[2]，薛伟伟[2]，张航[2]

70. 三门峡市陕州区葡萄病虫害统防统治与绿色防控融合技术模式

　　三门峡市陕州区地处中纬度内陆区，属暖温带大陆性季风气候，冬长春短、四季分明、光照充足。近年来葡萄产业发展迅猛，逐步形成了以大营镇城村，张汴乡曲村，张湾乡桥头、新桥、土桥，菜园乡等为示范的葡萄专业生产基地21 000亩。因葡萄病虫种类多，发生早、发生重、危害周期长，发生规律较为复杂，严重影响了葡萄的产量和质量。葡萄园主要病虫害包括霜霉病、黑痘病、炭疽病、穗轴褐枯病、灰霉病、褐斑病、白腐病、白粉病、绿盲蝽、金龟子、蚜虫、甜菜夜蛾、果蝇、鸟类等。近年来陕州区植保植检站建立了大量的葡萄绿色防控技术示范区，除了运用传统的农业防治、物理防治和生态调控，还重点运用了免疫技术和高效低毒生物农药防治技术，在取得良好防效的基础上，总结出了一整套葡萄病虫害绿色防控技术。

集成技术

● 农业防治

　　1. 选用抗（耐）病品种　引进抗病品种或采用脱毒苗建园，如选择夏黑、阳光玫瑰等对霜霉病抗性较好的品种种植。

　　2. 清洁田园　及时修剪，去除病枝、果穗、果粒和叶片，集中销毁或深埋，消灭病原菌。适时引缚枝蔓，改善架面通风透光条件。

　　3. 增施有机肥　葡萄采收后，结合行间深翻，施入腐熟的有机肥（或商品有机肥）和食用菌菌渣，改良土壤环境；施用化肥时应根据葡萄苗的长势，适当多施钾肥和钙、锌、镁、铁等，提高土壤肥力，培育健壮树势。

　　4. 做好果园灌排水　园区采用滴灌技术，葡萄在生长初期或营养生长期时需水量较多，及时灌水，开花期禁止灌水，生长后期或结果期按需灌水，控制好湿度。地势低洼园区，做好排水，避免积水，以免造成根部病害。

　　5. 疏花疏果　合理疏花疏果，尽量提高结果位置，调整产量，提高坐果率和改善果实质量。

　　6. 果园种草　在葡萄树行间种草（如三叶草、鼠茅草、油菜），抑制杂草生长，防止水土流失，改善果园生态环境，且有利于天敌栖息繁殖（图1）。

7.果禽共育 在园内养鸡、鸭，捕食金龟子、潜叶蛾、地老虎成虫，是开发生态果园的有效途径，可以提高土壤肥力，减少虫害，达到果品增产、提质的效果（图2）。

图1 葡萄园种植鼠茅草

图2 果禽共育

8.施用抗重茬微生态制剂 施用有机肥及抗重茬微生态制剂、滴灌微生态灌肥、叶面喷施生物肥料等方法，既减少了化学肥料和化学农药的使用量，又有效防治葡萄重茬病害，提高了树体抗逆性和土地利用率，增加商品果率，有效保障了果品安全。

● **物理防治**

1.杀虫灯诱杀技术 悬挂频振式太阳能杀虫灯（或交流电频振式杀虫灯），每年5月中旬至10月初开灯，每30～50亩放置一盏杀虫灯，主要用来诱集金龟子、卷叶蛾、桃小食心虫、梨小食心虫等（图3）。

2.黄板诱杀技术 悬挂黄板，每亩20张，大小30厘米×35厘米，高度距葡萄顶部15厘米左右，在田间的分布呈棋盘式，可有效防治粉虱、蚜虫、斑潜蝇等害虫。

3.防鸟网阻隔技术 防鸟网覆盖技术

图3 安装太阳能杀虫灯

是一项实用的环保增产农业新技术，通过在棚架上构建人工隔离屏障，将鸟类拒之网外，可有效控制鸟类危害，大幅减少园区使用驱鸟剂等化学农药，提高果实品质（图4）。

图4　果园覆盖防鸟网

4.套袋技术　应在果粒黄豆大小时套袋，宜早不宜迟，且袋子不能贴在果实上。果穗套袋可以防治病虫侵染危害，预防农药直接污染果实（图5）。

5.避雨栽培技术　5月底进入多雨季节前，在葡萄树顶端架设拱形透明避雨棚，防止多雨时期致病害重发，例如霜霉病、灰霉病、黑痘病等（图6）。

6.铺设防草地布　在葡萄株间铺设黑色地膜，既有效抑制杂草生长又避免了水分流失。

图5　果实套袋

图6　避雨栽培技术

● 生物防治

保护和利用葡萄园害虫的寄生性和捕食性天敌以控制害虫。如丽蚜小蜂和赤眼蜂寄生卷叶蛾；捕食性天敌有瓢虫、草蛉、蜘蛛、食蚜蝇、捕食螨、赤眼蜂、鸟类等。

● 科学用药

在6月上旬葡萄果肉细胞分裂期和7月中旬果实二次膨大期混合喷洒碧护及其他宜配农药，用手动喷雾器喷施，均匀喷雾。在葡萄生长期间，推广选用高效、低毒、低残留的农药。在害虫发生初期，使用25%灭幼脲悬浮剂等防治金龟子、蚜虫、叶蝉、透翅蛾等；在萌芽始期用29%石硫合剂水剂喷施枝条，铲除病菌及越冬代蚜虫、白粉虱、害螨；在葡萄生长季使用80%波尔多液可湿性粉剂、5%多抗霉素水剂、3%井冈霉素水剂、10%苯醚甲环唑微乳剂、80%烯酰吗啉水分散粒剂、2.5%咯菌腈悬浮剂等防治霜霉病、黑痘病、白腐病、炭疽病、灰霉病、褐斑病等病害，使用1.8%阿维菌素乳油、5%甲氨基阿维菌素苯甲酸盐微乳剂等防治蚜虫、卷叶蛾、蓟马、叶蝉等；在果肉细胞分裂期、二次膨大期喷施碧护，促进植株生长和提高免疫抗病能力。在防治过程中，科学合理使用农药，严格遵循农药安全间隔期。

效果与效益

● 经济效益

通过以上绿色防控技术的实施，与常规防治区相比，每年农药使用次数减少3～4次，每亩农药费用减少150～200元，人工费用减少18～24元；每亩产量增加150～300千克，收益增加450～1 000元，实现了农药减量控害的同时，提高了葡萄的产量和品质。

● 生态效益

绿色防控技术的应用，示范区基本不用农药防治蛀食类、食叶类害虫，降低了农药污染和生产成本，保护了天敌种群，改善了农田生态环境，对农业可持续发展起到积极作用。

● 社会效益

通过绿色防控技术的应用，减少了化学农药的使用次数和用量，保障了果品质量安全，同时辐射带动1 400公顷葡萄园应用绿色防控技术，社会效益显著。

主要研发单位与人员

研发单位：三门峡市陕州区植保植检站
主要人员：范新娟，高国峰，王晓霞，杨胜全，韩冬良

71. 商水县葡萄病虫害统防统治与绿色防控融合技术模式

商水县常年果树种植面积3.2万亩，其中葡萄种植面积1.2万亩，占果树总面积的37.5%。为了推进县域果树病虫害绿色防控工作，促进果品质量安全和农业生态环境安全，商水县连续4年建设超500亩葡萄病虫害绿色防控示范区，辐射面积2 000亩。核心示范区种植红提、黑提、贵人香、宝石无核、美人指等优质葡萄品种，土质皆为壤土，均为水浇地。商水县以实施生态农业、绿色农业为出发点，以预测预报为依据，以农业措施为基础，以生态、物理防治为主要手段，推广使用无公害生物农药。通过几年的试验示范，集成了一套葡萄病虫害绿色防控技术模式。

集成技术

● 农业防治

1. 清洁果园　结合冬季修剪，剪除病、虫枝，刮除树干老皮、翘皮、粗皮，彻底清理果园内枯枝、落叶、杂草、病僵果，减少越冬菌源；生长季节及时捏杀虫、卵，疏花、疏果，改善通风透光条件，增强树势，提高抗病虫能力。

2. 树干涂白　每年在早春树芽萌动前、晚秋落叶后至土壤结冻前各涂白1次。涂白的部位以主干和主枝基部为主，枝梢不涂。涂白液配制方法：取水10份、生石灰3份、食盐0.5份、硫黄粉0.5份、黏土少许，混合拌匀，调至干稀适中，以涂刷时不流失为宜。果树涂白可以防止树干温度变化过快，造成冻害或日灼，可消灭多种在树干翘皮、裂皮内越冬的害虫。

3. 人工刷枝防治东方灰蚧　在春、夏生长期发现有个别枝条或叶片有东方灰蚧发生时，及时开展人工刷枝，用软刷轻轻刷除枝条和叶片上的介壳虫。

4. 秋施基肥　秋季葡萄树落叶前一个月进行施肥。一般每亩施肥3 000～3 500千克，以有机肥为主，科学配肥，将需要补充的过磷酸钙、硫酸锌、硼砂、铁肥等加入有机肥中，混合后施入主干周围40～60厘米的土壤中。

5. 合理浇水　遵循"冬季浇饱，春季浇足，生长季节浇巧"的原则。幼果膨大期浇水掌握勤浇、少浇及早浇，避免长期干旱后饱浇。果实膨大盛期多采用喷灌、滴灌或渗灌，预防后期裂果。

● **物理防治**

1.**设置频振式杀虫灯** 每年4月10日开始，在果园内每30亩安装频振式杀虫灯1盏，4月上旬开灯至9月中旬，集中诱杀金龟子、甜菜夜蛾、桃蛀螟等害虫。

2.**搭建避雨棚** 5月中下旬，雨季来临前，各核心示范区及时搭建避雨棚。避雨棚成行搭建在葡萄树上方，一般棚膜距葡萄叶片30～50厘米，以避免雨水淋洗，减轻葡萄病害（图1）。

图1 搭建避雨棚

3.**果穗套袋** 6月下旬至7月上旬，各中心示范区及时对葡萄果穗进行套袋（图2）。

图2 果穗套袋

● 药剂防治

示范区果园全年用药控制在 3 ~ 4 次，以生物制剂和植物源、矿物源制剂为主。

4月中下旬，绿盲蝽发生时，每亩使用0.2%苦参碱水剂100克，兑水50千克进行叶面喷雾，防治绿盲蝽等害虫。

5月上旬、6月中旬，东方灰蚧发生时，每亩使用95%矿物油乳油500毫升，兑水50 ~ 60千克整株喷雾两次，防治东方灰蚧。

7月上旬，每亩使用25%络氨铜水剂100毫升，兑水60千克进行叶面喷雾，防治黑痘病。

7月中旬，甜菜夜蛾发生时，每亩使用60克/升乙基多杀菌素悬浮剂20毫升，兑水50 ~ 60千克进行叶面喷雾，防治甜菜夜蛾。

效果与效益

● 防治效果

核心示范区平均病虫害综合防治效果82.6%，比果农自防区提高了12.2%。其中，绿盲蝽防效示范区比果农自防区提高了18.8%；东方灰蚧防效示范区比果农自防区提高了8.3%；甜菜夜蛾防效示范区比果农自防区提高了15.8%；黑痘病防效示范区比果农自防区提高了8.7%。

● 经济效益

根据估算，示范区及示范带动区每年每亩农业生态控制、物理防治费用118.8元，药剂防治费用82.8元，人工成本120元，合计每年每亩防治费用321.6元，与果农自防区每年每亩药剂防治费用368.9元相比，每亩可减少投资47.3元。示范区及辐射带动区生产的果品表面光洁细腻，口味纯正，符合无公害果品的标准，优质果品率超过90%，每亩纯收益1.18万元，比非示范区每亩增收1 653.4元。

● 生态效益和社会效益

葡萄绿色防控技术的示范应用，减少了农药的使用次数和用量，控制了果品的农药残留，提升了果品质量。同时，改善了果园生态环境，促进了生态平衡。

主要研发单位与人员

研发单位：商水县植保植检站
主要人员：李新良

72. 博爱县葡萄病虫害统防统治与绿色防控融合技术模式

博爱县耕地面积约1.7万公顷，主要种植小麦、玉米、蔬菜、林果等。博爱县葡萄种植面积约3 000亩，主要分布在孝敬镇，种植面积有逐年扩大的趋势。葡萄主要病虫害有灰霉病、霜霉病、穗轴褐枯病、蓟马和绿盲蝽等。博爱县葡萄种植相对集中，但种植户管理水平差异较大，尤其是在葡萄生育中后期雨水较多、病害发生重，病虫害防控是否得当是影响葡萄品质与产量的关键因素。博爱县经过常年探索实践，形成了一套集成农业、物理、生物、化学防治的葡萄主要病虫害绿色防控技术模式。

集成技术

● 农业防治

1.避雨栽培　避雨设施栽培可有效降低园内湿度，减轻霜霉病、黑痘病等病害发生。避雨棚高于葡萄架20厘米以上，选用抗高温、高强度、透光性好的棚膜（图1）。

图1　葡萄避雨栽培

2.**标准化管理** 根据植株生长情况适时疏花疏果，保持合理叶果比，保持行间通风透光，加强水肥管理，增强植株抗病抗逆能力。

3.**清洁田园** 葡萄生长期及时清理病枝、病果，并将其销毁或深埋。落叶后彻底清扫田园，去除枝蔓上的翘皮，集中处理，减少果园内越冬病虫基数。

● **物理防治**

1.**性信息素诱杀雄虫** 悬挂葡萄透翅蛾、果蝇等性信息素诱捕器，每亩悬挂2～3个，每月定期更换诱芯，减少园内虫量基数。

2.**色板诱杀** 每亩悬挂20张黄板、10张蓝板，尺寸为20厘米×30厘米，黄板诱杀蚜虫、叶蝉等害虫，蓝板诱杀蓟马，待色板粘满后应及时进行更换（图2）。

图2 悬挂粘虫板

3.**食诱果蝇** 在转色到成熟期，悬挂糖醋液（糖：醋：酒：水＝4：3：3：10）诱集瓶，糖醋液中加入适量90%敌百虫晶体，高度为距地面1～1.5米，每亩挂6～10个，定期清理诱集的果蝇等害虫，7～10天更换一次糖醋液，重新诱杀。

4.果实套袋防病虫　在疏粒后，选择晴朗的天气，在上午10时之前，下午阳光不强烈时进行套袋，可以物理阻隔病虫危害，同时防止日灼（图3）。

图3　果实套袋

5.应用防鸟网　葡萄园上方设置蓝色防鸟网，阻隔鸟类危害。

● 生物防治

1.生物农药防治病害　葡萄在2～3叶期至近成熟期，在霜霉病发生初期，用1.5%苦参碱可溶液剂500～650倍液，或0.3%丁子香酚可溶液剂500～650倍液，或20%松脂酸铜水乳剂75～85毫升均匀喷雾，间隔5～7天施药一次，连续用药2～3次。在白粉病发生初期，用4%嘧啶核苷类抗菌素水剂400倍液，或10%多抗霉素可湿性粉剂800～1 000倍液，或1%蛇床子素水乳剂200～220毫升兑水均匀喷雾，间隔7～10天施药一次，连续用药3～4次。在花前和花后，用0.3%苦参碱可溶液剂600～800倍液或1亿CFU/克哈茨木霉菌水分散粒剂300～500倍液，预防灰霉病。

2.生物农药防治害虫　在葡萄展叶期，每亩使用1%苦皮藤素水乳剂30～40毫升兑水均匀喷雾，防治绿盲蝽。在蓟马发生初期，每亩使用60克/升乙基多杀菌素悬浮剂1 000～1 500倍液均匀喷雾。

● 科学用药

对地面、枝干等喷施3～5波美度石硫合剂水剂，铲除越冬病虫害。预防灰霉病，在病害发病初期用药，可用38%唑醚·啶酰菌悬浮剂1 000～2 000倍液，或50%啶酰菌胺水分散粒剂500～1 500倍液，或62%嘧环·咯菌腈水分散粒剂1 000～1 500倍液，均匀喷雾。间隔7～10天施用一次，连续用药2～3次。预防霜霉病，在病害发生初期，用

51%烯酰·异菌脲悬浮剂1 200 ～ 1 400倍液，或40%烯酰·氰霜唑悬浮剂3 000 ～ 4 000倍液，或47%烯酰·唑嘧菌悬浮剂1 000 ～ 2 000倍液均匀喷雾，间隔7 ～ 10天施用一次，连续用药2 ～ 3次。预防白粉病、穗轴褐枯病、黑痘病、炭疽病等，用300克/升醚菌·啶酰菌悬浮剂1 000 ～ 2 000倍液或75%肟菌·戊唑醇水分散粒剂5 000 ～ 6 000倍液，均匀喷雾，间隔7 ～ 10天施用一次，连续用药2 ～ 3次。防治绿盲蝽用22%氟啶虫胺腈悬浮剂1 000 ～ 1 500倍液均匀喷雾。化学施药时，注意药剂轮换使用。选择晴天、无雨天气的早上、傍晚进行化学防治。幼果期及套袋前避免使用乳油及粉剂农药剂型，以免产生药斑影响果品外观。农药配制时注意用水量，喷施时注意叶片两面都要喷药。

效果与效益

● 防治效果

示范区对霜霉病、灰霉病、蓟马等重大病虫害防效明显高于常规防治区，病虫害整体防效在92%左右，较常规防治区高出10%，病虫害危害损失率控制在5%以下。

● 经济效益

示范区防治成本降低10%左右，亩投入减少300余元，增产约9%，经济效益显著。

● 生态效益

通过病虫害绿色防控措施，全年减少施药次数4 ～ 6次，减少化学农药使用量40%以上，葡萄品质得到提升。

主要研发单位与人员

研发单位：1. 博爱县农业农村发展服务中心；2. 焦作市农业技术推广中心；3. 博爱县农业综合行政执法大队

主要人员：王守宝[1]，王香芝[1]，武海波[2]，牛凯艳[3]，蔡纯[3]

73.泌阳县梨树病虫害统防统治与绿色防控融合技术模式

泌阳县位于河南省驻马店市西部，南阳盆地东隅，属浅山丘陵区，总体格局是"五山一水四分田"。境内伏牛山与大别山两大山脉交会，长江与淮河两大水系相分流，属亚热带与暖温带过渡地带，四季分明，雨量充沛，光照充足，日照时数长，有霜期短。自然环境和气候特征为泌阳梨树种植造就了得天独厚的条件。当地梨树病虫种类多，主要有黑星病、轮纹病、炭疽病、梨小食心虫、梨网蝽、梨蚜、梨木虱、金龟子、卷叶蛾、椿象等。泌阳县选择以杀虫灯、黄板为主的绿色防控技术，集成了农业、物理、生物和化学防治等相互搭配的技术体系，形成了一套梨树病虫害绿色防控技术模式。

集成技术

● 休眠期（12月至次年2月）

1.**合理修剪**　力求做到树势平衡，并剪去病枝、枯枝、虫枝，做到全园通风透光，立体结果。

2.**清洁果园**　修剪后的枝条连同梨园内的落叶、僵果、杂草等一起清除出园外，集中销毁或深埋。

3.**保护伤口**　枝条剪口和锯口直径超过1厘米的要涂保护剂。常用的保护剂有白乳胶漆、防水漆、石灰乳、甲基硫菌灵糊剂等。

4.**刮除老翘皮**　对成龄大树在早春2月将粗老翘皮刮除，消灭潜伏在老皮裂缝中的越冬害虫及虫卵。忌刮得过深，伤及木质部，刮下的老皮要集中销毁或深埋。刮后用40%氟硅唑乳油300倍液（或10%苯醚甲环唑水分散粒剂100～200倍）+70%甲基硫菌灵可湿性粉剂加面粉调成1：3的均匀糊状，按照3.75～4.5克/米^{2}进行涂抹，7天后再涂一次。

5.**树干涂白**　在早春对梨树树干进行涂白。涂白剂的配方：水10份，生石灰3份，石硫合剂原液0.5份，食盐0.5份，油脂少许。先化开石灰，倒入油脂充分搅拌，再加水拌成石灰乳，最后放入石硫合剂和盐。

● 萌芽期（3月）

主要防治多种土壤中越冬害虫的成虫、卵及越冬的病菌。

在芽膨大期，病害发生程度一般的梨园，全园细致喷一次5波美度石硫合剂水剂或60%二氯异氰尿酸钠片剂800～1 000倍液。梨木虱危害严重的梨园，用1%苦参碱可溶性液剂1 000～1 500倍液均匀喷雾，兼治黑星病。在病虫害发生严重的梨园，杀虫剂、杀菌剂混合施药。

● **开花期（3月底至4月上中旬）**

禁用一切农药，减少农事活动。

● **开花后至幼果期（4月中旬至5月中旬）**

花后主要防治梨蚜、梨木虱、椿象、梨小食心虫、桃小食心虫、金龟子、黑星病、轮纹病等。

1.安装频振式杀虫灯　在梨园安装频振式杀虫灯，诱杀卷叶蛾类、金龟子类、食心虫等多种害虫，单灯控制面积2～4公顷，灯间距为206米×150米，将杀虫灯悬挂在田间的固定支架上，距地面高3～4米，可使用自动开关或手动开关杀虫灯，每天天黑开灯，天亮关灯。4月下旬全部开灯，开灯时间可延长至9月上旬。每天关灯后清理电网上的虫尸深埋或作鸡饲料。结合实际不定期对灯管进行清洁。

2.黄板诱蚜　诱杀蚜虫和粉虱，4月下旬在梨园内1.5米高左右挂黄板，选用0.25米×0.2米的黄色粘虫板悬挂在果园内行间、株间，每公顷300块，当色板粘满虫时，可涂上机油继续使用。50天左右换一次，共更换4次。

3.摘除虫梢及病梢　4月下旬剪除病梢，早晚振树，振落、踏杀金龟子成虫等。

4.防治梨木虱，兼治其他害虫　梨树70%～80%落花后，立即防治以梨木虱为主的害虫，可选用烟碱类农药、藜芦碱进行防治，之后可选用1.8%阿维·吡虫啉可湿性粉剂、5%甲氨基阿维菌素苯甲酸盐微乳剂、4.5%高效氯氰菊酯乳油等复配进行喷雾防治，兼治其他害虫。

5.防治梨黑星病、轮纹病　在花后每15～20天喷一次杀菌剂，内吸性杀菌剂和保护性杀菌剂要交替使用。内吸性杀菌剂有40%氟硅唑乳油、10%苯醚甲环唑微乳剂、25%腈菌唑乳油、12.5%烯唑醇可湿性粉剂、50%多菌灵可湿性粉剂等，保护性杀菌剂有70%代森锰锌可湿性粉剂、70%丙森锌可湿性粉剂、70%代森联水分散粒剂等。

6.幼果期及时疏花疏果　合理负载，同时摘除病虫叶、病虫果、病虫梢，收集落地病虫果，集中销毁深埋，减少病虫源。

● **果实膨大期（5月下旬至8月中旬）**

此时期是绿色防控的关键时期（图1），主要防治黑星病、轮纹病、锈病、炭疽病、白粉病、梨木虱、梨小食心虫、蚜虫等。

1.诱杀成虫　6月中旬挂梨小食心虫、桃小食心虫性诱剂及糖醋液诱杀梨小食心虫等害虫。性诱捕器在果园内距地面1.5米处悬挂，每亩3～5个；糖醋液配比为糖∶醋∶酒∶水＝1∶4∶1∶16。8月中旬树干绑草把诱集捕杀害虫。

2.及时摘除病虫幼果和枝梢　摘除虫伤幼果和梨黑星病病梢、病果，集中销毁。

3.药剂防治　此时期是病虫危害的高峰期，故应密切注意病情预测预报，以防为主，防治结合。雨前喷保护性杀菌剂，雨后喷内吸性杀菌剂。杀虫剂、杀菌剂混合喷雾，生物制剂与化学农药轮换使用。①防控病害：6月上中旬至7月上旬喷施申嗪霉素悬浮剂1 000倍液防治梨树炭疽病、轮纹病等多种病害；7月上旬喷68.75%噁酮·锰锌水分散粒剂1 500倍液、7月下旬喷施多抗霉素防治轮纹病、梨黑斑病，喷施嘧啶核苷类抗菌素防治梨树腐烂病。8月中旬喷0.5波美度石硫合剂+0.5%洗衣粉+0.4%食盐。②防控害虫：6月上中旬喷施0.3%苦参碱水剂800倍液，7月上旬喷施35%氯虫苯甲酰胺水分散粒剂8 000倍液。8月上旬喷施16 000国际单位/毫克苏云金杆菌可湿性粉剂、1.5%除虫菊素水乳剂等生物制剂防治食心虫等。

4.除草　进入7—8月，杂草旺长的果园，要及时除草压肥。

图1　果实膨大期

● 果实成熟期（8月下旬至9月上旬）

病虫防治同果实膨大期。临近采收，优先使用生物农药。喷药时要注意不污染果面。

● 果实采收期（9月中旬至下旬）

主要防治果实上携带的病菌、虫卵，以防造成贮藏期烂果病等。喷施内吸性杀菌剂，防治贮藏期病害。梨果在采收前3～4天，喷施40%氟硅唑乳油或50%多菌灵可湿性粉剂，束草诱虫，采收前在树干上束草，可引诱梨小食心虫、梨木虱、梨星毛虫、叶螨类潜伏越冬和梨黄粉蚜产卵。果实采收后，用菊酯类农药和烟碱类农药防治梨木虱，减少越冬虫源。

● **落叶期**（10月上旬至11月下旬）

1.**施优质基肥**　以有机肥为主，可用三元复合肥。及时清除地面落叶、落果和杂草，集中销毁或深埋。11月下旬，上冻前浇封冻水，不仅有利于梨树安全越冬，还有利于肥料的腐烂熟化。

2.**解除诱虫草把**　落叶后解除树干上的束草把，及时销毁或深埋。

3.**诱杀越冬害虫**　10月将瓦楞诱集板绑到树干上，诱集越冬害虫，开春后集中销毁。另外利用椿象喜欢潜伏在背风向阳的墙缝、砖缝和房檐等处越冬的习性，可在秋季于果园背风向阳房舍、高墙处悬挂麻袋或牛皮纸袋等诱杀。

效果与效益

● **防治效果**

通过绿色防控技术的实施，梨园病虫害得到了有效控制，示范区病虫害防治效果达到84.5%，蛀果率控制在1%以下，减轻了病虫害，并减少了化学农药的使用量。

● **经济效益**

示范区内农药使用次数减少了3次，平均每亩减少化学农药用量近50%，并且梨果口感好，农药残留量低，达到了绿色食品质量标准，售价高出普通果0.5元/千克（示范区为3元/千克，非示范区为2.5元/千克）。

● **生态效益**

通过绿色防控技术示范推广和培训，示范区内梨农提高了对绿色防控技术的认识和了解，看到了绿色防控技术取得的效果，从思想上、观念上改变了原来单纯依靠化学农药防治病虫害的习惯，增强了综合防治意识，认可并接受了绿色防控技术，真正用于生产中。

主要研发单位与人员

研发单位：1.驻马店市农业技术推广和植物保护植检站；2.驻马店市新农村建设服务中心

主要人员：刘涛[1]，刘沛义[2]，王梦斐[1]，石媛媛[1]，吴春峰[1]

74.禹州市梨树病虫害统防统治与绿色防控融合技术模式

禹州市位于河南省中部,地处伏牛山脉向豫东平原过渡地带,境内西高东低,全市土地面积1 461千米^2,山、岗、平各占1/3,颍河贯穿其中,属暖温带大陆性季风气候,光热资源丰富,无霜期长,年平均气温13 ~ 16℃,年平均降水量650毫米,土壤以典型褐土的立黄土、红黄土为主,富含磷、钾,非常适合梨树生长,梨树常年种植面积12 000亩左右,以晚秋香梨为主,年产值9 000余万元。禹州市梨树病虫害发生较多,主要有梨小食心虫、桃小食心虫、梨木虱、蚜虫、梨叶螨、梨茎蜂、金龟子、介壳虫、黑星病、腐烂病、叶斑病、锈病等。为确保梨树生产安全、梨产品质量安全和农业生态环境安全,禹州市综合运用农业防治、物理防治、生物防治、生态调控,并科学、合理、安全地使用农药,集成了一套梨树病虫害绿色防控技术模式。

集成技术

● 农业防治

1.清洁田园 及时清除果园内枯枝、落叶、落果、杂草等,并集中销毁或深埋,刮除梨树老皮、翘皮和病枝虫果,破坏病虫的越冬、越夏场所,降低病虫基数。

2.翻耕土地 冬、春翻耕梨树行间和树盘,消灭地下害虫和在土壤中越冬的梨小食心虫、梨网蝽、金龟子等的越冬虫卵。

3.合理施肥 增施腐熟的有机肥和含有有益微生物的菌肥,增强树势,提高梨树自身抗病抗逆能力,降低病虫害的发生概率和发生程度。

4.合理修剪 遵循树稀、枝稀、果稀的原则,在重点剪除病虫枝、果的基础上,以增强果园透气、透光为目的,合理进行修剪,及早疏花疏果,提高果实的品质和产量。

● 物理防治

1.糖醋液诱杀 利用金龟子、鳞翅目等成虫对糖醋液的趋性,按照糖:酒:醋:水1:1:2:6的比例配制糖醋液,每亩地放10个诱杀盒,每15天换一次诱杀液,于4月上中旬悬挂于梨树外侧枝。

2.频振式杀虫灯诱杀 4月中旬至10月上中旬开灯诱杀鞘翅目和鳞翅目害虫,每

30 ～ 50亩设置一台杀虫灯，棋盘式分布，并定期清理接虫袋（图1）。

3.黄板诱杀 3月底至4月初，按隔一株挂一块黄板的密度，黄板悬挂高度为1.5米，悬挂在果树枝条上，诱杀蚜虫、飞虱等害虫（图2）。

图1　频振式杀虫灯

图2　悬挂黄色粘虫板

4.果实套袋 在花后生物、化学防治的基础上，及早进行全园套袋，阻隔食心虫、烂果病、斑点落叶病等病虫害（图3）。

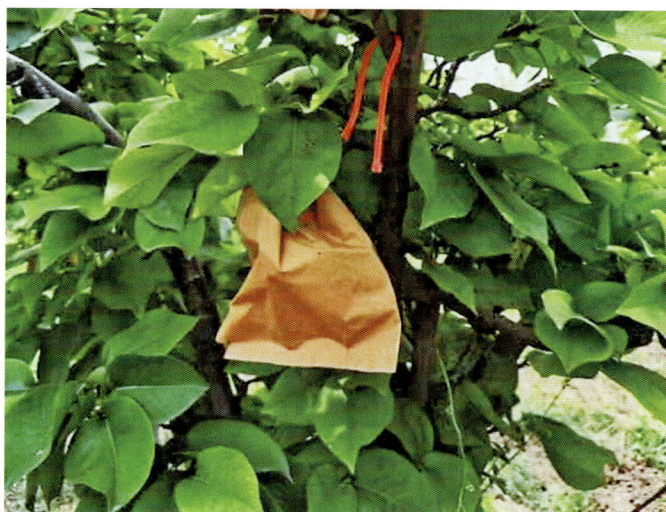

图3　果实套袋

● 理化诱控

1.性诱剂诱杀 于5月中旬悬挂性诱剂诱杀梨小食心虫等鳞翅目害虫，12～15米设一个诱集盒，每亩3～5个，悬挂于树冠外侧1.5米高处，诱芯每6周更换一次，可有效诱杀梨小食心虫雄成虫，减少产卵量，降低虫口基数（图4）。

2.应用迷向剂 迷向发射器用于干扰梨小食心虫等的交配产卵，悬挂时间在5月下旬至6月上旬，每亩地40根，挂于梨树背阴处的枝条上1.5米高处。误导雄虫使其找不到雌虫，极大程度降低次代虫口密度。

● 科学用药

1.冬剪后果树涂白或喷洒3～5波美度石硫合剂，杀死越冬病虫等。如有必要，视情况在早春果芽萌动前重喷一次。5月在幼果期后（套袋后）喷洒倍量式波尔多液200倍液或30%碱式硫酸铜悬浮剂300～400倍液，阻止多种病菌侵入，起到保护性作用。

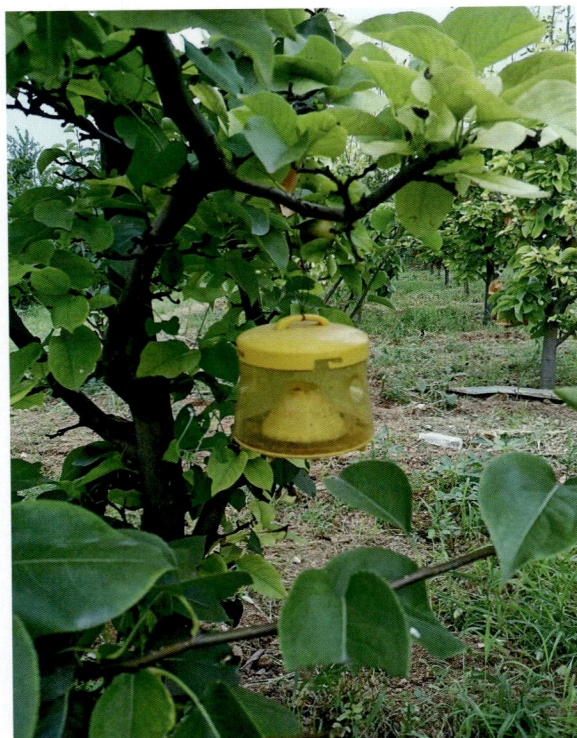

图4　桶形性诱捕器

2.在3—10月防治梨树黑腥病、轮纹病等病害时，选用1.5%多抗霉素水剂、1%申嗪霉素悬浮剂等生物农药轮换使用，取代化学农药，减少农药污染和残留。

3.3—5月，根据预测预报，必要时可选用22.4%螺虫乙酯悬浮剂、50%吡蚜酮可湿性粉剂、25%噻虫嗪水分散粒剂、0.3%苦参碱水剂、1.8%阿维菌素乳油等防治梨木虱、介壳虫、蚜虫、红蜘蛛等；防治金龟子时用80亿孢子/克金龟子绿僵菌可湿性粉剂或400亿孢子/克球孢白僵菌水分散粒剂等微生物农药，以保护天敌，力争生态控害。

4.5—10月，在防治梨小食心虫等鳞翅目害虫时可选用20%氯虫苯甲酰胺悬浮剂、10%虫螨腈悬浮剂等高效低毒农药作为辅助防治手段。

5.防治红蜘蛛、椿象等时用10%联苯菊酯水乳剂。

6.生物农药或化学农药进行防治时，每亩加0.01%芸苔素内酯水剂10克、98%磷酸二氢钾粉剂100克混合喷雾，以降低药害和增强树势。

在化学防治时，选用高效、低毒、低残留、针对性农药，严禁使用剧毒、高毒、高残留农药，严格按照农药安全使用标准，掌握安全间隔期，适时适量用药，交替用药，合理混用农药。选择精准、高效施药器械和安全的施药方式，达到环境友好，绿色高效。

效果与效益

● 防治效果

示范区病果率和病叶率分别为4.9%和10.3%，常规防治区分别为8.3%和17.6%。示范区虫果率和虫叶率分别为0.51%和11.4%，常规防治区分别为0.33%和15.5%。6月中下旬至7月上中旬的防效调查表明，该模式对食心虫的防效达96.3%，对蚜虫的防效达98.1%，对叶螨的防效达97.2%。

● 经济效益和生态效益

示范区全年果树用药8次，亩均农药成本240元，亩均人工成本48元，亩均总成本288元，亩产量3 900千克，亩产值11 700元。常规防治区亩均农药成本310元，亩均人工成本110元，亩均总成本420元，亩产量3 150千克，亩产值8 190元。示范区比常规防治区每亩减少施药3次，减少化学农药使用量33.3%。

主要研发单位与人员

研发单位：禹州市植物植保检疫站
主要人员：张改平，张书钧，陈新娟，仝允正

75. 洛阳市孟津区大樱桃病虫害统防统治与绿色防控融合技术模式

孟津地处豫西丘陵，属亚热带和温带过渡地带，土壤分为潮土和褐土，其中褐土占93%，为全区面积最大、分布最广土壤。孟津是大樱桃种植的适宜区，目前全区大樱桃种植面积1.8万亩，主要集中在麻屯镇和常袋镇。随着樱桃树龄的增长和连片种植，病虫害问题也日益突出。常发病虫害种类主要为樱桃果蝇、樱桃实蜂、梨小食心虫、大青叶蝉、金龟子、舟形毛虫、叶螨、蚜虫、流胶病、根癌病、叶斑病等。农户在防控上比较盲目，造成防治效果不好、防治成本增加和农药残留超标等问题。为有效控制樱桃病虫害，孟津区在全区开展了大樱桃病虫害绿色防控技术试验、示范和推广工作，总结出一套安全有效的大樱桃病虫害全程绿色防控技术模式。

集成技术

● 移栽期

1. **选用优良品种**　新建樱桃园要选择抗病虫性强的品种，用中国樱桃做砧木，提高抗病虫能力；晚熟樱桃品种果蝇危害较重，要适当减少晚熟品种，减轻果蝇危害。

2. **栽植无病虫壮苗**　选择苗高1米、直径1厘米以上无病虫的壮苗。严禁从樱桃根癌病发生区调运苗木（图1）。严格检查出圃苗木，剔除病苗并集中销毁。栽植前苗木要进行消毒处理，对苗木接口以下部位用1%硫酸铜溶液浸泡5分钟，或用3%次氯酸钠溶液浸泡3分钟，再放入2%石灰水中浸泡2分钟。

图1　栽植壮苗

● 休眠期

1.清洁田园 樱桃落叶后要彻底清除残枝落叶、落果、杂草等，刮除流胶和树干翘皮，集中挖坑深埋，消灭越冬虫源、病源。

2.深翻土壤 冬季土壤封冻前要深翻果园土壤10厘米以上，有效消灭樱桃实蜂、果蝇等在土壤中越冬的害虫。

3.树干涂白 在冬、春季，对主干、大枝涂白。涂白剂配方：生石灰6千克，氯化钠1千克，水40千克，混合搅拌均匀（图2）。

图2 树干涂白

4.杀灭越冬虫源 樱桃实蜂、果蝇等多数害虫均在树下土壤中越冬，春季出土危害，在果树萌芽前15～20天，可用阿维菌素颗粒剂或辛硫磷颗粒剂2～3千克，拌细干土30千克制成毒土，均匀撒施于树下并浅锄，或树盘覆盖地膜，杀虫于上树之前。

● 萌芽期

1.果园生草 樱桃园行间种植三叶草、紫花苜蓿等草种，改良土壤、改善果园生态，为天敌提供良好栖息场所，发挥天敌的自然控制能力。

2.防治腐烂病、流胶病 用5%辛菌胺醋酸盐水剂50～70倍液对全树进行喷施，预防腐烂病和流胶病；早春和晚秋刮胶和刮掉腐烂树皮，用5波美度石硫合剂或3%甲基硫菌灵糊剂进行涂抹，7～10天后再涂一次，待药液晾干后用塑料布进行包扎，促进伤口愈合，连续涂抹病斑3～5次（图3）。

3.清园施药 全园喷施一遍3～5波美度石硫合剂，防治越冬蚜虫、大青叶蝉、叶螨、叶斑病等病虫害。根部病害较重的树，要扒开根茎晾根，并用杀菌剂灌根。

图3 流胶病症状

● 花果期

1.农业措施 ①花前灌水。花前灌水以推迟花期，降低或减轻晚霜冻害。②人工授粉。花期

265

进行人工授粉以提高坐果率。推广花期放蜜蜂辅助授粉。③疏花疏果。盛花期及时疏掉畸形花、弱质花。生理落果结束后，疏掉小果、病虫果和畸形果（图4）。

2.理化诱控 ①黄板诱杀。悬挂黄色粘虫板，诱杀樱桃果蝇、实蜂、蚜虫、大青叶蝉等害虫。每亩悬挂30～50张，田间呈棋盘式分布（图5）。②性信息素防治。悬挂梨小食心虫迷向丝，按每亩悬挂50枚迷向丝设置，均匀挂置于果树树冠的上、中、下层；迷向丝1/3吊在树冠的底部高度树杈上，1/3吊在树冠的1/3高度树杈上，1/3吊在树冠的2/3高度树杈上。或选用梨小食心虫性诱捕器，每亩放置4～6个，悬挂高度1.5米，诱芯每月更换1次。③太阳能杀虫灯。果园内安装太阳能杀虫灯，在梨小食心虫、金龟子、舟蛾、灯蛾、天牛、夜蛾类等成虫始盛期开灯诱杀。一盏灯辐射20 000～33 000米^2。杀虫灯设置高度为接虫袋下部距果树顶部

图4　疏花疏果

0.3～0.5米。开灯时间为5月上旬至10月上旬，每天18:00到翌日6:00。④糖醋液诱杀。3月中旬开始，果园内放置糖醋液盆诱杀果蝇，糖醋液按敌百虫∶糖∶醋∶酒∶清水＝1∶5∶10∶10∶20配制，将装有糖醋液的塑料盆放于樱桃园树冠荫蔽处，高度约1.5米，每盆装糖醋液1千克左右，每亩放10盆左右。定期检查清理盆内成虫，每周更换一次糖醋液，虫量大或雨水多时应视情况补充糖醋液，确保诱饵充足。

图5　黄板诱虫

3.喷施药肥　花后叶面喷施一次磷酸二氢钾粉剂、硼砂、白糖各300倍液+1%苦参碱水剂1 000倍液（或0.3%印楝素水剂1 000倍液），促进坐果，控制樱桃实蜂成虫产卵和阻止初孵幼虫入果。喷施农药时加入5%氨基寡糖素水剂800～1 000倍液，可起到防寒防冻、保果、控制病害等作用。对果园地面及周围杂草喷施加入适量红糖的阿维菌素、苦参碱或印楝素，间隔10～15天喷洒一次，杀灭果蝇及脱果的樱桃实蜂幼虫。

● 果实成熟期

及时清除地上脱落的果实并深埋，消灭落果中的樱桃实蜂、果蝇等幼虫。在树上投放捕食螨，防控樱桃叶螨。5月下旬树上果实采收完后，树上喷施1.8%阿维菌素乳油2 000倍液（或0.2%苦皮藤素乳油2 000倍液）+25%腈菌唑乳油或8%宁南霉素水剂，防控樱桃叶螨、蚜虫、大青叶蝉、流胶病、叶斑病等病虫害，间隔10～15天一次，连续3～4次。

果园内安装太阳能杀虫灯，诱杀金龟子、舟蛾、灯蛾、天牛、夜蛾类等成虫。一盏灯辐射30～50亩。杀虫灯设置高度为接虫袋下部距果树顶部0.3～0.5米。开灯时间为5月上旬至10月上旬，每天18:00到翌日6:00。

在大樱桃转色期，叶面喷洒1 000倍短稳杆菌防治樱桃果蝇。及时清除地上脱落的果实并深埋，消灭落果中的樱桃实蜂、果蝇等幼虫。结合病虫监测，在树上投放捕食螨，防控樱桃叶螨。在每个叶片害（螨）虫（卵）不超过2只时释放捕食螨，每株一袋（图6）。如田间害虫基数过高，可在释放前10天进行喷药防治，然后再释放捕食螨。释放后30天内禁止喷施化学农药，30天后可根据具体情况，喷施对捕食螨杀伤力小的杀虫杀螨剂，并尽量轻微喷洒。5月下旬树上果实采收完后，树上喷施1.8%阿维菌素乳油2 000倍液（或0.2%苦皮藤素乳油2 000倍液）+25%腈菌唑乳油1 000～1 500倍液（或8%宁南霉素水剂2 000～3 000倍液），防控樱桃叶螨、蚜虫、大青叶蝉、流胶病、叶斑病等病虫害，间隔10～15天一次，连续3～4次。

图6　释放捕食螨

● **采后生长期**

雨后及时喷洒一遍25%腈菌唑乳油1 000 ～ 1 500倍液或10%苯醚甲环唑水分散粒剂3 000 ～ 5 000倍液防治叶斑病等病害。用高效氯氟氰菊酯等菊酯类农药、阿维菌素、吡虫啉等防治大青叶蝉成虫、螨类、舟形毛虫等害虫。用波尔多液、代森锰锌等叶面喷雾保护叶片。7—8月全园检查主干、主枝，如发现天牛危害，可用80%敌敌畏乳剂50 ～ 100倍液注射入虫道内并封口。

效果与效益

● **防治效果**

太阳能杀虫灯对梨小食心虫、金龟子等鳞翅目、鞘翅目害虫的成虫有很好的诱杀效果，害虫发生高峰期每天可诱集到大量成虫。黄色粘虫板可诱杀樱桃实蜂、樱桃果蝇、蚜虫、粉虱、大青叶蝉等刺吸式害虫。常年危害较重的果蝇发生程度有一定降低。梨小食心虫固体迷向丝对梨小食心虫有很好的防治效果，悬挂迷向丝的处理区平均蛀梢率0.18%，平均防效达95.32%。海岛素在樱桃树上使用可以强壮树势，减少病害发生，提高樱桃树抗病能力，促进果实正常膨大，提高果实品质，提高健果率，提高产量。樱桃树生育后期仍然生长旺盛、叶片浓绿。果实光泽度及果面平整度较好，可溶性固形物含量高于对照区（图7）。

图7　高品质大樱桃

● **经济效益**

示范区采用的绿色防控技术集成模式在提高产值和控制病虫害防控成本方面效果显

著，每亩节约物化投入、人工费各400元，每亩增收3 000元。农产品价格高出同类产品2～3倍，果实品质也得到了明显提高。

● 生态效益

通过各项绿色植保技术的应用，有效控制了作物病虫害发生程度，减少了化学农药使用量及次数，降低了农药残留，减轻了农业面源污染。示范区减少施药次数2次，化学农药使用量减少20%以上，全区化学农药使用量减少10%以上。示范区常年发生较重的梨小食心虫、樱桃实蜂、樱桃果蝇、金龟子、流胶病、根癌病等病虫害得到了有效控制。天敌种群数量也明显上升，高于其他防控区域。

● 社会效益

绿色防控技术的实施应用充分发挥了辐射带动作用，有效提高了周边果农的病虫害绿色防控技术水平，培养了农户发展绿色农业意识，培育了一批绿色防控农产品品牌。同时让社会各界和广大群众了解绿色防控的效果和作用，形成了重视和应用绿色防控技术的社会氛围。通过示范区的辐射带动，全区农作物病虫害绿色防控面积、绿色防控覆盖率均有较大幅度提高，2022年全区农作物绿色防控面积达61万亩，绿色防控覆盖率为52.86%。

主要研发单位与人员

研发单位：洛阳市孟津区植保植检站
主要人员：张华敏，卢西平，王彩红，张晓军

76. 卢氏县大樱桃病虫害统防统治与绿色防控融合技术模式

卢氏县位于河南省西部，地处亚热带与暖温带过渡地区，属大陆性季风气候。近年来随着农业产业结构的快速调整和特色产业的迅猛发展，大樱桃在卢氏县栽植面积逐年扩大，全县大樱桃栽植面积1.5万亩，主要品种有红灯、黄蜜、美早、雷尼尔、早大果、大紫等，目前大樱桃种植已成为该县农业生产的一大支柱产业。但由于果农病虫害防治知识匮乏，缺乏完整、科学的大樱桃病虫害防控技术，加上管理水平较低等因素影响，致使大樱桃病虫害在该地区呈逐年加重发生趋势，常发性病虫害主要有介壳虫、金龟子、小绿叶蝉、红蜘蛛、梨小食心虫、樱桃果蝇、褐斑病、褐腐病、流胶病等，尤其是春季发生的病虫害对当年樱桃产量及品质影响最大，直接影响着果农的收益和社会效益。卢氏县根据当地大樱桃春季主要病虫害发生特点及防控经验，总结出了一套科学有效的大樱桃主要病虫害绿色防控技术模式。

集成技术

● 休眠期

11月下旬至次年2月中下旬。

1.合理修剪　按照不同树形标准，对大樱桃树进行科学整形修剪，改善全园通风透光条件，提高树体抗病能力。

2.清洁田园　结合修剪，清除园内病残枝、枯枝落叶、杂草、病果僵果，刮除枝干老翘皮、病虫斑，同时把上年秋季绑缚在树干基部的诱虫带解下，连同刮下的老翘皮等杂物一并全部带出园外，集中销毁或深埋，减少园内病虫源。发生介壳虫的果园，用硬毛刷或钢丝刷刷掉树体上的介壳虫越冬雌虫。

3.保护伤口　对剪锯口、刮除后的病斑及时涂抹保护剂，预防流胶病、腐烂病等病害及害虫、冻害。常用保护剂有白乳胶漆、防水漆、石灰乳、甲基硫菌灵糊剂、甲硫·萘乙酸等。

● 萌芽前期

2月下旬至3月中下旬。

1.**全园喷药** 当田间平均气温达到10℃以上时，全园拉网式喷布3～5波美度石硫合剂1次，要求树主干、树枝、老翘皮充分着药，以铲除红蜘蛛、介壳虫、叶斑病、白粉病等病虫源，气温低于4℃、高于30℃不得使用石硫合剂，也可根据果园病虫发生实际，有针对性地选择相关杀虫剂或杀菌剂，用二次稀释法按规定浓度配制好药液，全树细致喷雾（图1）。

2.**刮除病斑** 仔细检查并彻底刮除树体流胶硬块和腐烂组织，用石硫合剂、代森铵水剂、甲基硫菌灵糊剂、辛菌胺醋酸水剂等进行涂抹。

3.**药剂灌根** 对于根癌病等根部病害，先去除病部组织，然后用K84菌剂、硫酸铜液进行伤口涂抹或灌根。对根腐病或茎腐病病株，先扒土晾晒，再用5波美度石硫合剂或多菌灵等药剂灌根防治。

图1 冬季喷药

● **花期**

3月下旬至4月上旬。

1.**灯光诱杀** 开花前在樱桃园内安装好杀虫灯，花期开灯至10月底关灯，主要诱杀金龟子、天牛、卷叶蛾、食心虫、毒蛾、刺蛾等鞘翅目、鳞翅目害虫成虫，减少落卵，杀虫灯高度以接虫口离地面1.5～1.8米为宜。灯管功率15瓦，单灯控制面积2公顷（图2）。要及时用毛刷清理灯上的虫垢，袋内或盒内的虫体应深埋处理或作为饲料利用。

图2 太阳能杀虫灯

2.性信息素诱控 ①性诱捕器：3月上旬，悬挂苹小卷叶蛾、梨小食心虫等性诱剂诱芯和诱捕器，每亩放置4～6个，相邻诱捕器间隔15～20米，悬挂高度为诱芯离地面1.5米。诱芯每月更换1次。②迷向丝：在梨小食心虫发生较普遍的樱桃园，可以选择购置梨小食心虫迷向丝进行防控。一般按每亩使用40～60根的密度设置，将迷向丝绑缚在树冠2/3高度左右的树杈上，均匀分布于田间，以达到立体的迷向效果。绑缚时间在越冬代成虫的始见期。

3.糖醋液诱杀 在树冠内悬挂糖醋液瓶（盆）诱杀金龟子、梨小食心虫等害虫。糖醋液的配方：糖1份，醋3份，酒0.5份，水10份，配好后装瓶（盆），悬挂于树杈上，及时添液，10～15天更换1次。

4.种草生草 春季气温稳定在15℃（清明前后），在樱桃树行间种植适应性强、耐阴、耐践踏、耗水量少的鼠茅草、白三叶草、紫花苜蓿、繁缕、二月兰、毛叶苕子等。自然生草园选留夏至草、蒲公英等浅根系杂草，草长到20厘米高时进行刈割，覆盖在樱桃树盘。

5.地面施药 金龟子发生较重的樱桃园，选用辛硫磷颗粒剂进行地面施药后覆土，兼治地下害虫。

● 谢花后至果实膨大期

起止时间为4月中旬至5月初。

1.人工防治 结合果园管理，人工刮除介壳虫虫体，摘除病菌侵染和害虫危害的枝、梢、叶等，带出园外处理或深埋。

2.水肥管理 针对营养不足或土壤干旱造成的生理落果，加强栽培管理。树上喷施钾肥（磷酸二氢钾粉剂）补充营养，适时适度浇水，禁止大水漫灌。

3.释放捕食螨 叶螨开始活动时，在樱桃园释放捕食螨防治害螨。把捕食螨缓释袋剪开，开口稍向下倾斜，固定在主干树杈的背阴处。一般1袋/株，捕食螨数量>1 500头/袋。

● 果实成熟期

起止时间为5月中旬至6月初。

1.农业措施 控制土壤水分，不能忽干忽湿，防止裂果。采用喷施钾肥（磷酸二氢钾粉剂）或氨基酸钙叶面肥、摘叶、铺设反光膜等措施促进果实成熟着色。及时清除果园内外杂草、垃圾。

2.防治果蝇 一是糖醋液诱杀果蝇。按糖：醋：果酒：水=1.5：1：1：10的比例配制糖醋液。将糖醋液盛入小的塑料盆中，每盆盛糖醋液400～500毫升，悬挂于树下背阴处，每亩放置15～20个。糖醋液盆悬挂于距地面1～1.5米处。

● 采后至落叶前

起止时间为6月中下旬至10月。

1.科学施肥 采果后，夏施追肥占全年肥料的20%～30%。秋施基肥按斤果斤肥的原则，以有机肥为主，施肥量占全年肥料总量的70%，以提高树体抗腐烂病、根腐病、流胶病等病虫害能力。

2.人工防治 采果后，结合夏剪和摘心工作，及时疏除过密的辅养枝、部分过旺枝以及病虫枝梢。6—7月天牛成虫发生期进行人工捕杀。

3.药剂防治 一是刮治流胶病。用刀将病部干胶和老翘皮刮除，并用刀划流胶处树皮，划痕要深达木质部，将胶液挤出后涂抹菌毒清或辛菌胺醋酸。二是灌药防治根腐病。三是树体喷药。根据大樱桃园内病虫发生情况，选择苦参碱、戊唑醇或阿维菌素防治叶螨、叶斑病。四是捆绑诱虫带。在害虫越冬之前（8月下旬至9月上旬），将诱虫带在樱桃主干第一分枝下10～20厘米处缠绕1周，用绳子或胶带进行绑扎固定，诱集叶螨、毒蛾、梨小食心虫、卷叶蛾等越冬害虫。

● 落叶期至休眠前

起止时间为10月中旬至11月中下旬。

1.清洁田园 将大樱桃园内枯枝落叶、病僵果、杂草及"剪""刮"下的粗老翘皮、树枝等一切可能为病虫提供越冬场所的物品彻底清理出果园，集中处理或深埋。

2.深翻土壤 土壤封冻前，结合秋施基肥对全园深翻或采用机械旋耕，深度30～40厘米，破坏病虫越冬场所，同时改善土壤生态结构。

3.枝干涂白 初冬落叶后，进行树干涂白，用生石灰、石硫合剂、食盐、清水按照6：1：1：10比例制成涂白剂，或用5波美度石硫合剂或10倍石灰浆涂抹树干和主枝基部，提高树体抗逆能力，预防冻害，防治流胶病等多种病虫害。

4.浇封冻水 土壤封冻前，日均温度3～5℃时浇足封冻水，以夜冻昼消为宜，增强树体抗冻及抗病虫能力。

效果与效益

示范区通过悬挂太阳能杀虫灯、黄板诱杀和性诱剂诱杀等绿色防控技术的应用，全年比群众自防区减少用药次数两次，亩节约农药成本170元左右，节约人工成本80元（表1）。

表1 示范区和自防区防治成本对比

序号	投入产品名称	示范区				自防区		
		每亩使用量或次数	单价	使用年限	合计	每亩使用量或次数	单价	合计
1	杀虫灯	30亩/盏	3 000元	10年	10元			
2	捕食螨	50袋	2元		100元			
3	黄板	40张	1元		40元			
4	糖醋液	20盆	2元		40元			
5	性诱剂	20枚	2元		40元			
6	喷药	4次	85元		340元	6次	85元	510元

（续）

序号	投入产品名称	示范区				自防区		
		每亩使用量或次数	单价	使用年限	合计	每亩使用量或次数	单价	合计
7	人工费	4次	40元		160元	6次	40元	240元
合计					730元			750元

  经过调查，示范区大樱桃亩产量1 250千克，每千克价格为15元，产值约18 750元；群众自防区大樱桃产量1 150千克，每千克价格为12元，产值约13 800元。经过对比分析，示范区比群众自防区每亩净增加收入4 970元，经济效益明显。同时由于减少了化学农药施用次数，既降低了农药残留和环境污染，改善了果实品质，又保护了天敌，社会效益及生态效益非常明显，为农业绿色健康发展起到了积极作用。

主要研发单位与人员

  研发单位：1. 卢氏县植保植检站；2. 三门峡市植保植检站
  主要人员：冯社芳[1]，张冠霞[2]，莫英花[1]，任秋云[1]，莫丽君[1]

77. 西峡县猕猴桃病虫害统防统治与绿色防控融合技术模式

西峡县地处北亚热带与暖温带分界线、湿润区与半湿润区分界线，年均气温15.2℃，年均降水量在1000毫米左右，年平均日照时数2049小时，无霜期236天，森林覆盖率76.8%，地理气候和生态环境优良，是国内外专家公认的猕猴桃最佳适生区之一。西峡县已建成猕猴桃人工基地14.5万亩，挂果面积8.5万亩，产量8万吨，产值8亿元。猕猴桃品种主要为红阳、中华50、海沃德、瑞玉、徐香、金艳、金桃等，常见病害有溃疡病、花腐病、根腐病、褐斑病、黑霉病、腐烂病等，常见虫害有叶蝉、根结线虫、斑衣蜡蝉、椿象、金龟子、介壳虫等。

集成技术

● 农业防治

1. 科学建园　园地应选择背风向阳、水源充足、灌溉方便、排水良好、土层深厚、有机质含量丰富、土壤pH在5.5～7.0的地块，苗木及接穗应选择无病虫害的健壮苗木及枝条，严格控制从疫区引入苗木及接穗。

2. 科学施肥　多施有机肥、有机肥替代化肥和平衡施肥，保持和增强土壤肥力，改善土壤结构及生物活性。基肥与追肥相结合：早施基肥，以恢复树势，增强树体营养储备，满足翌春花芽分化、萌芽抽梢和开花坐果的需要；追肥需有机肥、磷肥、钾肥、生物菌肥和微量元素同时施用，利于养分速效吸收，并促进抽枝长叶、花芽分化、坐果和果实膨大。根内施肥与根外施肥相结合：根内施肥，根系直接吸收利用；根外施肥，即叶面施肥，叶片可直接吸收利用，用量少，养分利用率高，吸收快。两者结合可达到养分供应充足、肥效快、健壮果树的目的。施肥与灌溉相结合：猕猴桃根系浅，需水量大，不耐干旱，施肥后及时灌溉，便于肥效充分发挥。

3. 合理修剪，刮除病斑　结合猕猴桃冬季修剪，刮除病斑，去除病枝和病根，铲除病原，从而有效控制病情发展，减少溃疡病、根腐病、介壳虫等病虫的越冬基数。

● 生态调控

1. 果园生草覆盖　猕猴桃果园采取果园生草覆盖技术，种植绿肥作物黑麦草、苜蓿等，适时刈割，既能提高土壤肥力，增加土壤有机质含量，又有利于果树生长，增加天敌的数量和种类，改善果园生态环境，减少农药用量，减少高温日灼，提高果实品质（图1）。

2.天敌诱集　利用果园边角余地有意识地种植花期长的植物，以招引寄生蜂、寄生蝇和草蛉等飞到果园中取食繁殖；在晚秋天敌越冬前，在枝干上绑草环等，能将果园周围的玉米、大豆等农作物上的天敌诱集到果园中越冬。

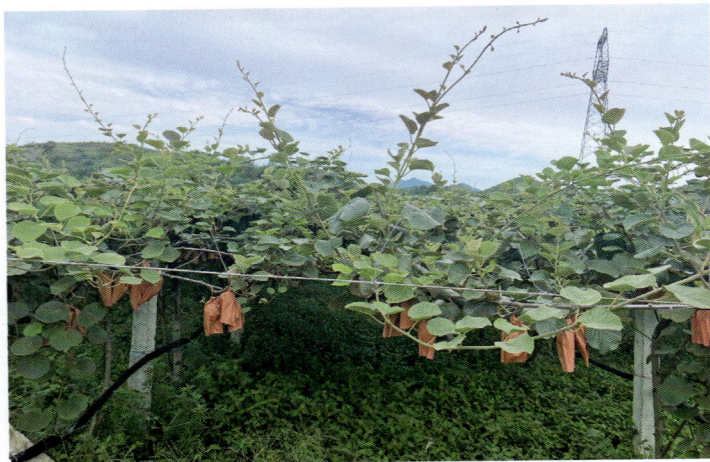

图1　果园生草覆盖技术

● 生物防治

1.以虫治虫，以螨治螨　合理间作和种植绿肥，人工投放赤眼蜂、捕食螨，为天敌创造良好的生存条件，保护好天敌昆虫，实现以虫治虫、以螨治螨的目的。

2.以菌治虫，以菌治菌　猕猴桃病虫害防治广泛使用的微生物农药有：嘧啶核苷类抗菌素、阿维菌素、苏云金杆菌、白僵菌等。其中，阿维菌素主要用于防治螨虫，苏云金杆菌主要用于防治鳞翅目害虫和各类毛虫，白僵菌主要用于地面施药防治在土壤中越冬的害虫。

● 物理防治

1.树干涂白　使用硫酸铜石灰涂白剂、石灰硫黄涂白剂、石硫合剂生石灰涂白剂进行树干涂白，从而有效保护果树安全越冬，防止树干冻害、日灼等，可杀死越冬害虫和虫卵，如部分螨类、一些介壳虫、斑衣蜡蝉卵等，又可防止病菌入侵树体，降低来年病虫害发生基数，起到保护树体的作用。

2.套袋保护　选择遮光性强、透气性好、吸水性小、抗张力强、纸质柔软的黄色单层木浆纸袋，使果实不受不良自然环境条件的刺激，减少农药使用量，防止日晒、风吹、雨打、药害、病虫害及枝叶磨伤果面，使果实表皮细嫩、光洁、无污染，着色快而集中，色泽鲜艳，充分提高果实的外观和质量（图2）。

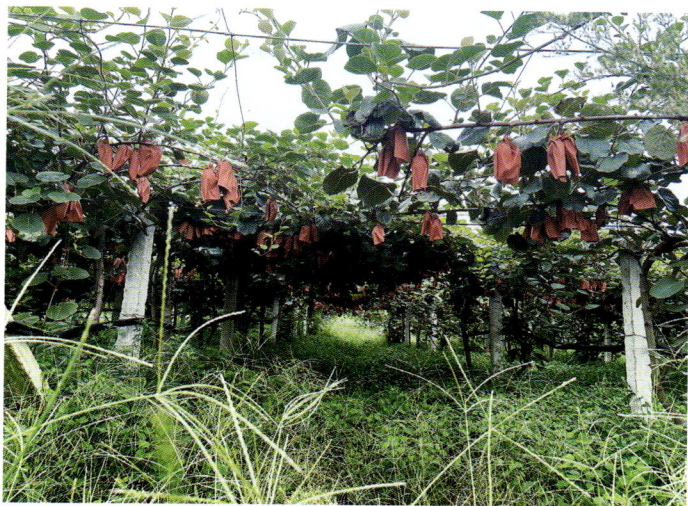

图2　果实套袋保护

● 理化诱控

1.性诱剂诱杀　使用桃小食心虫、苹小卷叶蛾、苹大卷叶蛾、金蚊细蛾、梨小食心虫等性诱剂。干扰昆虫正常交配活动，使其不能繁衍后代，实现消灭害虫的目的。

2.利用杀虫灯、诱虫板、植物诱饵诱杀　利用害虫趋光性，在果园内设置黑光灯、频振式杀虫灯，可有效诱杀卷叶蛾、叶蝉、金龟子等害虫（图3）。当虫量增加时，利用害虫的趋光性和趋色性，每亩地悬挂规格为25厘米×30厘米的黄色诱虫板30片或25厘米×20厘米的黄色诱虫板40片诱杀害虫；利用害虫的趋化性，使用糖醋液诱杀金龟子、椿象等害虫。

图3　安装太阳能杀虫灯

● 科学用药

选择高效、低毒、低残留、环境友好型农药，如阿维菌素、除虫菊素、苦参碱、辛硫磷、吡虫啉、高效氯氟氰菊酯、多菌灵、小檗碱、噻菌铜、氨基寡糖素等。适时用药、适量用药、交替使用农药，从而提高防治效果，降低用药量，减少用药次数，保护天敌和减少污染，延缓害虫产生抗药性，延长农药使用年限。例如在果树萌芽期，树体上越冬的大部分害虫已经出蛰，并暴露在表面，无叶遮盖，此时虫体数量少，耐药性差，且易接触到药剂。这时用药会收到事半功倍的效果，且不影响天敌。

效果与效益

● 防治效果

在猕猴桃整个生育期的病虫害防治中，把握好关键时期和关键性病虫害，可有效降低损失。该模式中，病虫草害防治及时率100%，科学用药和精准作业实现率100%，绿色防控技术覆盖率100%。核心示范区病虫害防控效果达90%以上，危害损失率控制在5%以内，药害、中毒和农残超标事故率为0。

● 经济效益和社会效益

通过减少农药用量，降低用药成本，核心示范区每亩节约农药成本20～50元。核心示范区每亩增产260千克，增收1 560元。通过选用生态、环保、高效、低毒、低残留农药，减轻了环境和土壤污染，保护了耕地，提高了果实品质。通过科技宣传，示范带动，培育了一批管理能手，农民的科技文化素质和生产科技含量明显提高。通过增产增收，带动农户种植管理热情，得到社会认可，促进全县猕猴桃产业绿色发展。

主要研发单位与人员

研发单位：西峡县植保植检站
主要人员：刘欣，姚志武

78. 郑州市西瓜病虫害统防统治与绿色防控融合技术模式

郑州市位于河南省中部偏北，地处华北平原南部，属北温带大陆性季风气候，气候冷暖适中，四季分明。常年种植西瓜5万余亩，主要在中牟县，是当地群众的主要收入来源之一。随着西瓜规模种植和产业化的发展，病虫害发生较重。西瓜主要病害有枯萎病、根结线虫病、蔓枯病、炭疽病、白粉病等；主要害虫有蚜虫、红蜘蛛等。其中枯萎病是西瓜生产中的主要病害，且危害较重，尤其是在重茬种植地块发病较普遍，严重影响了西瓜产量和品质。为了有效控制病虫危害和提高西瓜的品质，近年来中牟县通过试验示范，探索出一套西瓜病虫害绿色防控技术模式。

集成技术

● 农业防治

1.种植地块选址，做好健身栽培　一是选择土壤肥沃、地势条件较高、排水方便的地块；二是清除田间及周围杂草，深翻土地，破坏病虫越冬场所，减少病虫基数，保证土壤疏松，促进根系生长，提高抗病能力。

2.重施基肥，合理追肥　基肥：每亩施腐熟鸡粪2 500千克+氮、磷、钾、腐殖酸、有机质含量分别为15%的复混肥80千克。追肥：伸蔓期，可结合浇水，每亩施三元复合肥10千克，促进茎叶生长；开花坐瓜期，可喷施98%磷酸二氢钾粉剂1 000倍液，每7～10天喷1次，提高西瓜产量和品质；膨瓜期，可结合浇水，每亩施三元素复合肥20千克，或高钾水溶肥3～6千克，促进西瓜膨大。

3.选用抗病品种　可选用高抗8号、龙卷风、世纪抗霸等抗病品种。

● 理化诱控

1.设置防虫网　在保护地西瓜棚室通风口处设置40～60目防虫网，有效阻止粉虱、蚜虫等多种害虫侵入，从而控制由于害虫传播造成的病毒病发生。

2.色板诱杀　保护地西瓜每亩悬挂20厘米×30厘米的黄色粘虫板40块诱杀蚜虫、粉虱等害虫，将黄板悬挂于距离作物上部15～20厘米处。

● 生物防治

采用阿维菌素防治红蜘蛛、蚜虫；采用枯草芽孢杆菌进行拌种、土壤处理，有效预防枯萎病等土传病害。

● 科学用药

在西瓜病虫害发生初期，适时选用高效、低毒、低残留农药品种，采用种子消毒、土壤处理、喷雾等施药方式及时防治，有效控制病虫害。农药使用应符合GB/T 8321和NY/T 1276的要求。

1.种子消毒、土壤处理　将种子倒入55℃温水中浸泡至常温，晾干，用2.5%咯菌腈悬浮种衣剂4毫升拌1千克西瓜种子。育苗时，每平方米用200亿/克枯草芽孢杆菌粉剂20～40克，与苗床土混合均匀后定植。

2.定植前、出齐苗后药剂处理　在定植前，可用20%咯菌腈悬浮剂2 000倍液喷洒苗床或在起苗后喷淋根或蘸根，有效预防枯萎病等土传病害。出齐苗后，每隔10天左右，喷一次5%氨基寡糖素水剂1 000倍液，可喷2～3遍。

3.生长期防治

（1）病害防治。①枯萎病：发病初期可用3.2%甲霜灵·噁霉灵水剂300～500倍液灌根，每株灌药液100毫升，或喷施80%代森锰锌可湿性粉剂600倍液，或50%异菌脲可湿性粉剂1 000倍液。②根结线虫病：移栽时，每亩使用0.5%阿维菌素颗粒剂2 000克，每株根部用1.5克，有效防治西瓜根结线虫病。③蔓枯病：可喷施60%吡唑醚菌酯·代森联水分散粒剂500倍液，或56%嘧菌酯·百菌清悬浮剂500倍液。④炭疽病：可喷施32.5%苯醚甲环唑·嘧菌酯悬浮剂1 000倍液，或30%吡唑醚菌酯悬浮剂1 000倍液，或25%咪鲜胺乳油2 000倍液。⑤白粉病：可喷施20%三唑酮乳油1 000倍液，或25%苯醚甲环唑微乳剂2 000倍液。⑥病毒病：可喷施20%盐酸吗啉胍·乙酸铜可湿性粉剂1 000倍液，或0.5%氨基寡糖素水剂500倍液。

（2）虫害防治。①蚜虫：可喷施1.8%阿维菌素乳油1 500倍液，或5%啶虫脒乳油3 000倍液，或2.5%溴氰菊酯乳油1 500倍液。②红蜘蛛：可喷施1.8%阿维菌素乳油1 500倍液，或2.5%联苯菊酯乳油3 000倍液，或2.5%高效氯氟氰菊酯乳油4 000倍液。③蓟马：可喷施10%吡虫啉可湿性粉剂1 000倍液，或30%噻虫嗪悬浮剂2 000倍液。

主要研发单位与人员

研发单位：1.中牟县植保植检站；2.郑州市农业技术推广中心
主要人员：袁世昌[1]，郑雷[1]，胡娜[1]，邢彩云[2]，牛亚斌[2]

蔬菜病虫害统防统治与绿色防控融合技术模式

79. 许昌市建安区蔬菜病虫害统防统治与绿色防控融合技术模式

许昌市建安区处于中原腹地，地理位置优越，属黄河冲积平原，地势平坦，略呈西北高东南低之势。土壤分为2个类型、4个亚类，大体划分为沙土、两合土、砂姜黑土、黑老土，质地多为轻壤土和中壤土，土质深厚，土壤pH 6.8～7.5。常年连片种植50亩以上的露地蔬菜基地总计达3.2万亩，主要种植叶菜类蔬菜，主要病虫有小菜蛾、黄曲条跳甲、菜蚜、蓟马、菜青虫、甜菜夜蛾、霜霉病、炭疽病、软腐病、疫病等。为了更好地控制蔬菜病虫，进一步提升蔬菜品质，确保蔬菜产品的质量安全，建安区积极开展病虫害全程绿色防控技术的集成创新和示范推广，集成推广太阳能灭虫灯、黄色粘虫板、绿色粘虫板、性诱捕器及生物源农药等绿色防控技术，辐射带动蔬菜种植10 000亩。种植方式为春、夏季种植青花菜、菜心，种植周期为3月上旬至5月底；夏季循环轮作水果玉米，种植周期为6月至8月；9月上旬循环种植香菜。

集成技术

● 播种期

绿色防控示范推广关键技术主要是农业技术轮作（青花菜＋水果玉米＋香菜）＋土壤消毒＋深沟高垄畦＋"三诱"技术［即频振诱控、性信息素诱杀（亚洲玉米螟、斜纹夜蛾、小菜蛾性诱技术）、色板诱杀］＋生物农药防治等。

● 农业防治

1.轮作　采用"蔬菜–水果玉米–蔬菜"模式，即3—5月种植一茬菜心、芥蓝、青花菜，6—9月种植一茬水果玉米，9—11月种植一茬香菜、菜心。

2.深沟高垄畦　采用起垄技术，畦高不低于20厘米，每垄宽1.4米，种植地周围开大沟，沟沟相通，以便排水防涝。

3.土壤消毒　在大田深耕时增施有机肥，并用50％氯溴异氰尿酸可湿性粉剂800～1 000倍液消毒土壤，可避免苗期病害发生。

● 理化诱控

1.黄板诱杀 4—5月，青花菜、菜心苗移栽后，在示范基地田间布设黄板（图1），诱杀蚜虫、白粉虱、斑潜蝇等害虫。选用25厘米×40厘米黄色粘虫板，每亩20块，黄板底部与青花菜植株顶部相平，一般每月更换一次。

图1　菜心大田悬挂黄色粘虫板

2.灯光诱杀 5—9月，斜纹夜蛾、甜菜夜蛾、小菜蛾、棉铃虫等害虫成虫发生盛期，每40～50亩安装1台频振式杀虫灯，杀虫灯底部距地面1.5米，或每50～60亩安装1台太阳能智能杀虫灯。每晚天黑自动开灯，天亮自动关灯（图2、图3）。

图2　频振式杀虫灯　　　　　　　　　图3　太阳能智能杀虫灯

3.性信息素诱杀 ①亚洲玉米螟性信息素诱杀技术（图4）。6—8月，在水果玉米田每亩放置4套装有玉米螟性信息素的诱捕器，诱捕器放置在离作物顶部10～15厘米处。②小菜蛾性信息素诱杀技术（图5）。5—9月，在菜心、芥蓝移栽后每亩放置小菜蛾粘板式性诱捕器4个，放置在离作物顶部20厘米处，以30°～45°角斜插入菜田中。

图4 玉米螟性信息素诱捕器

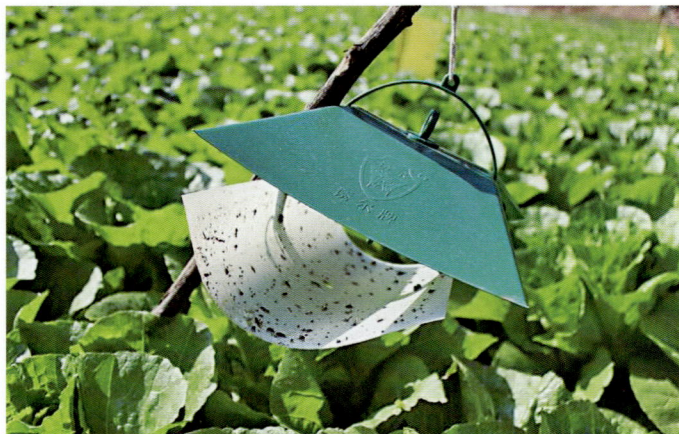

图5 小菜蛾粘板式性诱捕器

● 科学用药

1.叶类蔬菜病虫害 常发病虫害有霜霉病、软腐病、黑腐病、灰霉病、小菜蛾、菜青虫、蓟马和斜纹夜蛾。根据小菜蛾、斜纹夜蛾发生情况，进行适时防治。在药剂防治中，应优先选用生物农药，做到对症用药、适时适量用药、交替用药，示范区内全部实行统一专业化防治。防治小菜蛾、菜青虫、蓟马、斜纹夜蛾等害虫，用1.8%阿维菌素乳油40毫升/亩，或1.5%除虫菊素水乳剂80毫升/亩，或10%联苯·噻虫嗪悬浮剂15～25毫升/亩，兑水喷雾。防治霜霉病、软腐病、黑腐病、灰霉病等病害，预防和发病初期用0.3%四霉素水剂40毫升/亩，或1 000亿芽孢/克枯草芽孢杆菌可湿性粉剂30～40克/亩，兑水喷雾；发病后期用60%嘧菌酯·霜脲氰水分散粒剂20～30克/亩，兑水喷雾，连续防治2～3次、采收前7天停止用药。

2.水果玉米病虫害 苗期害虫主要使用甲氨基阿维菌素苯甲酸盐、天然除虫菊素防治，包括跳甲、蚜虫、地下害虫、蓟马、二点委夜蛾、一代玉米螟、黏虫；病害主要使用5%菌毒清可湿性粉剂500倍液，或6%寡糖·链蛋白可湿性粉剂75～100克/亩，防治粗缩病；用0.3%四霉素水剂40～60毫升/亩，防治纹枯病、黑粉病、大斑病、小斑病等。心叶末期用5%甲氨基阿维菌素苯甲酸盐水分散粒剂8～10克/亩，防治玉米螟。穗期用25%噻虫嗪水分散粒剂10克/亩，防治穗蚜等。

3.香菜病虫害　种子处理，用50%氯溴异氰尿酸可湿性粉剂浸种24小时，每克药兑水1千克。生长期主要防治早疫病、晚疫病、菌核病、灰霉病、蚜虫、白粉虱、斑潜蝇等病虫害，应根据病虫害发生情况及时喷施针对性药剂进行灭杀防治，可喷施1.5%除虫菊素水乳剂80毫升/亩，或0.3%四霉素水剂40～60毫升/亩，兑水均匀喷雾。

效果与效益

● 防治效果

通过各项绿色植保技术的实施，示范区取得了良好的经济效益和社会效益，防治成本明显下降，防治效果显著提高。示范区用药量比对照减少30%以上，节约用药成本900元/公顷，蔬菜病虫害防治效果显著提高，达到90%以上，田间幼虫量较少，仅为零星发生，病虫损失率显著下降。示范区的蔬菜经检测农药残留无超标，农药残留检测合格率为100%，达到无公害标准。示范区蔬菜平均产量达43.5吨/公顷，比常规防治区增产3 375千克/公顷。示范区良好的经济效益为绿色防控技术的推广与普及提供了强有力的支撑。

● 经济效益

示范区全年共种植2季蔬菜、1季水果玉米。主要作物有青花菜、香菜、菜心等，其经济效益包括两方面：一是产量增加所产生的经济效益，二是节支所产生的经济效益。性诱剂每年投入成本1 125元/公顷，频振式杀虫灯投入成本97.5元/公顷，黄板放置450块/公顷，每块1.5元，投入成本675元/公顷（黄板只挂第1季作物），绿色防控示范区每3季共投入成本1 897元/公顷。

青花菜：按春季一茬计，平均亩产1 000千克/亩，按2.8元/千克计，产值约42 000元/公顷。使用农药3次，比常规防治区减少2次，平均每次用药成本225元/公顷，合计减少用药成本450元/公顷。用于病虫害防治总体物化投入675元/公顷，肥料投入2 250元/公顷，人工防治成本900元/公顷，人工采收成本18 000元/公顷。物化投入、病虫防治、采收总成本21 825元/公顷，净产值20 175元/公顷。

水果玉米：按秋季一茬计，平均亩产1 100千克，按2.4元/千克计，产值39 600元/公顷。使用农药1次，比常规防治区减少1次，平均每次用药成本225元/公顷，合计减少用药成本225元/公顷。用于病虫害防治总体物化投入225元/公顷，肥料投入2 250元/公顷，人工防治成本300元/公顷，人工采收成本19 800元/公顷。物化投入、病虫防治、采收总成本22 575元/公顷，净产值17 025元/公顷。

香菜：按秋季一茬计，平均亩产800千克，按3.6元/千克计，产值43 200元/公顷。

使用农药1次，比常规防治区减少1次，平均每次用药成本225元/公顷，合计减少用药成本225元/公顷。用于病虫害防治总体物化投入225元/公顷，肥料投入2 250元/公顷，人工防治成本300元/公顷，人工采收成本14 400元/公顷。物化投入、病虫防治、采收总成本17 175元/公顷，净产值26 025元/公顷。

示范区三季蔬菜每公顷产量增加3 375千克，蔬菜比常规防治区外观和品质明显提高，价格平均比常规防治区高0.2 ~ 0.3元/千克，平均售价为3.25元/千克，每公顷产值增加10 968元/公顷，绿色防控示范区比常规对照区共增收16 576元/公顷（三季）。

● 生态效益

示范区三季青花菜、水果玉米、香菜生长期间绿色防控示范区比常规防治区减少用药次数3 ~ 4次，化学农药使用量比常规区防治减少35%以上，防治成本较常规防控区降低675元/公顷，降低37.5%。示范区与对照区相比，天敌的数量和种类有所增加，天敌种类主要有隐翅虫、瓢虫、蚜茧蜂、小蜂等，作物生长状况良好。

● 社会效益

全程绿色防控技术的实施降低了农药残留，改善了蔬菜品质，提高了产品质量，增强了市场竞争力，保证了人民健康，实现了绿色、环保，农民增收，农业增效。同时通过示范推广，也带动了周边菜区主动采取绿色防控技术，改变了以往单纯依赖化学防治的观念，起到了积极的示范带动作用。

主要研发单位与人员

研发单位：许昌市建安区植保植检站
主要人员：郭华，杨浩，黄烨臻，王晨述，屈怡琳

80. 新郑市蔬菜病虫害统防统治与绿色防控融合技术模式

新郑市位于河南省中部，属暖温带大陆性季风气候。随着近年来农业结构调整，新郑市蔬菜种植面积逐年增长，年复种面积达12万亩次。当地蔬菜生产上危害较重的害虫有小菜蛾、菜青虫、蚜虫、粉虱、美洲斑潜蝇、红蜘蛛等；病害有霜霉病、细菌性角斑病、炭疽病、灰霉病、早疫病、叶霉病、病毒病等。为了更好实现蔬菜病虫害绿色防控技术的推广与应用，新郑市植保站积极建立新村镇周垌村郑州郑研种苗科技有限公司蔬菜绿色防控示范区，大力推广蔬菜病虫害农业防治、生态调控、理化诱控、生物防治和科学用药等绿色防控技术，探索新郑市蔬菜病虫害绿色防控技术模式。

集成技术

● 农业防治

1. 种植抗病品种　番茄抗早疫病、晚疫病品种有郑研种苗科技有限公司推出的精彩童年，品质和口感都很优秀，番茄抗病毒品种有芬欧雅，辣椒抗病毒品种有康螺219，菠菜抗炭疽病品种有黑鹏A7，香菜抗虫品种有奥克兰香菜。

2. 轮作倒茬　不同种类蔬菜轮作以减轻病虫害的发生。根据蔬菜种植习惯，菜园冷棚栽培叶菜类和茄果类。周年生产轮作倒茬一般按照番茄–辣椒–菠菜进行：番茄12月中旬育苗，2月底定植，6月底拉秧清茬，7月土壤处理1个月；辣椒7月上旬播种育苗，8月上旬定植，11月底拉秧清茬；菠菜12月中旬播种，翌年2月中旬春季前后采收清茬。或者按照西瓜–番茄–香菜的种植模式：西瓜2月中旬播种育苗，3月中旬定植，6月上旬拉秧清茬；7月土壤高温处理1个月；番茄6月底育苗，7月底定植，11月中旬拉秧清茬；香菜11月底播种，翌年2月中旬春节前后采收上市。

3. 深耕灭茬，清洁田园　深翻细耙，消灭害虫的蛹及幼虫。及时清理田间病虫残体和杂草，尤其是上年植株病残体及残叶，以减少病虫越冬基数，减少病害初侵染来源。在蔬菜生长期，发现病虫危害较重的叶、果，及时摘除，带出田外集中销毁。

4. 增施腐熟的有机肥，合理配方、平衡施肥　每亩施腐熟有机肥4 000～5 000千克，在蔬菜种植示范基地通过增施羊粪、鸡粪等农家肥，增加蔬菜的抗病虫、抗逆能力；每亩增施三元复合肥50～60千克作为基肥；后期开花结果期每亩需追施尿素5千克。

5.**用温汤浸种进行种子消毒** 种子温汤浸种之前，应先将蔬菜种子放在25℃左右的温水中浸泡15分钟，然后再将种子放到55～60℃的热水中浸烫，将病菌杀死，在浸烫种子时要注意使用竹筷或木棍不断进行搅动，并及时补充热水，使水温维持在55～60℃范围内15分钟。然后再让水温逐渐下降至30℃，不同的蔬菜种子浸泡时间不同，如椒类浸泡5～6小时，茄子6～7小时，番茄4～5小时，黄瓜3～4小时。

6.**利用药肥水一体化施用技术，科学合理配方施用药肥水** 药肥水一体化技术是借助压力系统，将可溶性固体或液体肥料按土壤养分含量和作物种类的需肥规律和特点，将配兑的肥液与灌溉水一起，通过可控管道使水肥相融后，通过滴头形成滴灌，均匀、定时、定量滴灌，浸润作物根系生长发育区域，使主要根系土壤始终保持疏松和适宜的含水量。同时根据不同作物的需肥特点、养分含量状况、土壤环境，以及作物不同生长期需水需肥规律情况进行个性化的设计，将水分、养分定时定量，按比例直接提供给作物，达到少用化肥、合理施肥的效果。

● 理化诱控

1.**色板诱控技术** 利用蚜虫、粉虱等成虫对黄色有较强趋性的特点，用黄色粘虫板进行诱杀。蚜虫开始发生时每亩放置规格20厘米×30厘米的黄色粘虫板40块左右，将黄板呈棋盘式均匀插置于田间。对于低矮蔬菜，将黄板悬挂于距离作物上部15～20厘米处；搭架蔬菜，将黄板顺行垂直悬挂于两行中间植株中上部或上部。黄板粘满虫后及时更换（图1）。

图1 色板诱控技术

2.**杀虫灯诱杀技术** 利用害虫的趋光性，采用太阳能或频振式杀虫灯，诱杀小菜蛾、甜菜夜蛾、地老虎、金龟子、蝇类等害虫。15～25亩设置一盏太阳能杀虫灯，通过灯光诱杀，降低田间落卵量、压低虫口基数，减轻对蔬菜的危害，减少农药使用量和使用次数。杀虫灯底部距离地面80～120厘米，在蔬菜生长季节使用（图2）。

图2　太阳能杀虫灯

3.覆盖防虫网　蔬菜覆盖防虫网后，基本可免除菜青虫、小菜蛾、甜菜夜蛾、蚜虫、粉虱、美洲斑潜蝇等多种害虫的危害。病毒病是多种蔬菜上的灾难性病害，主要传毒介体有蚜虫和烟粉虱等，由于防虫网切断了害虫这一主要传毒途径，大大减轻了蔬菜病毒病的发生。此外，防虫网反射、折射的光还对害虫有一定的驱避作用。蔬菜生产以选用40～60目的白色或银灰色网为宜。耐荫蔬菜，需要加强遮光效果，宜选用黑色防虫网；喜光蔬菜则宜选用目数少、网眼大的白色防虫网；病毒病危害重的蔬菜，选用银灰色网避蚜防病效果最佳。在能有效防止蔬菜上形体较小的主要害虫（蚜虫、粉虱）的前提下，防虫网目数应越小越好，以利通风（图3）。

图3　大棚覆盖防虫网

● 生态调控

高温闷棚能显著减少因重茬种植引发的枯萎病、根腐病、黄萎病、疫霉病、茎基腐病等病害，明显减轻根结线虫病的侵害。连作障碍较重的大棚，经严格处理后能够基本恢复到新建棚时的蔬菜产量和品质水平。高温闷棚还能快速沤腐有机肥，丰富了蔬菜所需的土壤中的营养成分，降解土壤中的有毒、有害成分，特别是土壤中残留的农药，为实现绿色生产创造有利条件。高温闷棚时合理施用石灰氮，能显著降低农产品中硝酸盐含量，减轻土壤酸化，调节土壤pH。

高温闷棚的具体方法：①在上茬作物拉秧后，及时清除病残体，铲除田间杂草，带出棚外深埋，保持棚架完好，棚膜完整，无破损。②施有机肥，如鸡粪、猪粪、牛粪等，或利用植物秸秆如玉米秆（切成3～5厘米长小段），加施石灰氮。有机肥每亩施用量一般3 000～5 000千克，按使用说明施用石灰氮。均匀撒施在土壤表面，然后深翻25～30厘米。③大棚四周做坝，灌水，水面最好高出地面3～5厘米，有条件的覆盖旧薄膜，要关好大棚风口，盖好大棚膜，防止雨水进入，严格保持大棚的密闭性，使地表以下10厘米温度达到70℃以上，20厘米地温达到45℃以上，达到灭菌杀虫的效果。④闷棚时间不得少于20天，闷棚结束后要揭膜通风透气，进行土壤翻耕，晾晒10～15天，即可定植下茬作物，一年一次或隔年一次进行高温闷棚。⑤在高温闷棚后必须增施生物菌肥。如果不增施生物菌肥，那么蔬菜定植后，若遇病菌侵袭，则无有益菌缓冲或控制病害发展，蔬菜很可能会大面积发生病害，特别是根部病害。生物菌肥在蔬菜定植前按每亩80～120千克的用量均匀施入定植穴中，以保护根际环境，增强植株的抗病能力。

● 生物防治

1.生物农药防治　在病虫害发生初期，选用生物农药进行防治，严格按照药剂的施用要求用药，以使药效得到充分发挥，注意科学合理地轮换交替用药。使用多抗霉素防治黄瓜霜霉病、黄瓜灰霉病、番茄晚疫病等，春雷霉素防治黄瓜细菌性角斑病、番茄叶霉病、黄瓜枯萎病等，葡聚烯糖、香菇多糖、氨基寡糖素、宁南霉素防治番茄病毒病、辣椒病毒病等。苦皮藤素、苦参碱等防治菜青虫、小菜蛾、甜菜夜蛾等害虫。生物农药能有效防治病虫害且减少蔬菜农药残留量，从而提高蔬菜品质。

2.熊蜂授粉技术　保护地番茄、辣椒、西瓜、甜瓜等采用熊蜂授粉技术。熊蜂授粉技术是一种自然授粉方式，省时、省力、安全、高效，不接触任何激素，可以很好地解决人工授粉所带来的激素污染，实现有机种植。植株坐果率明显提高，果实圆正饱满，口感也更自然纯正。经熊蜂授粉的植物花瓣会自然脱落，减少灰霉病的发生。

熊蜂授粉的一般方法：①适合作物：番茄、辣椒、西瓜、甜瓜。②确保棚室安全：防虫网没有烂孔，不要让蜂跑出去。确保近期没有打过杀虫剂，没有农药残留，防止熊蜂中毒死亡。③熊蜂进入大棚适合温湿度为棚内湿度50%～90%，温度12～32℃。不在这个范围内，熊蜂会大量死亡。④当棚内作物开花量达到20%左右时，最适合开始放入熊蜂。蜂箱要放平，放在大棚中央朝南向阳处，距离地面1米左右，蜂箱上边放遮阳板防止蜂箱温度过高。蜂箱有两个开口，一个是可进可出的开口A，另一个是只进不出的开口B。正常作业时，可封住B，打开A，允许熊蜂自由进出。当棚室需要喷施农药或者需要暂时把蜂箱搬离棚室时，提前4小时关上A，打开B，使室内熊蜂全部回到蜂箱，并将蜂箱搬出棚室，放在通风阴凉处，防止药害造成熊蜂死亡。蜂箱门口放一碟干净水。⑤要经常检查熊蜂授粉的效果。一般500米^{2}放置一箱熊蜂，一箱有10～20只。

● 科学用药

科学选择高效、低毒、低残留化学农药，轮换交替用药，严格遵守农药安全间隔期，农药使用符合GB/T 8321和NY/T 1276的要求。

1.病害防治　霜霉病可用丙森锌·缬霉威、氟吡菌胺·霜霉威、氟吗啉·代森锰锌、霜脲氰·代森锰锌、烯酰吗啉·代森锰锌等喷雾防治；灰霉病可用腐霉利、啶酰菌胺、嘧霉胺、嘧菌环胺、乙烯菌核利等喷雾防治；病毒病可用烷醇·硫酸铜、盐酸吗啉胍·乙酸铜、混合脂肪酸·硫酸铜等喷雾防治。

2.害虫防治　小菜蛾、菜青虫、甜菜夜蛾可用茚虫威、灭幼脲、氟铃脲、虫酰肼、甲氨基阿维菌素苯甲酸盐等喷雾防治；蚜虫可用吡虫啉、啶虫脒、溴氰菊酯等喷雾防治；粉虱可用吡蚜酮、啶虫脒、螺虫乙酯、噻虫嗪等喷雾防治；斑潜蝇可用灭蝇胺、阿维菌素、阿维菌素·灭蝇胺、溴氰虫酰胺等喷雾防治。

效果与效益

通过应用农业防治、物理防治、生态调控和生物农药相结合的绿色防控技术，蔬菜病虫害明显减轻，防控效果达到90%以上，病虫害损失率控制在5%以内；平均减少用药2次，平均每亩降低用药成本60元，农药使用量较农民自防区减少25%；绿色防控技术的应用减少了环境污染，保护了天敌，有效控制和降低了农产品农药残留，提高了蔬菜的品质。

主要研发单位与人员

研发单位：1.新郑市农业技术服务中心；2.新郑市农业技术推广总站
主要人员：张占红[1]，李涛[1]，李威[1]，李冰[2]

81.渑池县辣椒病虫害统防统治与绿色防控融合技术模式

渑池县位于河南省西北部，县内基本为丘陵山地，属暖温带大陆性季风气候。渑池县常年辣椒种植面积8万亩左右，其中用于制作干辣椒的朝天椒单生贵族2号和3号、中顺808占7.7万亩，鲜辣椒占0.3万亩。近几年，由于鲜辣椒产量高，市场价格较高，面积有逐渐扩大的趋势。但由于品种、气候、管理等综合因素影响，病害呈逐年加重趋势，对县内辣椒生产构成严重威胁。特别是炭疽病、疫病在近几年严重发生，导致辣椒大面积减产，个别地块甚至绝收，农民损失严重。针对渑池县辣椒生产特点、主要病虫害发生规律，通过几年的试验，逐渐探索了一套辣椒病虫害绿色防控技术，通过采取种植抗病品种、合理轮作、间作套种、育苗移栽、起垄盖膜等农业措施，配合物理防治、生物防治和科学用药，达到有效控制辣椒病虫害，实现优质高产的目的（图1）。

图1　渑池县优质高产辣椒

集成技术

● 农业防治

1.种植抗病品种　全县辣椒新品种使用率达90%以上，全部采用商品品种，鲜食辣椒全部采用杂交种，确保科学统一管理和提高辣椒的商品率。主要引进了单生贵族2号和单生贵族3号、中顺808、宝银818和宝银819等抗病、丰产新品种进行示范栽培，示范成功后进行大面积推广，全面提高对病虫害的抵御能力。

2.合理轮作　与其他作物进行合理轮作是防治土传病害的主要措施，轮作倒茬的优点有以下几方面：一是提高土壤养分利用率。不同作物所吸收的各种营养元素的数量和比例是不同的，通过轮作，可以充分利用土壤中的各种养分，减少施肥量，降低环境污染。二是抑制病害发生。通过不同种类的作物轮作，能够破坏病原菌的生存条件，降低菌群数量，达到减轻病害的目的。三是增产效果显著。合理轮作不仅能避免"自毒"现象的发生，维持土壤生物菌群的平衡，还可提高产量和收益。渑池县辣椒主要集中在南部和东部4个乡镇，主要种植作物为小麦、玉米、烟草等，可选择与小麦、玉米进行轮作倒茬。同一地块3年以内最好不要重复种植辣椒或烟草，确需重茬种植的，必须做好种子和土壤消毒处理，以减轻病害的发生程度。

3.间作套种　套种不仅能改善辣椒生育条件、保证产量，还能增加其他作物的收益。多年来尝试了多种套种模式，如与早春西甜瓜、玉米、花椒等套种，通过经济效益比较，与玉米、花椒套种为最佳选择。玉米与辣椒植株一高一矮，玉米是喜光作物，辣椒是中光性作物，两种作物套种共生互利，在增加玉米通风透光性的同时，又不影响辣椒生长。玉米为辣椒遮阴，抑制了辣椒因高温强光照导致的日烧病，玉米带可诱集棉铃虫、玉米螟等成虫，便于集中杀灭，降低了辣椒果实钻蛀率，减少软腐病烂椒，提高了辣椒的产量、质量。辣椒与花椒套种，在花椒苗刚栽上前三年，花椒株型较小，没有挂果，中间套种辣椒可提高土地利用率，增加种植效益。

4.及时育苗　①育苗时间：春茬辣椒、西瓜或甜瓜套种辣椒最佳育苗时期在2月下旬，3月初结束。油菜茬、麦茬辣椒最佳育苗时期在3月上中旬，3月20日前结束。②苗床规格：以冷床小拱棚育苗为例，一个标准苗床长为10米，宽为1.1～1.3米，面积在11～13米^2，可以育2亩的椒苗。③育苗前的准备：种子准备。育1亩椒苗需种子5小包（每包5克），1个标准苗床需种子10包。建床材料。长2米的小竹竿或竹片11根，宽1.3米的地膜10～11米，宽2米的棚膜12米，硫酸钾型复合肥1.5～2.5千克。④苗床建设：选择避风向阳、地势高燥、排灌方便、管理和交通便利、易于管理的床址。选1～2年内没种过茄科蔬菜（茄子、番茄、马铃薯、辣椒）、瓜类蔬菜（笋瓜、窝瓜、香瓜等）及烟草的地块，前茬以豆类、葱蒜类蔬菜、芹菜或生姜最好。最好北面有高大的建筑物或树木遮挡冷风，东西面无高大的建筑物或树木阻挡阳光，南面更不可有遮阳物。苗床方位为东西方向，东端略偏南5°～7°。苗床建埂，埂高15厘米左右。撒施15-15-15的硫酸钾型复合肥1.5～2.5千克，用微耕机深翻（15厘米以上），拣出石块等杂物，整平。撒过筛细土（垫籽土）后，撒辣椒种子（掺入细土拌匀）三遍，撒匀，再撒1～1.5厘米厚的过筛细土——盖籽土。最后盖地膜，先把地膜的一端用绳子固定好，然后把绳子拉到地膜的另一端，覆盖在棚膜上。接着，把地膜的两边和两端都封紧，确保地膜完全覆盖并且牢固。

5. 适时移栽　地温稳定在17～18℃时进行移栽，渑池县一般在5月上旬开始移栽。过早容易遭受低温，幼苗生长缓慢，发育延迟，易造成僵苗，过晚会影响发育进程造成减产。移栽尽量选择早晚或阴天时进行，苗床要提前1天浇透水，挖苗时要多带土，栽苗时要栽正压实，及时灌水、封土。

6. 合理密植　考虑到品种、播种方式、土壤肥力、管理水平等综合因素，渑池县中高肥水地块定植密度为7 000～8 000株/亩，中低肥水地块定植密度为8 000～9 000株/亩（图2）。

图2　辣椒合理密植

7. 起垄盖膜　辣椒根系较浅，喜湿怕水，为便于排灌，采用高垄栽培。一般在4月中下旬适宜墒情下整地，起垄盖地膜，垄宽0.5～0.6米，栽2行，垄与垄沟宽0.3～0.4米。垄取南北方向，便于通风透光。

8. 科学施肥　注重基肥，合理追肥，有机肥与化肥结合施用，避免超施氮肥。亩施有机肥3 000～5 000千克，辣椒专用肥50～70千克或氮、磷、钾三元复合肥50～60千克。

● **理化诱控**

利用害虫趋性，采用黄板、频振式杀虫灯进行诱杀。

1. 黄板诱杀　蚜虫和烟粉虱有趋黄习性，特别是黄色对蚜虫具有极强的引诱力，设置黄板进行诱杀，能明显降低蚜虫密度。大面积应用黄板诱杀蚜虫、粉虱、蓟马、斑潜蝇等"四小害虫"的效果较好。蚜虫、烟粉虱采用规格20厘米×24厘米的黄色诱虫板，1亩地插20～30张。

2.杀虫灯诱杀　频振式杀虫灯电源电压要求在220伏左右。安装时单灯辐射半径100～120米，即每台灯可控制面积3.0～3.5公顷，灯与灯之间的距离为200米左右，灯高（袋口）离地面1.2～1.5米，整片统一安装，统一管理。每年5月下旬至10月中旬，开灯期间每天傍晚7:00开灯，次日清晨6:00关灯，雨天一般不开灯。开灯诱虫期间，每隔2～3天清理一次虫袋和灯具，诱虫高峰期每天清理1次，每次的清理工作在早晨关灯后进行。

● 生物防治

1.田间释放赤眼蜂　7月下旬，棉铃虫和烟青虫产卵盛期，每隔3～5天在田间释放赤眼蜂，连续释放2～3次，每次每亩放蜂1.5万～2万头。

2.性诱剂诱杀　在田间悬挂棉铃虫、甜菜夜蛾性诱芯进行诱杀，可保护天敌，达到以虫治虫、绿色防控目的。

● 化学防治

辣椒主要病害有病毒病、疫病、炭疽病等，主要害虫有蚜虫、棉铃虫、烟青虫、斜纹夜蛾等，病害防治选用8%宁南霉素水剂、72.2%霜霉威盐酸盐水剂等，害虫防治选用25%灭幼脲悬浮剂、1.8%阿维菌素乳油、0.3%印楝素水剂等。防治时农药的施用符合绿色食品农药使用准则，选择最佳用药时期，以减少用药次数，同时注意药剂的交替使用、合理混用，以延缓病菌或害虫抗药性的产生。

效果与效益

绿色防控示范区的病虫害防治技术水平明显提高，病虫危害损失率控制在10%以下，农药残留控制在允许水平之内。调查结果显示，黄板对白粉虱、斑潜蝇、蚜虫等害虫具有显著的防治效果，平均每季减少用药次数2～3次，减少农药使用量30%；使用性诱剂可使每季蔬菜减少用药2～3次，减少农药使用量30%；每盏杀虫灯在6—10月的诱虫量为6 000头，可减少农药用量60%。

主要研发单位与人员

研发单位：渑池县植保植检站
主要人员：刘超，张建民，皮小丽，杨智峰

82. 安阳市辣椒病虫害统防统治与绿色防控融合技术模式

辣椒是安阳市的主要蔬菜作物，常年种植面积约27万亩，产量40万吨。安阳市内黄县六村乡享有豫北"尖椒之乡"的美誉，是河南省无公害尖椒生产基地，被国家标准化管理委员会命名为"国家尖椒标准化示范区"。安阳市从农田生态系统整体出发，以健身栽培为主线，针对辣椒不同生育期的病虫草害，协调应用植物检疫、农业措施、理化诱控、生态调控、生物防治和科学用药等综合措施，经优化组合，集成了辣椒病虫草害全程绿色防控技术模式。

集成技术

● 播种移栽期

重点防控对象：猝倒病、立枯病、根腐病、青枯病、根结线虫病、地下害虫等借助土壤及种子传播的病虫害。

1.**植物检疫**　严格执行植物检疫制度，加强检疫措施，使用检疫合格的种子种苗。保护无病区，严禁从疫区、重病区调运种子种苗。

2.**农业措施**　①选用优良品种。选择适合当地栽培、综合抗性好的、高产优质品种，不同品种搭配或轮换种植，精选种苗。②选择适宜地块。选择质地疏松、通透性好、土层深厚、土壤肥沃、排灌方便的地块种植辣椒。③合理轮作倒茬。辣椒与小麦、玉米、谷子、花生、甘薯、芝麻、棉花、蔬菜等作物轮作，或水旱轮作。④清洁田园。及时清除田内外残留的秸秆、病残体和杂草、自生苗等，集中深埋或销毁，清除机具上黏附的病残体和泥土，人工捡拾、捕杀害虫。⑤科学整地。改良土壤，深耕暴晒，精细整地，通过机械杀伤、冻死或天敌捕食消灭越冬害虫。⑥科学施肥。实行配方施肥，施足基肥，施用充分腐熟的有机肥，科学施用钙、铁、锌、硼、硫、锰、钼等中微量元素肥和根瘤菌等生物菌肥。⑦科学播种。适期播种、移栽，合理密植。改平垄栽培为起垄覆膜栽培，适时排灌。

3.**生态调控**　辣椒与小麦、玉米、花生、林果等实行间作套种，或在地边、田埂及沟渠旁点种蓖麻、除虫菊、芝麻、棉花、高粱等植物，涵养天敌，引诱害虫取食、产卵和躲藏，集中施药毒杀或人工捕杀。

4.科学用药 ①土壤处理。辣椒猝倒病、立枯病、根腐病、根结线虫病、地下害虫等土传病虫害发生严重地块，结合耕翻整地，适当选用淡紫拟青霉、球孢白僵菌、噁霉灵、福美双及噻虫嗪、辛硫磷、噻唑膦等药剂，拌制成毒土或毒液，撒施或喷施于育苗土壤内或耕作层、种植垄土壤内。②种苗处理。温汤浸种：辣椒种子用35℃温水浸泡3～4小时，捞出在25～30℃下催芽至胚根露白播种，预防播种后遇低温阴雨或土壤墒情差，出苗时间延长，出现烂种缺苗现象。药肥浸种：选用适宜浓度的萘乙酸、芸苔素内酯、S-诱抗素、矮壮素、硫酸亚铁、腐殖酸等药液或肥液浸泡，捞出晾干播种，促进种子生根发芽和幼苗生长，提高抗逆性。蘸根穴施：选用申嗪霉素、宁南霉素、咯菌腈、苯醚甲环唑、戊唑醇、精甲霜灵及吡虫啉、呋虫胺等药剂蘸根或施入沟穴，防治土传和种传病虫害。

● **大田幼苗期**

重点防控对象：青枯病、立枯病、根腐病、枯萎病、病毒病、蓟马、叶螨、地老虎等。

1.农业措施 清除田间及地边杂草，中耕灭茬，铲除自生苗和病虫中间寄主。拔除辣椒病毒病苗株，清除田内外作物秸秆、病残体，带到田外集中深埋或销毁。

2.理化诱控 ①色板诱杀（图1）。辣椒生长期间，田内悬挂黄色或黄绿色、蓝色粘虫板或性信息素板等诱虫板，悬挂高度以高出植株顶部5～20厘米为宜，每亩20～45块，诱杀蚜虫、蓟马、小绿叶蝉、烟粉虱等害虫。②灯光诱杀。辣椒生长期间，在田间安装频振式杀虫灯、黑光灯、高压汞灯、高空诱虫灯等杀虫灯，夜间开灯，诱杀地老虎、棉铃虫、甜菜夜蛾、斜纹夜蛾、金龟子等害虫。每30～50亩安装1台，悬挂高度1～2米。集中连片安灯诱杀效果更佳，平原区及没有障碍物遮挡的

图1　色板诱杀半翅目害虫

空旷地带，可适当降低安灯密度，降低悬挂高度。③糖醋液诱杀。将红糖、醋、高度白酒、水、杀虫剂等，按一定比例配制糖醋液（糖：醋：酒：水：药按6：3：1：10：1或3：4：1：2：1等），倒入盆、桶等广口容器内，放田间或地边，每亩1～3个，诱杀地老虎、斜纹夜蛾等害虫。④银膜驱避。在田间和四周覆盖或悬挂银灰色薄膜，或安装防虫网等，驱避蚜虫，预防病毒病。⑤食饵诱杀。在地老虎成虫初盛期，选用甘薯、胡萝卜、烂水果等发酵变酸的食物，或用甘薯、胡萝卜等发酵液、泡菜水等，加适量杀虫剂，放入田间及地边诱杀成虫。

3.生物防治 ①保护利用天敌。优先选用高效、低毒、低残留、选择性强、对天敌杀伤小的药剂品种，选择隐蔽施药、精准施药等保护性施药技术，避开天敌迁入及活动盛期施药。注意保护茧蜂、姬蜂、赤眼蜂、瓢虫、食蚜蝇、捕食螨、食虫虻、马蜂、步甲、蜘蛛、青蛙等天敌。②引进释放天敌。蚜虫、叶螨、棉铃虫等种群密度上升期，田

间人工助迁或引进释放七星瓢虫、蚜茧蜂、草蛉、食蚜蝇、赤眼蜂、捕食螨、蜘蛛、蛙类等天敌。

4.科学用药 ①抗逆诱导。在辣椒幼苗期，遇低温、高湿、干旱、盐碱、药害或病虫害等不良影响，适时选用萘乙酸、吲哚丁酸、复硝酚钠、胺鲜酯、黄腐酸、三十烷醇、芸苔素内酯、S-诱抗素等药液，茎叶喷雾1～2次，每亩喷药液30～40千克，间隔10～15天喷施1次，提高植株抗逆能力。②喷淋灌根。辣椒立枯病、青枯病、枯萎病、根结线虫病等发生严重地块，选用枯草芽孢杆菌、阿维菌素、中生菌素、嘧啶核苷类抗菌素、氯溴异氰尿酸、戊唑醇、噻唑膦、噻菌铜、吡虫啉等适宜药剂喷淋茎基部或灌根，施药后浇水。③药剂喷雾。茎叶病虫害发生初期，选用苦参碱、印楝素、多杀霉素、耳霉菌、球孢白僵菌、多黏类芽孢杆菌、核型多角体病毒、吡虫啉、虫螨腈、螺螨酯等适宜药剂茎叶喷雾，药液可加入有机硅、洗衣粉等助剂，根据虫情、天气和持效期，酌情防治1～2次，实施统防统治，药剂轮换使用。

● 开花结果期

重点防控对象：炭疽病、疫病、菌核病、灰霉病、青枯病、叶枯病、白星病、棉铃虫、甜菜夜蛾、蓟马、烟粉虱、茶黄螨等。

1.农业措施 ①清洁田园。铲除田间杂草，清除青枯病零星病株，在田外集中晒干、销毁或深埋处理，对病穴撒石灰或药剂灌根。②合理排灌。在蓟马伪蛹期、棉铃虫蛹期等，适时浇大水，可有效消灭部分虫体。大雨后及时清沟排渍。③叶面喷肥。喷施硫酸亚铁、硫酸锌、磷酸二氢钾、腐殖酸水溶肥、氨基酸水溶肥、中微量元素肥等叶面肥，补足营养元素，延缓植株衰老，提高植株抗逆能力，提高产量与品质。棉铃虫产卵期叶面喷施2%过磷酸钙浸出液，可驱避成虫，降低田间落卵量。④人工捕杀。结合农事操作管理，人工捕捉害虫幼虫、抹杀甜菜夜蛾、斜纹夜蛾等害虫卵块等。

2.理化诱控 ①色板诱杀。见大田苗期。②灯光诱杀。见大田苗期。③性诱剂诱杀。在棉铃虫、甜菜夜蛾、金龟子等害虫成虫发生初期，在田间安置性诱剂诱捕器或诱捕盆等，每亩安置1～3套，高度距地面1.0～1.5米。④食诱剂诱杀。在棉铃虫及甜菜夜蛾、银纹夜蛾、金龟子等害虫成虫羽化始盛期，利用昆虫食诱剂或毒饵、发酵变酸的食物等诱杀（图2）。将食诱剂、杀虫剂与水按比例混匀，倒入诱捕器内，每亩安置1～3套。

3.生物防治 ①保护利用天敌。见大田苗期。②引进释放天敌。在棉铃虫、甜菜夜蛾等成虫始盛期至卵盛期，田间释放人工繁殖的赤眼蜂等天敌，每亩放蜂1.2万～1.5万头，分2～3次释放。

4.科学用药 ①抗逆诱导。视辣椒群体长势、肥水条件，酌情喷施植物生

图2　食诱剂诱杀鳞翅目害虫

长调节剂，调节植株生长发育，提高根系及叶片活力，增强对病虫害、自然灾害、不良环境的抵抗能力，提高产量与品质。②土壤处理。枯萎病、根腐病、青枯病等土传病害和地下害虫发生严重地块，可选用枯草芽孢杆菌、厚孢轮枝菌、哈茨木霉菌、氯溴异氰尿酸、苯醚甲环唑、三唑酮、噻菌铜、噁霉灵、二嗪磷、噻唑膦等药剂，采用撒施毒土、喷淋根灌、药剂冲施等方法施药，将药剂施入辣椒根际及荚果周围土壤。发生严重时，间隔7～10天再防治1次。交替轮换用药，施药后宜浇水或者抢在雨前施药。③药剂喷雾。防治叶枯病、白星病、炭疽病、疫病、灰霉病、菌核病、棉铃虫、斜纹夜蛾、蚜虫、蓟马等辣椒叶部病害、食叶类害虫、刺吸类害虫，可选用多抗霉素、苦参碱、春雷霉素、球孢白僵菌、苏云金杆菌、虱螨脲、虫酰肼、溴虫腈、戊唑醇、咪鲜胺、辛菌胺醋酸盐、醚菌酯、灭幼脲、虫酰肼、溴氰虫酰胺、高效氟氯氰菊酯、螺螨酯、硫酸亚铁等适宜药剂或肥料，酌情均匀喷雾1～2次，间隔7～15天防治1次，轮换用药。药液中宜加入有机硅或洗衣粉、植物油等喷雾助剂，通过植保专业化服务组织，使用植保无人机、喷杆喷雾机等开展统防统治。

效果与效益

● 经济效益

应用辣椒病虫害全程绿色防控技术后，防治效果较农民常规防治区提高了10%，有效地控制了主要病虫害的发生危害，辣椒产量增加10%以上，亩增收150元以上（图3）。

● 生态效益

每亩使用化学农药量减少15%～30%，降低了化学农药对生态环境的残留风险，天敌数量增加了20%左右。绿色防控的药剂均使用高效、低毒、

图3　绿色防控技术实现辣椒优质高产

低残留的化学药剂或生物药剂，采用易回收的大包装物，减少了化学农药和包装物对农田环境的污染。田间天敌数量增加，生态环境明显改善，促进了优质农产品的生产。

主要研发单位与人员

研发单位：1.安阳市植物保护检疫站；2.滑县农技推广区域站
主要人员：王朝阳[1]，朱磊[1]，支艳英[1]，武汗青[1]，支贝贝[1]，王建胜[2]

83. 济源市番茄病虫害统防统治与绿色防控融合技术模式

济源市位于河南省西北部，济源市番茄常年种植面积666.67公顷，主要病害有病毒病、早疫病、晚疫病、灰霉病、灰叶斑病、叶霉病、青枯病、细菌性斑点病、枯萎病、根腐病、根结线虫病、溃疡病、软腐病等；主要害虫有棉铃虫、叶螨、粉虱、蚜虫、斑潜蝇等，地下害虫有地老虎、蝼蛄、蛴螬、金针虫等。番茄病虫害全程绿色防控试点基地位于西部山区王屋镇的柏木洼、茶坊、五里桥、罗庄、上二里等5个自然村，核心示范区66.67公顷，辐射带动区133.33公顷。济源市植保站以"绿色植保，公共植保，科学植保"为理念，大力推进绿色防控工作，经过近年来的实践、总结，探索出一套番茄全程绿色防控技术模式。

集成技术

● 健身栽培

1. **品种选择**　根据自然条件，因地制宜，选择抗病、优质、高产、耐贮运、商品性好、适合市场需求的优良品种中研1017、京研122、粉都女皇、黑猫等。

2. **种子处理**　严格进行种子消毒，防止种传病害的发生。把种子放入55℃温水中，保持水温恒定并浸泡15分钟；或用清水浸种6～7小时，再放入0.1%高锰酸钾溶液中浸泡10～15分钟，捞出洗净；或用清水浸种3～4小时，再放入10%磷酸三钠溶液中浸泡20分钟，捞出洗净防治病毒病等病害。将处理过的种子用湿纱布包裹，在25～28℃条件下催芽，待种子70%露白即可播种。

3. **培养无病壮苗**　采用穴盘育苗，冬、春季宜用温室或大棚育苗，夏、秋季宜用遮阳防雨棚育苗。采用0.1%高锰酸钾溶液对育苗器具进行消毒处理。所用基质配比为草炭∶蛭石∶珍珠岩=2∶1∶1，加上复合肥1千克/米^3，在定植前7～10天进行炼苗。

4. **清洁田园**　及时将病虫残枝、病叶、杂草清理干净，集中进行无害化处理，保持田园清洁。

5. **土壤及棚室消毒**　宜选择夏、秋高温季节，在播种定植前20天以上进行。定植前均匀适量撒施土壤消毒剂杀灭病菌，处理后增施哈茨木霉菌等有益菌肥。覆盖防虫网后，密闭熏蒸或用药剂均匀喷洒墙壁、棚膜、缓冲间1～2次，10～15天后进行播种或移栽。

夏季休棚时,利用太阳能高温闷棚15～21天。

● 农业防治

1.地表覆盖 地表使用黑色地膜、银灰色地膜、麦糠或菇渣防治杂草。

2.水肥管理 一是施足底肥,施用充分腐熟的有机肥或草木灰,调节土壤pH,同时施入生态一体肥。二是调节灌水时间和数量,应用"三不浇三浇三控"技术,即阴天不浇晴天浇,下午不浇上午浇,明水不浇暗水浇,坐果前控制浇水,连阴天控制浇水,低温控制浇水。采用膜下滴灌或暗灌,尽量不浇明水,保持田间持水量在60%～70%。三是合理喷施微量元素肥料。四是加强大棚通风及光照管理。

3.温湿度调控 调控棚室温、湿度能有效控制病害的发生。一是采用双行起垄移栽与全膜覆盖技术;二是建立滴灌或膜下浇水的设施,以"宁干勿湿"为原则。同时加强通风降低棚内相对湿度。番茄生长发育温度应白天不超过26℃,夜间不低于15℃。当设施内温度升高到33℃时再通风,温度降到24℃时及时关闭通风口,夜间温度保持在15～17℃。设施内湿度应控制在80%以下。采用高垄地膜覆盖,膜下暗灌、滴灌等措施,严格控制灌水,切忌大水漫灌,浇水时间宜在晴天上午,浇后闭棚,温度达30～32℃时放风排湿。阴天打开通风口换气,浇水宜在上午进行,每次浇水后,应适当通风排湿。发病初期节制浇水,防止结露。

4.气体调控 设施番茄棚内所需二氧化碳浓度应在1 000～1 500毫克/升之间。二氧化碳浓度低时,可在棚内放置稀硫酸与碳酸氢铵反应桶进行二氧化碳补施。

● 理化诱控

1.黄板诱杀 每亩悬挂40张20厘米×25厘米黄色粘虫板(图1)诱杀蚜虫、粉虱、斑潜蝇。色板应悬挂在高于植株顶部15～20厘米处。当板上粘虫面积达到板表面的60%以上时及时更换。授粉期将色板收回。

图1　悬挂黄色粘虫板

2. 设置防虫网　大棚通风口用 40 ～ 60 目的防虫网（图 2）进行避雨，防虫栽培，减少病虫害的发生。

3. 杀虫灯诱杀　单灯控害面积为 2 ～ 3.5 公顷，挂灯集中连片，一般高于植物顶部 65 ～ 75 厘米，不超过 80 厘米。

4. 性信息素诱杀　利用棉铃虫性诱剂诱杀成虫，每亩挂性诱剂诱捕器 3 套，悬挂在高于植株顶部 15 ～ 20 厘米处（图 3）。及时更换诱芯，并及时处理诱捕的成虫。

5. 饵料诱杀　每亩挖 5 ～ 6 个 30 厘米 × 30 厘米 × 20 厘米的坑，内装厌氧发酵过 30 天的羊粪、牛粪、兔粪、马粪，可诱杀蝼蛄、地老虎等地下害虫。

6. 糖醋液诱杀　糖醋液按糖：醋：酒：水 =1：4：1：16 的比例混合配制而成，每亩挂 6 个糖醋液盆为宜，可结合性诱剂使用，定时清除诱集的害虫，约每 7 天更换一次糖醋液。

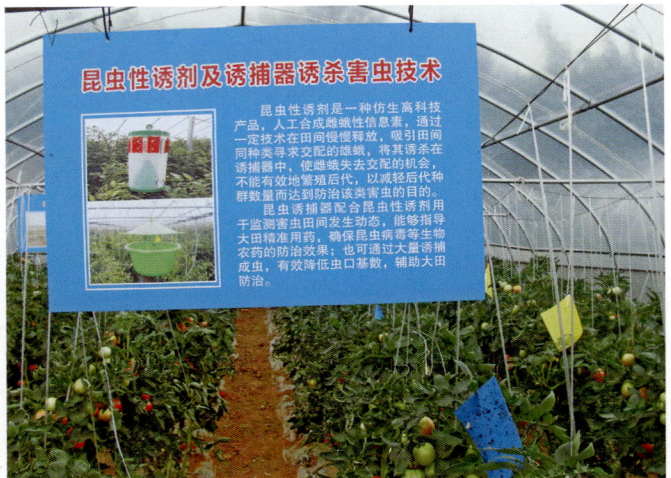

图 2　大棚防虫网　　　　　　　　　图 3　昆虫性信息素诱捕器

● 生物防治

1. 应用微生物制剂　按照"以菌治虫，以菌治菌"的方法，使用 80 亿孢子/毫升金龟子绿僵菌可分散油悬浮剂喷雾防治粉虱，每亩用药量 60 ～ 90 毫升；使用 600 亿 PIB/克棉铃虫核型多角体病毒水分散粒剂喷雾防治棉铃虫，每亩用药量 2 ～ 4 克；使用 300 亿 PIB/克甜菜夜蛾核型多角体病毒水分散粒剂喷雾防治甜菜夜蛾，每亩用药量 2 ～ 5 克；使用 1.2 亿芽孢/克解淀粉芽孢杆菌水分散粒剂撒雾防治番茄枯萎病，每亩用药量 20 ～ 32 千克；使用 5 亿活孢子/克淡紫拟青霉颗粒剂沟施防治根结线虫病，每亩用药量 3 000 ～ 3 500 克；使用 2 亿孢子/克木霉菌可湿性粉剂喷雾防治早疫病，每亩用药量 100 ～ 300 克。

2. 应用植物源或抗生素农药　使用 1.5% 苦参碱可溶液剂喷雾防治蚜虫，每亩用药量 30 ～ 40 毫升；使用 0.1% 甲氨基阿维菌素苯甲酸盐可溶液剂冲施防治地老虎，每亩用药量 80 ～ 100 毫升；使用 4% 新奥霉素水剂喷雾防治病毒病，每亩用药量 20 ～ 40 毫升；使用3%多抗霉素可湿性粉剂喷雾防治晚疫病，每亩用药量355～600克；使用3%中生菌素可湿性粉剂600～800倍液灌根防治青枯病。

● 科学用药

根据病虫害发生基数、发生条件，结合气象资料，分析、推断发生程度，以确定发生时期和防治适期。在农业、物理和生物调控都不能有效控制病虫危害时，坚持"病要防早，虫要治小"的原则，结合调查和测报，不使用高毒、高残留农药，必要时选用高效、低毒、低残留农药和环境友好型农药，科学轮换和混配，采取二次稀释法，使用弥雾式喷雾器，做到喷雾均匀周到，不重不漏，提高防治效果，严格按照农药安全间隔期用药。

效果与效益

● 经济效益

核心示范区对主要病虫的综合防治效果达85.2%，其中棉铃虫防效为83.7%，甜菜夜蛾防效为84.3%，蚜虫防效为88.2%，白粉虱防效为84.6%。增产增收成效显著。一是产量明显增加，示范区亩产6 300千克，群众自防区亩产6 240千克，增产60千克；产值明显增多，示范区亩产值较群众自防区增加1 368元，增幅达12.18%。二是投资收益比明显提高，群众自防区亩均总成本3 650元，亩产值11 232元，投资收益比1∶3.08，示范区亩均总成本3 750元，亩产值12 600元，投资收益比1∶3.36。三是防治成本明显降低，群众自防区每亩用药成本291元，亩均用药人工成本130元，亩防治成本421元；示范区每亩用药成本268.6元，亩均用药人工成本100元，亩防治成本368.6元，示范区每亩防治成本较群众自防区降低52.4元，降低12.45%。

● 生态效益

在作物整个生长过程中示范区亩施药1.1千克，群众自防区亩施药2.1千克，农药使用量明显减少，有效降低了农药残留，生态环境得到保护。

● 社会效益

示范区降低了农药用量，减少了农药残留和环境污染，改善了农产品品质，提高了产品质量，示范区的建设运行，改变了农民以往单纯依赖化学防治的观念，促进了农业可持续发展。

主要研发单位与人员

研发单位：1. 济源市植保植检站；2. 河南省济源白云实业有限公司
主要人员：朱高明[1]，孙红霞[1]，薛龙毅[1]，方分分[2]，翟清云[2]

84. 济源市寺郎腰大葱病虫害统防统治与绿色防控融合技术模式

济源市地处河南省西北部，寺郎腰位于济源市西部山区，其土壤特别适宜大葱生长，常年种植大葱266.67公顷左右，以其植株高大、味道甜美、营养丰富、绿色无污染而享誉全国。2011年被农业部认证为"中国农产品地理标志产品"，2016年1月，寺郎腰大葱入选农业部2015年度全国名优特新农产品目录。当地常发的大葱病害主要有霜霉病、灰霉病、软腐病、紫斑病、锈病等，害虫主要有斑潜蝇、葱蓟马、甜菜夜蛾、蛴螬等。为进一步提升大葱品质，应对病虫害难题，寺郎腰建立了一套适用于种植大户、家庭农场、合作社等规模连片种植的大葱主要病虫害绿色防控技术模式。

集成技术 ◆

● 农业防治

1.选用抗病虫品种 选用抗病虫、抗寒、耐热、抗逆性强、适应性强、商品性好、高产耐贮的章丘大葱、铁杆王、长白山等品种，采用籽粒饱满、比重大的种子进行育苗。

2.清洁田园 前茬作物收获后，清除病残体及杂草。

3.种子消毒 种子在播种前进行晒种，一般晒2～3天，每天晒3～4小时。晒种时应注意不能用铁器盛放种子，也不能在水泥地上摊晒种子，避免因温度过高烫伤种子。用沼液或吡虫啉浸种3小时，然后用清水洗净、晾干，或用50℃温水浸种25分钟。

4.催芽播种 播种前3～4天，先用冷水浸泡8小时左右，然后淘洗干净，捞出后放在干净的瓦盆内，上盖湿布放在15～20℃的地方进行催芽，每天用清水淘洗1次，3～4天出芽后即可播种。土壤干湿合适时播种，一般采取条播，也可撒播，条播时行距6～8厘米，播种沟深0.8厘米，播后搂平畦面。

5.合理进行水肥管理 每亩施腐熟圈肥5 000千克左右，然后进行深翻，使土肥充分混合，耕平后开葱沟，沟内再集中施些充分腐熟的有机肥，每亩加15千克过磷酸钙、150千克草木灰。施肥后深刨沟底达25～30厘米。大葱适合于深栽，但不能埋没心叶。一般每亩1.2万～2万株。大葱定植后的缓苗阶段一般不浇水。8月浇水2～3次即可。收获前10天停止浇水。

6.加强葱苗管理 一是冬前及越冬期管理。当秧苗第一片真叶长出后，可视土壤墒情进行浇水，一般浇水1～2次。幼苗停止生长时要求具有3片真叶，高10厘米左右。为使幼苗安全越冬，土地封冻时应浇一次封冻水。浇封冻水后最好在畦面上再覆盖约2厘米厚的马粪或土杂肥，以防寒保墒。二是返青到定植前的管理。浇水、追肥、蹲苗。返青后及时浇一次返青水，但不要浇得太早，于春分前后结合浇水每亩冲施人尿粪1 500千克或硫铵15千克，以后10～15天不再浇水，进行蹲苗。蹲苗结束以后，追肥应以氮、钾肥为主，有机、无机肥交替使用，追肥2～3次。6月上旬停止浇水追肥，进行蹲苗，以备移栽。移栽前1～2天再浇水1次，以便起苗。当大葱进入旺盛生长期后，随着叶鞘变长，应及时通过行间中耕，分次培土（图1）。

图1　中耕培土

● **理化诱控**

1.杀虫灯诱杀　安装太阳能杀虫灯，高于植物顶部65～75厘米，不超过80厘米（图2）。每盏杀虫灯防控面积30亩左右，诱杀甜菜夜蛾、棉铃虫、蝼蛄、金针虫成虫等。

图2　太阳能杀虫灯

2.色板诱杀 每亩均匀放置25～30张蓝色诱虫板（图3），诱杀蓟马，60天更换1次；苗期距株顶端10～20厘米高悬挂，中后期在行间悬挂。如发现蓝板黏度下降或已粘满虫，要及时更换。

图3 悬挂蓝色诱虫板

3.性诱剂诱杀 大葱定植后每亩放置3～5个甜菜夜蛾性诱捕器，诱杀甜菜夜蛾成虫，诱捕器悬挂高度高于作物20～30厘米，诱芯30天更换1次。

● **生物防治**

当葱田甜菜夜蛾或棉铃虫虫量达到防治指标时，在卵孵化盛期至幼虫三龄前使用300亿PIB/克甜菜夜蛾核型多角体病毒水分散粒剂、600亿PIB/克棉铃虫核型多角体病毒水分散粒剂喷雾防治，每亩用药量均为3克；使用10亿孢子/克金龟子绿僵菌颗粒剂沟施防治蛴螬，每亩用药量3 000～4 000克；使用8%甲氨基阿维菌素苯甲酸盐可溶液剂喷雾防治大葱蓟马，每亩用药量2～2.5毫升；使用3%多抗霉素可湿性粉剂喷雾防治大葱紫斑病，每亩用药量75～100克。

● **科学用药**

1.苗床处理 每平方米用64%噁霜·锰锌可湿性粉剂25克加细干土10～15千克拌匀，下铺上盖，预防苗期病害。

2.病害防治 在紫斑病、霜霉病、灰霉病、白腐病发生早期，用70%百菌清可湿性粉剂500倍液，或64%噁霜·锰锌可湿性粉剂500倍液喷雾防治。

3.害虫防治 有地下害虫的地块，用3%敌百虫颗粒剂进行土壤处理。防治潜叶蝇、葱蓟马可用10%吡虫啉可湿性粉剂4 000倍液，间隔10天再防治一次。

效果与效益

● 经济效益

示范区增产增收成效显著。一是产量明显增加，示范区比完全不防治区增产1 380千克/亩，增幅达57.5%，比群众自防区增产460千克/亩，增幅达13.86%；产值明显增加，示范区亩产值较完全不防治区增加2 070元，增幅达57.7%，较群众自防区增加690元，增幅达13.86%。二是投资收益比明显提高，群众自防区亩均总成本3 414.75元，亩产值4 980元，投资收益比1∶1.46，示范区亩均总成本2 411元，亩产值5 670元，投资收益比1∶2.35。三是防治成本明显降低，群众自防区每亩用药成本64元，亩均用药人工成本120元，亩防治成本184元，示范区每亩用药成本30元，亩均用药人工成本60元，亩防治成本90元，示范区每亩防治成本较群众自防区降低94元，降低51.1%。

● 生态效益

在作物整个生长过程中示范区每亩施药2.143千克，群众自防区每亩施药3.156千克，示范区施药量较群众自防区降低32.1%，农药使用量大幅度降低，有效降低了农药在大葱中的残留，生态环境得到保护。

● 社会效益

试点区降低了农药用量，减少了农药残留和环境污染，改善了农产品品质，提高了产品质量，试点的建设运行，改变了以往单纯依赖化学防治的观念，促进了农业的可持续发展。

主要研发单位与人员

研发单位：1. 济源市植保植检站；2. 河南省济源白云实业有限公司
主要人员：朱高明[1]，孙红霞[1]，薛龙毅[1]，方分分[2]，曹植[2]

85.孟州市韭菜病虫害统防统治与绿色防控融合技术模式

　　孟州市地处河南省西北部，是河南省乃至全国最大的集中连片韭菜种植基地，每年生产4 000多万千克放心韭菜，产值达5 000多万元。由于连茬栽培及温棚环境条件适宜，韭菜灰霉病、疫病、迟眼蕈蚊（韭蛆）、葱须鳞蛾（钻心虫）、蚜虫、蓟马等病虫害逐年加重，已严重影响韭菜的产量及品质。近年来，围绕建设生态、优质、高效农业示范区的目标，孟州市以西虢镇全义村的全义农场为示范种植区，通过多年的试验示范推广，不断调整种植结构，大力推广绿色、无公害韭菜种植模式，总结出一套设施韭菜病虫害绿色防控技术。目前已发展标准化韭菜生产基地4 000亩，辐射带动周边农户发展韭菜6 000亩。

集成技术

● 农业防治

　　1.选用优良、抗病品种　目前丰产性好且又抗病的韭菜品种有791雪韭、独根红、平丰8号、豫韭菜1号等，可根据当地实际情况灵活选用。

　　2.合理轮作　韭菜多年连作，不仅土壤养分匮乏，同种作物病原菌和害虫也会大量积累。若韭菜播种或移栽的前茬是葱、蒜类蔬菜，则地下害虫尤其是韭蛆多，菌源也会累积，加重病虫害的发生，造成韭菜出苗率低、生长势差。因此，可与非百合科作物进行3年以上的轮作，可减轻韭蛆等地下害虫的发生。

　　3.深翻土地　每3～5年土壤深翻一次，深度50厘米以上，可达到抑制土壤中病虫害的效果。

　　4.科学施肥　韭菜是喜肥作物，对肥料的需求旺盛，生产中应以优质腐熟的有机粪肥、饼肥为主，补施化肥为辅，每亩可施腐熟有机肥3 000～3 500千克。及时追施氮、磷、钾肥，做到"刀刀追肥"，同时应注意增施磷、钾肥，谨防氮肥过量。韭菜收割后，及时撒施一层草木灰，既可阻止成虫产卵，又可灭蛆、杀菌。

　　5.清洁田园　生产过程中要及时清除田间病株、残叶，带出田外进行集中销毁，防止病虫蔓延。

　　6.灌水灭虫　通过灌溉改变土壤湿度，地表湿度大的情况下，韭蛆高龄幼虫不能化蛹、蛹不能羽化，地下滴灌技术可以保持地表干燥，不利于韭蛆成虫产卵。设施栽培韭菜可结合11月下旬的冬灌和3月初的春灌进行灌水灭虫。灌溉可破坏韭蛆的生活环境，降低虫口基数，灌水时可结合用药和利用臭氧灌溉机械，增加灌水中的臭氧量，破坏幼虫表皮组织，效果更好。

7.加强棚室管理 棚室管理应以保温、防寒、排湿为重点，棚内相对湿度应控制在80%以下，湿度过大时，早晨可以短时放风，中午前后室外气温较高时，打开较大的通风口排湿，避免因湿度过大导致病害发生（图1）。

图1 韭菜种植大棚

● **理化诱控**

1.灯光诱杀 利用害虫趋光性，在田间可布设频振式杀虫灯诱杀成虫，可有效诱杀鳞翅目、鞘翅目等害虫，如金龟子（图2）。

图2 频振式杀虫灯

2.色板诱杀　在成虫盛发期，可用黄色粘虫板诱杀，保护地条件下，每亩放置25～30块诱虫板可以起到一定的杀灭成虫效果。韭菜迟眼蕈蚊成虫一般活动距离较小，且喜在地面爬行，因此诱虫板不宜放置过高，色板下缘在植株顶部以上5～10厘米处即可。使用过程中注意定期更换粘虫板，便于及时掌握成虫发生动态。

3.设置防虫网　在韭菜棚的通风口、出入口处设置防虫网，能够显著降低韭菜迟眼蕈蚊的发生（图3）。设置的防虫网尺寸应将风口、出入口完全覆盖。综合考虑透光率、通风透气和阻隔韭菜迟眼蕈蚊成虫的需要，以40～60目的防虫网为宜，夏季栽培可选用深色防虫网，其他季节栽培可选用无色防虫网。使用防虫网时，应避免用力拉扯以防其变形或破损，一旦发现破损要及时修补。

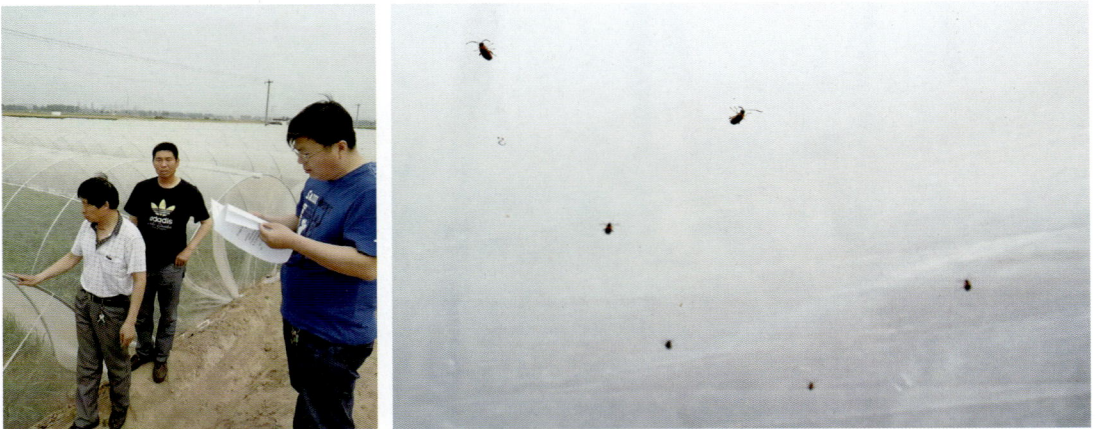

图3　60目防虫网

4.糖醋液诱杀　在韭蛆成虫发生始盛期，将盛有糖醋液（将糖、醋、酒、水按体积比为3：3：1：10的比例混合配制而成，然后按照2%的用量添加90%敌百虫原药或10%噻虫胺悬浮剂等化学农药，还可以在糖醋液里添加大蒜素等气味引诱剂）的盆，每亩韭菜地放2～3盆诱杀成虫（图4）。注意随时添加糖醋液，保持药液不干。

图4　糖醋液诱杀

5.**日晒高温覆膜**　主要针对韭蛆不耐高温的特点，在地面铺上透明保温的无滴膜，让阳光直射到膜上，提高膜下土壤温度，当韭蛆所在的土壤温度超过40℃，且持续3小时以上时，则可将其彻底杀死（图5）。

图5　日晒高温覆膜

● 生物防治

1.**保护田间天敌**　生产中要注意避免或减少使用广谱性杀虫剂，保护和利用自然界的天敌，利于控制韭菜迟眼蕈蚊种群。

2.**释放天敌**　可利用捕食性昆虫。棚内释放人工饲养的赤眼蜂捕杀葱须鳞蛾；利用食蚜蝇、瓢虫捕食蚜虫、蓟马；利用草蛉捕杀蚜虫、粉虱等。

3.**应用生物农药**　①韭蛆：可选用16 000国际单位/毫克苏云金杆菌可湿性粉剂、300亿孢子/克球孢白僵菌可湿性粉剂、2亿孢子/克金龟子绿僵菌颗粒剂、3 000亿孢子/克荧光假单胞菌可湿性粉剂、1.8%阿维菌素乳油、0.5%苦参碱水剂、1.5%除虫菊素水乳剂等。②韭菜灰霉病：可使用24%井冈霉素水剂+2%嘧啶核苷类抗菌素水剂1 500倍液喷雾。③韭菜疫病：施用2亿孢子/克木霉菌可湿性粉剂250克/亩喷雾，或100亿孢子/克枯草芽孢杆菌可湿性粉剂150克/亩喷粉预防。

● 科学用药

应从合法、合规、合理3个方面加强农药的科学使用，这是避免或减轻韭菜产品质量安全问题的根本性措施。坚持从正规渠道购买合法农药产品，避免使用非登记农药，以及坚决杜绝使用高毒违禁农药。

1.**防治灰霉病**　加强通风，排除湿气，割完头刀韭菜后，及时清除病叶深埋，发病初期，设施韭菜首选烟剂如百菌清、腐霉利，用铁丝将烟剂插挂在大棚内，均匀放置，用火柴引燃，自棚深处向棚口逐一点着，一般可于傍晚熏，次日起烟，收获前3天停止用药。也可每亩使用20%嘧霉胺悬浮剂100～150毫升兑水喷雾，喷药宜选择上午棚室湿度较低时进行，配制药液时适量添加有机硅助剂，增加药液黏着性，同时注意喷洒棚内立柱、墙体、裸露土壤等可能被病菌污染的地方。根据病情每7～10天喷1次，连续喷洒2～3次，收割前根据农药安全间隔期停止用药。

2. 防治疫病　加强通风管理，防止湿度过大，发病前，选用75%百菌清可湿性粉剂600倍液，或80%代森锰锌可湿性粉剂600倍液喷雾保护。发病初期用58%甲霜·锰锌可湿性粉剂400～500倍液，或68.75%噁唑·锰锌水分散粒剂1 000倍液喷雾防治，间隔7～10天一次，连续喷雾2～3次可有效控制病情蔓延。

3. 防治蓟马、潜叶蝇、葱须鳞蛾　发生初期用1.8%阿维菌素乳油2 500倍液，或48%噻虫胺悬浮剂5 000倍液，或5%氟虫脲乳油2 000倍液液进行喷雾防治。

4. 防治韭蛆

（1）移栽苗处理。移栽韭菜定植前精细理苗，去除弱苗、病苗和带虫的韭苗，然后用10%吡虫啉可湿性粉剂800～1 000倍液，或70%辛硫磷乳油500～600倍液，蘸根1分钟，能够减少韭蛆在生产期危害。

（2）生长期防治。①防治成虫：目前登记防治韭蛆成虫的制剂只有1个，为4.5%高效氯氰菊酯乳油，可在春、秋季成虫羽化盛期（一般在4月中下旬和9月中下旬）上午9—11时，每亩使用4.5%高效氯氰菊酯乳油10～20毫升兑水喷雾，间隔5～7天再防治一次。喷洒要全面，覆盖韭株周围地表及整个棚室的内表面，以压低虫口基数。②防治幼虫：幼虫的防治应避开韭菜生长期，主张冬季生产夏季施药，春季生产冬前施药。生长期用药的最佳时期是幼虫危害初期，即田间零星出现韭菜叶尖发黄变软逐步倒伏，挖根可见少量幼虫的时候，应立即施药防治。灌根前先扒开韭墩附近表土，去掉喷雾器的喷头，对准韭菜根部喷药即可，喷完后随即覆土，然后大水浇灌整个田块，以水深4～5厘米为宜。对于韭蛆幼虫的化学防治药剂，目前在韭菜上登记的单剂产品主要有吡虫啉、氟啶脲、氟铃脲、噻虫嗪、噻虫胺、灭蝇胺、高效氯氰菊酯等17个有效成分。复配剂主要有虫螨腈·噻虫胺、虫螨腈·灭蝇胺、联苯·噻虫胺等13个。选用药剂时需考虑抗药性问题，注意药剂轮换使用。

效果与效益

● 经济效益

通过绿色防控技术的应用，蔬菜基地每年施药次数减少3～4次，农药使用量降低25%以上，对病虫的防治效果达到85%以上，病虫危害损失率控制在10%以内，核心区内韭菜亩产量平均4 000千克，亩增产150～200千克，按2元/千克计，每亩可增收300～400元。

● 生态效益和社会效益

通过推广韭菜绿色防控技术模式，既有效控制病虫害，又减少了施药次数，减少了农药使用量，达到了减量控害的目的，还能有效控制韭菜农药残留，提高了产品品质，减轻农药对土壤、水源等环境的污染，逐步实现了对韭菜病虫害的可持续控制，同时有效保护了天敌及有益生物，促进了生态平衡，使天敌种类和种群数量得到了有效恢复，充分利用以虫治虫、太阳能杀虫灯诱杀在防治病虫害中的作用。让人们吃上了真正的放心菜，带动了示范区农民增产增收，加快了全市蔬菜病虫害的防治进程，进而推动蔬菜产业发展。

主要研发单位与人员

研发单位：孟州市农业技术推广中心
主要人员：闫爱军，林开创，薛晓敏

86. 郑州市中牟县大蒜病虫草害统防统治与绿色防控融合技术模式

中牟县位于河南省中部偏东，属典型的中纬度暖温带大陆性季风气候，气候温和，四季分明，雨热同期，适于多种植物生长和农作物复种。中牟县大蒜种植面积约28万亩，曾获马来西亚博览会金奖，被评为"河南省名牌农产品"；2005年，中牟大蒜被评为国家"三绿"工程蔬菜类十大畅销品牌之一。随着大蒜种植规模的扩大和产业化的发展，病虫害发生较重，成为重要制约因素。大蒜的主要病害有软腐病、叶枯病、紫斑病、锈病、病毒病等，主要害虫有根蛆、豌豆潜叶蝇、蚜虫、蓟马等。近年来，中牟县通过试验示范，探索出一套大蒜病虫害绿色防控技术模式。通过大力推广农业防治、生物防治和科学合理用药等绿色防控技术，有效控制了大蒜病虫害的发生危害，减少了化学农药使用量和残留，显著提升了大蒜品质。

集成技术

● 农业防治

1. 选用抗病品种　一般选用中牟大白蒜、紫皮蒜、独头蒜、蒜苔蒜4个品种或引进的新品种，如太空一号、大青棵，大丰收一号等，紫皮蒜较抗病。选用无病斑、无虫孔、无创伤、不霉烂的健壮蒜瓣做蒜种。

2. 加强田间管理　①病菌在土壤中越冬是病害春季传播蔓延的主要侵染途径，避免连作，与粮食作物进行4年以上的轮作倒茬。②深耕晒垡，精耕细耙，增加土壤通透性，降低虫源基数，清洁田园，减少初侵染源。③平衡施肥。基肥：结合整地，播种前每亩撒施商品有机肥50千克，或农家腐熟肥鸡粪、鹌鹑粪350千克，或45%氮、磷、钾复合肥50千克，或微生物菌肥80千克。追肥：在大蒜苗期、抽薹期每亩使用45%氮、磷、钾复合肥50千克。根据大蒜生长情况每亩可用98%磷酸二氢钾粉剂4千克随水冲施。每亩可用硫酸锌10千克随水冲施。

3. 使用地膜　每亩地使用黑地膜2.4千克，黑地膜不透光，使杂草发芽时不能光合作用，可抑制杂草生长。

● **生物防治**

①防治大蒜病毒病：选用8%宁南霉素水剂700倍液，或0.1%大黄素甲醚水剂750倍液，或0.5%葡聚烯糖可溶粉剂5 000倍液，或6%低聚糖素水剂900倍液喷雾。②防治蚜虫：选用2.5%鱼藤酮乳油400～500倍液，或1%除虫菊酯水乳剂300～400倍液喷雾。③防治蓟马：选用10%多杀霉素悬浮剂2 500～3 500倍液，或6%乙基多杀菌素悬浮剂3 000～6 000倍液喷雾。

● **科学用药**

在病虫草害防控中要合理使用农药，严格把握药剂用量，对症下药，使用高效低毒低残留农药。

1.药剂拌种 在大蒜播种期，每亩可选用38%苯醚甲环唑·咯菌腈·噻虫嗪悬浮种衣剂100克拌大蒜种150千克，兑水1.5千克，晾干后播种，可有效减轻大蒜细菌性软腐病、叶枯病、根蛆、豌豆潜叶蝇等病虫害。

2.生长期防治

（1）病害防治。①大蒜叶枯病：可选用10%苯醚甲环唑水分散粒剂1 000倍液，或50%咪鲜胺锰盐可湿性粉剂1 000倍液，或25%咪鲜胺乳油500倍液喷雾。②大蒜紫斑病：可选用58%甲霜灵·代森锰锌可湿性粉剂500倍液，或47%春雷霉素·氧氯化铜湿性粉剂600～800倍液喷雾。③大蒜软腐病：可选用3%中生菌素可湿性粉剂500倍液，或14%络氨铜水剂200～400倍液，或77%氢氧化铜可湿性粉剂800～1 000倍液，或30%琥胶肥酸铜可湿性粉剂400～600倍液，或20%噻菌铜悬浮剂600～800倍液，或77%硫酸铜钙可湿性粉剂1 000倍液喷雾，重点喷洒病株基部。④大蒜锈病：可选用15%三唑酮可湿性粉剂2 000～2 500倍液，或25%丙环唑乳油3 000倍液喷雾，或50%萎锈灵乳油700～800倍液喷雾。⑤大蒜病毒病：可选用20%盐酸吗啉胍·乙酸铜可湿性粉剂500倍液，或1.5%烷醇·硫酸铜乳油1 000倍液喷雾。

（2）虫害防治。①大蒜根蛆：在蒜蛆幼虫危害盛期（10月上旬至11月中旬，4月上旬至5月上中旬），每亩使用5%氟啶脲乳油500毫升+10%虫螨腈悬浮剂500毫升，或48%噻虫胺悬浮剂100～200毫升，或40%辛硫磷乳油1 000毫升，随浇水冲施。②蓟马：可选用24%虫螨腈悬浮剂2 500倍液，或25%噻虫嗪水分散粒剂3 000倍液，或5%啶虫脒乳油1 800倍液，或10%吡虫啉可湿性粉剂1 000倍液喷雾。③豌豆潜叶蝇：可选用50%灭蝇胺可湿性粉剂2 500～3 000倍液，或31%阿维·灭蝇胺悬浮剂1 500倍液，或1.8%阿维菌素乳油1 500～3 000倍液。④蚜虫：选用5%啶虫脒乳油1 800倍液，或10%吡虫啉可湿性粉剂1 000倍液喷雾。

（3）杂草防治。①土壤封闭处理：在大蒜播后苗前，进行土壤喷雾，每亩可选用44%二甲戊灵·乙氧氟草醚·乙草胺乳油150毫升，或33%二甲戊灵乳油150毫升，或24%乙氧氟草醚乳油40毫升，可防除一年生禾本科杂草及阔叶杂草。②生长期茎叶喷雾：防除一年生禾本科杂草，每亩可用10%精喹禾灵乳油30毫升，兑水喷雾；防除一年生阔叶杂草，每亩可用25%辛酰溴苯腈乳油100毫升，兑水喷雾。

主要研发单位与人员

研发单位：1. 中牟县植保植检站；2. 郑州市农业技术推广中心植保植检站

主要人员：袁世昌[1]，郑雷[1]，胡娜[1]，刘真真[1]，邢彩云[2]

87.商丘市睢阳区白芦笋病虫害统防统治与绿色防控融合技术模式

睢阳区位于商丘市中心南部，属暖温带半湿润大陆性季风气候。当地土壤、水、气候等条件适宜芦笋生长发育。但在田间栽培过程中发现，芦笋生长过程中营养积累不充分，容易造成营养不良，品质下降。同时由于嫩茎在土壤中生长，病虫害较难防治，影响白芦笋产量和质量。白芦笋生育期内病虫害主要以蚜虫、蓟马、菜青虫、斜纹夜蛾、甜菜夜蛾、地老虎、蛴螬、金针虫、茎枯病、褐斑病、枯萎病等为主。为避免农药残留污染，保障食品安全，商丘市睢阳区采用了白芦笋病虫害绿色防控技术，以农业防治为主导，辅以化学防治，并结合物理防治和生物防治，同时采取培育壮苗、加强田间管理等措施，全面提高植株抗病虫害能力。

集成技术

● 农业防治

1.选用抗（耐）病优良品种　芦笋为一次种植多年收益，为打好基础首先要选用抗（耐）病、优质丰产、抗逆性强、适应性广、商品性好的品种，如冠军1号、200-3、翡翠明珠等。

2.培育壮苗　用30～35℃温水中浸种48小时，每天换水1～2次。浸种后于25～30℃条件下催芽，每天用清水冲洗2～3次。待20%～30%的种子露白后即可播种。用营养钵育苗，营养土一般用过筛非种植芦笋的耕层土和腐熟有机肥配制而成，耕层土和腐熟有机肥的比例为3∶1（以体积计）。营养钵高度要求7～10厘米。播种前，营养钵育苗畦浇透水，播种时取一粒发芽种子播在营养钵中央，随即覆上营养土，厚度为1.5～2厘米。

3.开沟做垄　开沟前种植地应深耕整平。按170～180厘米行距开宽40厘米、深40厘米种植沟。以熟土和基肥在下，生土在上回填，回填成中间高、两边洼的小拱形，移栽前浇水使土壤沉实，以备定植。播种后60～80天，当营养钵内实生苗长至3～5枝地上茎、5～8根贮藏根时移栽。可早春播种，晚春移栽，也可秋季播种，春季移栽。种植密度为行距170～180厘米、株距25～30厘米。每亩白芦笋使用苗木1 200～1 500株。移栽前将苗按大小分级，带土移栽。栽植深度5～15厘米，移栽后浇水沉实。

4. 加强田间管理　根据采收方式、笋龄、时期和根盘大小留母茎，每株留母茎3～5枝。适时打顶，以防倒伏。进行培垄处理，特别是在春笋出土前应进行培土作业，培土规格为上宽30～45厘米，下宽45～60厘米，高度25～30厘米。

5. 清洁田园、中耕除草　生长过程中及时清除病枯枝及残茬，并带离芦笋地集中处理。冬季或者早春把干枯的地上茎割掉运出芦笋田外，彻底清园。中耕除草，保持土壤疏松。中耕时应避免伤及地下嫩茎和根系。

● 物理防治

1. 黄板诱杀　田间内悬挂黄板诱杀蚜虫等害虫。黄板规格25厘米×40厘米，每亩悬挂30～40块。

2. 杀虫灯诱杀　利用频振杀虫灯、黑光灯、高压汞灯、双波灯诱杀害虫。

● 生物防治

积极保护天敌，采用Bt等生物农药防治害虫。

● 科学用药

1. 种子处理　用30%代森锰锌可湿性粉剂300倍液浸种10～12小时。

2. 生长期防治　选用高效低毒农药防治病虫害，如选用25%吡唑醚菌酯悬浮剂和30%肟菌·戊唑醇悬浮剂防治茎枯病、褐斑病、枯萎病等病害；用10%吡虫啉可湿性粉剂、5%甲氨基阿维菌素苯甲酸盐微乳剂、20亿PIB/毫升甘蓝夜蛾核型多角体病毒悬浮剂、20%氯虫苯甲酰胺悬浮剂等防治蚜虫、蓟马、菜青虫、斜纹夜蛾、甜菜夜蛾、地老虎、蛴螬、金针虫等害虫。做到对症用药、适时适量用药、合理混用、轮换交替用药，防止和推迟病虫害抗性的产生。

主要研发单位与人员

研发单位：1. 睢阳区植保植检站；2. 睢阳区娄店乡；3. 梁园区植保植检站
主要人员：王志红[1]，朱常建[2]，赵志强[3]

茶树病虫害统防统治与绿色防控融合技术模式

88. 信阳市平桥区茶树病虫害统防统治与绿色防控融合技术模式

信阳市平桥区地处亚热带向暖温带过渡地区，境内气候温和，土壤肥沃，适于茶叶生长，是信阳毛尖的主产地，茶叶面积11.6万亩。种植品种为信阳群体种、福鼎大白、白毫早、乌牛早等，其中福鼎大白占70%以上。茶叶主要病虫种类多，害虫以茶尺蠖、茶毛虫、茶小绿叶蝉、黑刺粉虱、茶橙瘿螨等为主。尤其是茶尺蠖为害严重，以幼虫残食茶树叶片，低龄幼虫为害后形成缺刻或孔洞，三龄后残食全叶，可使成片茶园光秃，只剩残枝，严重影响茶树生长和茶叶产量、品质。化学农药自20世纪60年代开始在茶区广泛使用以来，对确保茶叶的高产曾起到重要作用，也是防治茶尺蠖的一个有效途径。但在化学农药的使用过程中，茶区普遍存在施药次数过多、农药用量过大、施药技术较为落后等问题。平桥区植保站经过几年的示范和推广，逐渐探索出一条产出高效、产品安全、资源节约、环境友好的适应于浅山区种植的茶叶病虫害全程绿色防控技术模式。

集成技术

● 病虫测报

加强病虫预测预报，掌握害虫发生动态和防治适期，指导好病虫防治（图1、图2）。

图1 茶园害虫测报装置

图2　调查测报灯诱虫情况

● **农业防治**

　　春季沟施有机肥，清洁茶园，提高茶树抗病虫能力。春茶后和秋季封园后及时修剪。秋季结合中耕除草拣出土壤中的蛹，清理病虫枝叶，带出园外集中销毁，降低病虫越冬基数。初冬时根据配方施肥施足基肥，提高茶树抗逆能力。

● **物理诱控**

　　1.应用太阳能频振式杀虫灯　每30～50亩安装太阳能频振式杀虫灯1盏，开灯时间为4月底至8月底（图3）。

图3　太阳能杀虫灯

　　2.色板诱杀技术　利用一些茶树害虫对颜色的趋性，采用诱虫黄板控制茶假眼小绿叶蝉、茶蚜、茶黑刺粉虱等害虫，采用诱虫蓝板控制茶蓟马。每亩悬挂诱虫色板25张，位置高于茶树顶部15厘米，安放时间在4月和7—8月（图4）。

图4　茶园悬挂粘虫板

3.性信息素诱控技术　利用昆虫性信息素控制茶毛虫、茶尺蠖等主要害虫。5月上中旬安装茶尺蠖、茶毛虫杀虫平台，每30天更换诱芯1次，监测茶尺蠖、茶毛虫成虫羽化高峰时间，预测幼虫发生期（图5）。

● **生物防治**

根据茶园病虫草害发生种类和危害程度，实施以家禽治虫、应用植物源和微生物源制剂等生物防治技术。在茶园释放鸡，可控制茶园里各类害虫，每亩可释放10只鸡。应用植物源和微生物源制剂控制茶园病虫害，春茶采摘后，选用1%申嗪霉素悬浮剂、5%氨基寡糖素水剂等防治茶树病害；选用1%苦参碱可溶液剂、0.3%印楝素水剂、1%苦皮藤素水剂、16 000国际单位/毫克苏云金杆菌可湿性粉剂等成熟产品防治一些重发、多发虫害。

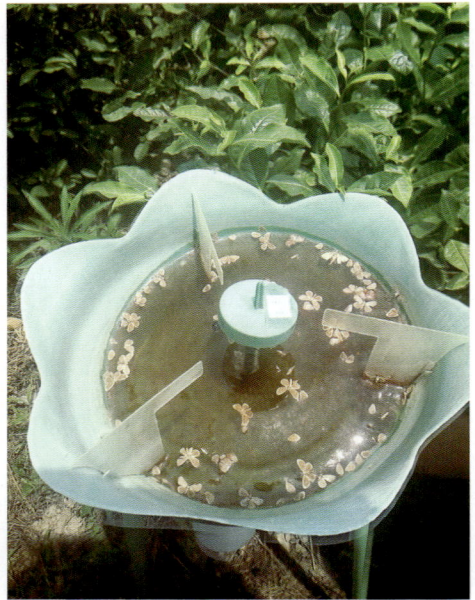

图5　茶毛虫诱杀平台

● **生态控制**

应用以草治草技术控制草害，在茶园种植白三叶草（图6），抑制茶园杂草生长，防止水土流失，同时也给茶叶害虫天敌提供了适宜的生存环境。实行茶林间作，保留茶园内及周边灌杂树丛，茶园间套种桂花树、豆科植物等，丰富茶园植被（图7），维护生物多样性，增加茶园蜘蛛、寄生蜂、草蛉等天敌的种群数量，利用天敌来控制茶尺蠖、茶毛虫、茶蚕、茶小绿叶蝉、茶蚜等。

图6　茶园种植白三叶控制杂草

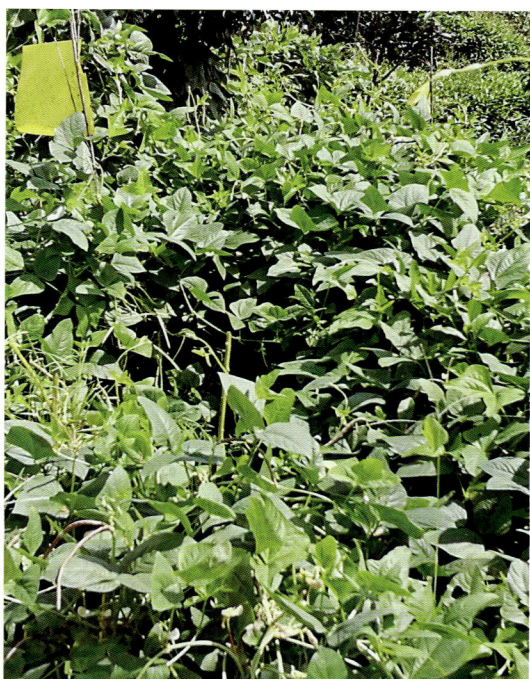

图7　茶园套种豆科植物

● 科学用药

茶园病虫发生以鳞翅目害虫为主。根据测报，在病虫发生较重、生物农药不能控制时，有限制地使用在茶叶上登记的高效、低毒、低残留农药。在5—6月、8—9月幼虫高峰期前施药防治，可选用25%吡虫啉可湿性粉剂或20%甲氰菊酯乳油等。

效果与效益

● 防治效果

1.农业防治效果　春茶采摘后，及时修剪，并把剪枝带出茶园，可减少一些趋嫩性害虫的基数，修剪控制害虫防效达92%以上。

2.杀虫灯诱杀技术效果　太阳能杀虫灯能诱杀茶毛虫、茶尺蠖、茶小绿叶蝉、绿盲蝽、铜绿丽金龟、暗黑金龟、大黑金龟、蝼蛄、扁刺蛾、黄刺蛾、茶蜡蝉、茶天牛等30多种害虫，7—8月成虫发生高峰期，每盏杀虫灯一天最高可诱杀害虫400～800头，可有效杀灭茶园80%以上的害虫，减少施药次数和施药量2次以上。

3.生物防治效果　应用植物源和微生物源制剂控制茶园病虫害，春茶采摘后，选用申嗪霉素、海岛素等防治茶树病害，近些年来示范区病害均发生较轻；选用苦参碱、阿维·苏云菌、印楝素等产品防治一些重发、多发害虫，如茶毛虫、茶尺蠖、茶小绿叶蝉等，防效达95%以上。

4.生态控害技术效果　生态控害技术可改善提高茶园生态环境，保护和利用天敌，控制茶树害虫发生。据调查绿色防控示范区瓢虫、蜘蛛、草蛉等天敌平均3～5头/米²，比对照多2～3头/米²。

● **经济效益**

在茶园正常管理的基础上，使用太阳能杀虫灯、色板和性诱等绿色防控措施，每亩物化投入80元、人工费60元，每亩多收干茶4千克，收益比茶农自防区增加近1 500元，比空白对照区增加1 800元左右。

● **生态效益**

应用生态防控措施，减少化学农药使用3次以上，一方面保护利用了天敌，茶园天敌的种类和数量明显增加，对害虫的自然控制能力提高。另一方面减少了环境污染，提高了茶叶品质，从而提高了茶叶的食用价值。

● **社会效益**

茶叶病虫害绿色防控技术大大减少化学农药的使用，提高了茶叶产量和质量，增加了茶农收入，而且统防统治大大降低了劳动强度，提高了劳动效率。通过示范推广大面积应用，对于推进农药减量增效，保证农业生产安全、农产品质量安全和生态环境安全，保证农业可持续发展具有十分重要的意义。

主要研发单位与人员 ◆

研发单位：平桥区植物保护检疫站
主要人员：胡玉枝，吕峰顺，陈新

89. 信阳市浉河区茶树病虫害统防统治与绿色防控融合技术模式

　　信阳市浉河区位于河南省南部、信阳市西部,处于豫、鄂两省之间,是信阳毛尖的主要产区。茶园种植面积60余万亩,害虫以茶尺蠖和茶小绿叶蝉为主,茶蚜、茶毛虫、茶蓟马等为次要害虫;病害以茶炭疽病、茶云纹叶枯病为主,茶轮斑病、茶白星病等为次要病害。如何生产绿色、安全的茶叶已经成为当地茶农十分关心的问题。浉河区从茶园生态系统整体出发,根据茶树的生长习性及茶树病虫害发生特点,因地制宜采用生态调控、农业防治、物理防治、生物防治及科学使用药剂防治,将茶园病虫危害控制在经济阈值范围内,同时降低化学农药的使用量,实现对茶园主要病虫害的绿色防控,确保茶叶质量安全和茶园生态安全。

集成技术

● 农业防治

　　1. 分批多次及时采摘　许多害虫主要危害茶树的新梢和嫩叶,如茶蚜、茶小绿叶蝉、绿盲蝽等。根据浉河区茶叶采摘标准要求,分批多次及时采摘,不仅是提升茶叶高产优质的重要措施,也是防治这些害虫的有效方法。

　　2. 人工捕杀　利用茶尺蠖第一代幼虫有明显的"发生中心",茶行下面放置塑料薄膜,振落后集中杀死;利用冬季空闲时间,挖除越冬茶尺蠖蛹;茶毛虫幼虫聚集,可人工摘除虫枝;可用网捕法扑杀小绿叶蝉。以上措施都有一定防效,但效率不高。

● 理化诱控

　　1. 杀虫灯诱杀　在茶树生长期的19:00—0:00期间,每20～30亩茶园安装1台频振式太阳能杀虫灯,可以诱杀鳞翅目、半翅目、鞘翅目等多种害虫,效果显著。杀虫灯悬挂高度为1.5米,可有效降低虫口密度。定期清扫灯网,以免影响诱杀效果。由于灯诱雌成虫在灯下周围集中产卵,易造成灯下周围1亩左右的茶园为害加剧,必要时采取人工捕杀或化学防治。

　　2. 色板诱杀　5月上中旬,每亩挂黄板25片,黄板垂直于茶蓬面,色板下缘距离茶蓬面20厘米左右,主要诱杀茶蚜、茶蓟马、茶小绿叶蝉等,可降低田间虫口数量,延长防治时间。茶小绿叶蝉虫口数量大时，每隔10天左右及时更换黄板，以免影响诱杀效果（图1）。

  3.性诱剂诱杀 在成虫盛发期，每隔20～25米分别悬吊一个茶尺蠖、茶小绿叶蝉、茶毛虫性引诱剂，诱杀茶尺蠖、茶小绿叶蝉、茶毛虫。

图1 杀虫灯、粘虫板结合使用

● 生物防治

  茶园天敌资源比较丰富，但由于过去盲目使用化学农药，使有的茶园天敌种类与数量锐减。进行茶园害虫生态控制，要为天敌创造良好的生态环境，在茶园不同层次和周围种植遮阴林、防护林、行道树、绿肥，夏、冬季在茶树行间铺草，给天敌创造良好的栖息、繁殖场所。在进行茶园耕作、修剪、施药等人为干扰较大的活动时给天敌一个缓冲地带，减少天敌的损伤。在生态环境较简单的茶园，设置人工鸟巢，招引和保护鸟类进园捕食害虫。

  茶园修剪、台刈下来的茶树枝叶，先集中堆放在茶园附近，让天敌飞回茶园后再处理。人工采除的害虫卵块、虫苞、护囊等先放在有沿的坛子中，坛沿放水，防止害虫逃跑，寄生蜂、寄生蝇类却可飞回茶园。

● 科学用药

  加强预测预报，坚持以田间调查为主，根据不同害虫的发生时期确定防治时期，根据不同茶园的害虫种类和发生量确定防治对象。对鳞翅目幼虫应在孵化后期至三龄前用药，对茶小绿叶蝉应在若虫数量上升时用药，对蚧类、粉虱应在若虫盛期用药。选择好药剂种类，做到"对症下药"。选用高效低毒低残留、对茶树和天敌安全的农药品种，严格禁止使用国家规定不准在茶园使用的药剂。用药前掌握害虫的生物学特性，了解各种药剂的性能和防治对象，不常年使用几种固定的药剂防治各种有害生物。严格控制用药次数和用量。使用最低有效浓度、用药量和最少有效次数，减少农药残留，对天敌亦较有利，符合经济、安全、有效的要求，做到省药、省工、省成本。

效果与效益

经测算，每亩茶园绿色防控首次投入资金80～100元，根据防控设施使用时限测算（太阳能杀虫灯使用年限为10年，粘虫板每年更换2～3次）。每亩比使用农药实际节约成本约150元。改变了农民使用化学农药防治病虫害的传统观念，每亩减少农药使用3次，减少用药量50%，售价较普通茶叶提高50%以上。每亩增收500～2 000元。

主要研发单位与人员

研发单位：1.浉河区植物保护植物检疫站；2.信阳市植保植检站；3.浉河区农产品质量安全监测站；4.浉河区农业技术推广站

主要人员：周凯[1]，姜照琴[2]，陈倩[1]，孔倩[3]，袁珍[4]

90. 固始县茶树病虫害统防统治与绿色防控融合技术模式

固始县位于秦岭-淮河分界线，素有"北国江南，江南北国"之称，其复杂的气候也造成了当地病虫害的多发常发。固始县是河南省的重要茶叶产区，茶叶病虫害主要有炭疽病、叶斑病、茶毛虫、蚜虫、粉虱等。根据固始县茶叶生产情况和布局，在武庙镇皇姑山茶场建立示范基地，核心示范区面积2000亩，辐射带动周边1800多户茶农成立了兴农茶叶种植专业合作社，进行规范化管理，标准化生产，规模化经营，辐射带动面积20000亩。

集成技术

● 农业防治

推广无性系茶叶良种（如白毫早、信阳10号），增施生物有机肥，提升茶树抵御病虫害的能力。合理修剪，及时清除病虫残枝，集中销毁；适时耕锄，耙除虫蛹，茶行间及周边空闲地间作豆类、芝麻等作物。通过各种农艺措施，创造有利于茶树生长而不利于病虫发生的外部环境。

● 物理防治

1.灯光诱杀 利用害虫趋光性购置太阳能杀虫灯，每30亩安置一台频振式杀虫灯（图1），诱杀茶毛虫、茶尺蠖、茶蓑蛾等害虫。

图1 设置频振式杀虫灯

2.色板诱杀 在茶园内每亩安插悬挂20～40张黄、蓝板（图2），约间隔4～6米1张，高出茶树20厘米左右，诱杀茶小绿叶蝉、蚜虫、粉虱等。

图2 悬挂粘虫板

● 生物防治

保护利用茶园中有益蜘蛛、瓢虫、草蛉、捕食螨等天敌。

推广应用植物源、矿物源、核型多角体病毒等生物农药，如印楝素、苦参碱、鱼藤酮、申嗪霉素、井·枯草芽孢杆菌等。

● 科学用药

根据病虫测报调查结果，优先使用生物农药，必要时选用高效低毒环保型农药。如防治茶小绿叶蝉选用1%～3%天然除虫菊乳剂、2.5%鱼藤酮乳油300～500倍液或10%吡虫啉可湿性粉剂4 000倍液等进行喷雾；防治茶尺蠖、茶毛虫每亩使用0.6%苦参碱水剂1 000～1 500倍液或16 000国际单位/毫克苏云金杆菌可湿性粉剂400～800倍液等进行喷雾；防治茶炭疽病、叶斑病等病害可每亩使用1%申嗪霉素悬浮剂500倍液或1 000亿孢子/克枯草芽孢杆菌可湿性粉剂200～500倍液进行喷雾。

● 统防统治

实行专业化统防统治（图3），组织专业机防队，使用植保无人机等先进施药器械实行"五统一"（统一组织、用药、时间、防治、技术手段）防治，提升茶园病虫的快速防控能力，提高整体防治效果。

图3 植保无人机统防统治

效果与效益

● 经济效益

通过茶叶病虫害全程绿色防控，有效控制茶树病虫害，将病虫害损失控制在3%以内，农药防治成本下降30%以上。有效缓解了化学防治带来的环境污染、资源浪费，确保了茶叶质量，100%达到无公害茶叶质量标准。茶农效益显著提高，增收15%以上。

● 生态效果

禾虫、黄粉、蜜虫，生物农药的应用使用保护区的天敌种群数量大大增加，通过优胜劣汰方法，每年天敌利用数次繁殖力2～3次。同时，茶园害虫应控制的频次减少，天敌能够连续用药次数减少2～3次，生态系统得到优化。据测算，天敌能发生发展得越来越多，尤其是禾小绿叶蝉、卷叶蛾、蝙蝠、黄刺蛾等20多种害虫，天敌捕食率达到19—25日7天的每天看，分别达到1830头、1521头、1408头，日用灯捕获量250.8头、190.0头、214.5头，黄板、蓝板能够基本禾小绿叶蝉、蝙蝠、蜜虫，粉虱等多种害虫。通过实施绿色防控技术，茶叶上的主要病虫害得到了有效控制。

● 社会效益

通过系列病虫害绿色防控和光谱区建设，实现了科学用药，提高了质效，优美、优质、优质无公害农药，减少了使用农药和用药量，降低了茶叶中的农药残留风险，提高了茶叶品质、无该区应用无害化、母本、生物病虫害等绿色防技术，对我国农业起到了很好的示范推广作用。

◆ 主要研究地位与人员

研究单位：图书县植保植检站
主要人员：张光本、刘道宗、方勇

91. 商城县茶树病虫害统防统治与绿色防控融合技术模式

商城县位于河南省东南隅，大别山北麓，地处河南省信阳市境内。地势由南向北倾斜，逐级降低，形成中低山、低山丘陵、丘陵垄岗三大自然区。商城县茶园总面积21.5万亩，开采面积18.8万亩。年产干茶520万千克，全产业链综合产值18亿元。商城县茶树主要病虫害有茶云纹叶枯病、轮斑病、炭疽病、茶尺蠖、茶小绿叶蝉、茶小卷叶蛾、茶毛虫，近年来茶小绿叶蝉发生普遍，尤以茶尺蠖在部分茶园发生严重。2017年、2021年茶尺蠖在部分茶园暴发成灾，重灾区叶片和新梢被吃光，仅剩光秃秃的枝干，茶农对化学农药过度依赖，生态环境遭到破坏是导致病虫害频发的重要原因。为做大做强茶产业，商城县高度重视茶树病虫害绿色防控工作，从茶用农药专卖到茶园生产管理，全面推行茶树病虫害全程绿色防控技术，实现了产量、品质、生态全方位提升。

集成技术

● 农业防治

1. **择选抗性强的树种**　在优先考虑高产、适应性强的无性系良种基础上，选择品种时应充分考虑当地环境条件，所选品种需对当地主要病虫害表现出良好的抗性。

2. **科学施肥**　增施有机肥或生物有机肥，改良土壤，补充钙、镁、锌、硼等中微量元素，均衡茶树营养供给，促进根系生长，提高茶树的抗病虫害能力，同时也恶化了茶毛虫、茶尺蠖等害虫滋生环境，降低下一代害虫发生基数。

3. **分批适时采摘**　科学清园修剪，可有效改善茶园小生态，减少有害生物发生源和控制发生蔓延途径。

4. **中耕除草，铲除寄生源**　每年10月中上旬前后结合培土施肥，对茶园进行深中耕，可使落叶层中和表土中的一些越冬害虫暴露于土表而死亡，也会使茶尺蠖等成虫不能成功羽化，并将残枝落叶埋入土中，减少越冬菌源。第二年2月底到3月初的开春期浅中耕则可以改善土壤通透性，破坏地下害虫栖息场所，降低茶尺蠖等害虫危害。中耕同时配合勤除杂草，可有效减少假眼小绿叶蝉对茶园的危害。

5. **清园和封园**　茶季采摘末期，利用茶园停采的清闲时期，及时进行修剪，清除正遭受病虫害的残损枝叶并集中销毁，清园行动可以在很大程度上杀灭病虫，降低来年茶园病虫基数。秋末将茶园根际附近的落叶及表土清理至行间深埋封园，人工摘除病残枝和害虫护囊，可有效减轻病虫害的发生。

● 理化诱控

1.杀虫灯诱杀　安装并运行太阳能杀虫灯，主要诱杀茶尺蠖、茶毛虫、茶蚕、茶小卷叶蛾、茶蜡蝉等害虫成虫（图1）。单灯控制面积在25～30亩，于4月初检修并开灯运行。开灯时间为19:00至翌日6:00。

图1　设置太阳能杀虫灯

2.色板诱杀　主要安装诱虫黄板（图2），诱杀粉虱、茶蚜成虫等，于主害代成虫始盛前安装。色板安装要高过树冠5～10厘米，每亩分别安装色板35～40片，每年更换3～4次。

图2　悬挂黄色粘虫板

3.性信息素诱杀 安装茶尺蠖性信息素诱捕器，主要诱杀茶尺蠖成虫。一般于茶尺蠖越冬代成虫羽化（一般在3月中旬）前安装到位。诱捕器高过茶树叶面10～20厘米，每亩安装诱捕器1套。

● **生物防治**

选用16 000国际单位/毫克苏云金杆菌可湿性粉剂、400亿孢子/克球孢白僵菌水分散粒剂、2.5%鱼藤酮乳油、0.6%苦参碱水剂、0.3%印楝素水剂等药剂防治茶尺蠖、茶毛虫、茶小绿叶蝉、茶粉虱、茶蚜等害虫，也可用矿物油防治茶粉虱、蜡蝉、长白蚧、苔藓等有害生物。

● **生态调控**

茶园内种植格桑花、兰花等蜜源植物或观赏型低矮植物，新建茶园内套种花生、芝麻等经济作物，四周和道路旁边栽植桃树、梨树、李树等果木植物，丰富生物多样性，改善茶园生态环境，保护和利用茶园中的寄生蜂、草蛉、瓢虫、猎蝽等天敌昆虫，以及蜘蛛、蛙类、捕食螨、鸟类等有益生物。人工释放捕食螨、寄生蜂等天敌。良好的生态环境不仅为天敌提供了优良的栖息场所和丰富的蜜源，还有利于防风固沙，抵御冬季寒风侵袭，减轻茶树冻害。

效果与效益

调查表明，绿色防控区小绿叶蝉平均百叶虫量为5.2头，仅为群众自防区的1/6；新梢被害率为0.23%，受害程度轻。茶尺蠖平均每亩虫量0.02头，叶片被害率为0.02%；群众自防区为7.51头/亩（重发区高达每亩50头以上），叶片被害率为13.46%。

通过采取绿色防控措施，茶园生态环境得到改善，有力地推动了茶、旅、文、康融合与创新发展。已成功建立起出口高山茶质量安全示范区和全国绿色食品原料标准化生产基地。在县域内的核心产区，共有11家茶叶企业荣获绿色食品认证，15家企业通过了食品生产许可认证。此外，商城高山茶团体标准已正式实施，并成功注册了地理标志证明商标，还通过了国家级生态原产地保护产品认证。商城高山茶产业已成为推动乡村振兴的支柱产业。商城县先后荣获全国茶业百强县、全国十大生态产茶县、中国茶旅融合竞争力全国十强县、茶业生态建设十强县、茶旅融合特色县域以及三茶统筹先行县域等荣誉称号。

主要研发单位与人员

研发单位：1. 商城县农业农村局；2. 信阳市植保植检站
主要人员：陈昌[1]，彭娟[2]，胡名凤[1]，陶丛旺[1]，梁前艳[1]

其他作物病虫草害统防统治
与绿色防控融合技术模式

92. 临颍县大豆病虫草害统防统治与绿色防控融合技术模式

临颍县依托颍河西十万亩高标准粮田建立专业化统防统治与绿色防控融合示范基地，切实推广绿色防控技术，并辐射带动全县实现统防统治与绿色防控的有机融合，实施综合治理，探索病虫草害防控的可持续发展新模式，旨在提高科学防病治虫水平，保障农业生产、农产品质量、生态环境"三大"安全。

集成技术

● 农业措施

采用麦茬免耕覆秸灭茬、机械化种肥同播技术。

● 种子包衣

在大豆播期，采用25%精甲·咯·噻虫嗪悬浮种衣剂80克拌20千克大豆种子，有效预防大豆种传病害、土传病害、地下害虫及刺吸式害虫，降低大豆"症青"的风险（图1）。

● 虫害草害防控

大豆3～4片复叶期使用四轮自走式喷杆喷雾机喷施10%精喹禾灵乳油50克+25%氟磺胺草醚水剂50毫升+15%甲维·茚虫威悬浮剂20克+椰子精油助剂

图1　大豆种子包衣处理

30克，防除大豆田杂草、夜蛾类害虫。除草剂、杀虫剂减量20%左右。

● 大豆花荚期精准用药

使用农用植保无人机或高杆喷雾机"一喷多防"（图2）。在大豆初花期每亩喷施15%

甲维·茚虫威悬浮剂20克+32%联苯·噻虫嗪悬浮剂20克+液体硼肥（硼含量为150克/升）30毫升，每隔10天左右喷一次，喷施2次，预防大豆虫害及"症青"现象。

图2　大豆花荚期精准施药

效果与效益

● 防治效果

大豆苗期土传病害防治效果为85.1%；杂草的综合防治效果为93.2%；夜蛾类害虫和钻蛀类害虫的综合防治效果为98.5%。

● 经济效益

经后期测产评估，统防统治与绿色防控融合示范区测得亩产为230.8千克，辐射带动区为208.6千克，农民自防区为184.5千克，完全不防治区为136.5千克。示范区每亩比农民自防区增产46.3千克，增产率为25.1%，亩增效益277.8元。

● 生态效益

示范区通过采取适期播种、生物调控，选用高效低毒种衣剂、除草剂、杀菌剂、杀虫剂和加入椰子精油助剂，农药使用量减少25%左右，有效降低了农药残留，改善了生态环境。

主要研发单位与人员

研发单位：临颍县植保植检站
主要人员：龚乔，罗小杰，徐丽，尼军领，吴鹏飞

93. 永城市夏播大豆病虫草害统防统治与绿色防控融合技术模式

永城市地处河南省最东部，苏、鲁、豫、皖四省交界处，属于豫东平原旱作农业区，土质类型有淤土、壤土、沙土，土壤肥力较高，自然条件优越，光照充足，年平均气温14.3℃，0℃以上积温5 289℃左右，无霜期209天左右，适宜大豆种植。永城市常年种植大豆70万～100万亩。大豆主要病虫害为黄叶病、立枯病、根腐病、细菌性叶斑病、褐斑病、病毒病、症青、茎腐病、拟茎点种腐病、棉铃虫、甜菜夜蛾、斜纹夜蛾、银纹夜蛾、造桥虫、豆天蛾、灰象甲、蜗牛、白粉虱、蚜虫、红蜘蛛、地下害虫等。杂草优势种群为反齿苋、狗尾草、马唐、牛筋草、铁苋菜等，对大豆生产造成严重的影响。近年来，通过引进试验大豆病虫草害绿色防控技术，永城市形成全生育期绿色防控技术模式，取得了良好的效果，基本控制了大豆病虫的猖獗危害。

集成技术

● 农业防治

优化农田生态环境，减少病虫草害发生，推广健康栽培技术，提高大豆抗逆能力，减少化学农药使用量。

1. 选择优良品种　根据品种特性及在当地的综合表现，可选用郑豆0689、郑豆1307、周豆25、商豆1310、中黄37、中黄57、荷豆33等生育期100～110天的中（晚）熟品种。

2. 轮作倒茬　大豆、玉米是永城两大秋作物，市南大豆、市北玉米是该地区的传统种植习惯，由于多年重茬，导致大豆病虫害逐年加重。玉米、大豆合理轮作换茬，成为该地区农业高效、可持续发展的重要措施。

3. 秸秆处理和灭茬整地　采取覆秸灭茬和种肥一体播种，在麦收时，收割机加装秸秆粉碎与抛撒装置，麦留茬高度不超过10厘米，田间碎麦秸分布均匀，便于提高大豆播种质量（图1）。

4. 抢时早播　夏大豆生育期多在100天以上，适播期为6月中旬，宜早不宜晚，尽早整地播种，精细播种，可在夏至前后播种，避开大豆盛花期遇高温。墒差时，要播前造墒，浇匀浇透，也可播后用微喷管浇水促苗，确保一播全苗。

5. 合理密植　行株距配置：一般行距30～40厘米、株距11～13厘米，亩留苗1.5

万株左右。播量与深度：中粒种子（百粒重18 ~ 20克）每亩3.5 ~ 4千克，小粒种子（百粒重15克左右）每亩2.5 ~ 3千克，播种深度3 ~ 4厘米。

6.合理施肥　根据大豆"低氮高磷喜钾"需肥特点和土壤肥力，一般每亩深施大豆专用复合肥（氮－磷－钾为10－20－10或13－20－7等）15 ~ 20千克或磷酸二铵15千克，促苗健壮生长，减轻大豆黄叶病的发生。种肥同播时，要注意种肥分开8 ~ 10厘米，防止烧苗。

图1　秸秆处理和灭茬整地

● **生物防治**

利用七星瓢虫、草蛉、蚜茧蜂、白僵菌、绿僵菌、甜菜夜蛾核型多角体病毒等天敌和生物农药控制蚜虫、棉铃虫、甜菜夜蛾、造桥虫、斜纹夜蛾等病虫害，达到以虫治虫、以菌治虫、以菌治病的效果。

● **物理防治**

1.播种期种子处理　去劣、去杂，播前晾晒1 ~ 2天，保证发芽率90%以上。

2.灯光诱杀　可利用杀虫灯诱杀棉铃虫、造桥虫、金龟子等害虫，以30 ~ 40亩安装1台为宜。

● **化学防治**

1.播种前措施　①拌种或包衣。可选用优质高效种衣剂如45%烯肟菌胺·苯醚甲环唑·噻虫嗪悬浮种衣剂+5%氨基寡糖素水剂，按1∶500拌种或包衣，或0.01% 14-羟基芸苔素甾醇水剂按1∶100播前拌种或包衣，阴干后播种，有效预防根腐病、地下害虫等土传和种传病害，并抑制中后期蚜虫、飞虱等刺吸式害虫危害。②土壤药剂处理。地下害虫重发田，除种子包衣外，还应播种前每亩使用3%辛硫磷颗粒剂2 ~ 3千克，加细土20千克进行土壤处理，确保苗齐苗壮。

2.苗期除草治虫　大豆3 ~ 4片复叶期每亩可用10.8%精喹禾灵乳油50毫升+25%氟磺胺草醚水剂50毫升+5%阿维·高氯水乳剂20 ~ 40毫升+增效剂10 ~ 20毫升，加水20千克喷雾，达到除草、杀虫、减量用药的目的。

3.初花期综合防治　每亩可使用22%噻虫·高氯氟悬浮剂40 ~ 60毫升（或40%甲氧·茚虫威悬浮剂10毫升，或6%甲维·氟铃脲乳油30毫升，或6%甲维·虫螨腈微乳剂30 ~ 40毫升，或10%四氯虫酰胺悬浮剂20 ~ 30毫升）+50%氯溴异氰尿酸可湿性粉剂30 ~ 40毫升（或25%吡唑醚菌酯悬浮剂25 ~ 30毫升）+增效剂，可使用智能植保无人机喷防，提高作业效率，综合防治多种病虫。病虫发生严重时隔10 ~ 15天喷施2 ~ 3次。

效果与效益

● 防治效果

大豆症青防控效果达85%，有效解决阻碍大豆产量的症青问题。对大豆田常见禾本科及阔叶杂草防除效果为95%。对大豆根腐病、霜霉病、叶斑病等防效为85%。对蚜虫、棉铃虫、甜菜夜蛾等防效为95%。对大豆病虫草害的防治效果均高于其他防治模式3%~5%。

● 经济效益

核心示范区亩防控成本60元，亩产量200千克，亩产值1 200元；农民自防区亩防控成本70元，亩产量165千克，亩产值990元。核心示范区较农民自防区每亩增加纯收益220元。

● 生态效益

加入"权润""倍创"药肥减控增效剂和14−羟基芸苔素甾醇等高效调节剂，减少化学农药施用次数，可减少农药施用量30%，提高防治效果，提高作物抗逆性，并保护天敌。

● 社会效益

通过手机短信、微信、抖音、电视节目、发放技术明白纸、技术培训等多渠道、多形式广泛宣传，示范区群众科学用药水平提高，为当地夏播大豆产量提高找到技术支撑，植保服务组织得到有效发展。

主要研发单位与人员

研发单位：永城市植保植检站
主要人员：田冲，韩海军，郝艳芝

94. 汝阳县甘薯病虫害统防统治与绿色防控融合技术模式

　　汝阳县位于豫西山区，甘薯是汝阳县主要作物之一，病虫害种类多，常年发生的病害有根腐病、黑斑病、软腐病、腐烂茎线虫病、病毒病、紫纹羽病等，害虫有地下害虫、甘薯天蛾、甘薯麦蛾、甜菜夜蛾、斜纹夜蛾、银纹夜蛾等。发生危害严重的主要有黑斑病、腐烂茎线虫病、病毒病等，对产量和品质影响大。近年来汝阳县先后进行了高效低毒药剂防治腐烂茎线虫病试验示范，碧护、调环酸钙在甘薯上应用效果试验示范等，总结出植物检疫、农业防治与药剂防治相结合，育苗期、移栽期、大田期与储藏期防治相结合的全程绿色防控技术模式。

集成技术

● 植物检疫

　　加强种薯、种苗检疫，严禁由病区向无病区引种、引苗，病区所育薯苗必须经过药剂处理后方可栽种，严禁病区薯苗不经处理进入市场销售。

● 农业防治

　　1.培育无病种苗　①育苗棚的选择：选择常年未育苗地，地势平坦，背风向阳，不积水，旱能浇，涝能排。对于老育苗棚，要将表土除去，同时使用30%辛硫磷微囊悬浮剂2 000倍液+50%多菌灵可湿性粉剂1 000倍液进行处理。②选用无病种薯：从无病区引进种薯，严格挑选无病薯作种薯，以完好的夏薯最好。③选用抗病品种：选用高产抗病甘薯品种，食用型可选用普薯32、洛薯13，淀粉型可选用商薯19、济薯26等，烤薯可选用烟薯25、龙薯9号等品种。④温汤浸种或种薯处理（图1）：用52～54℃温水浸种薯10分钟，

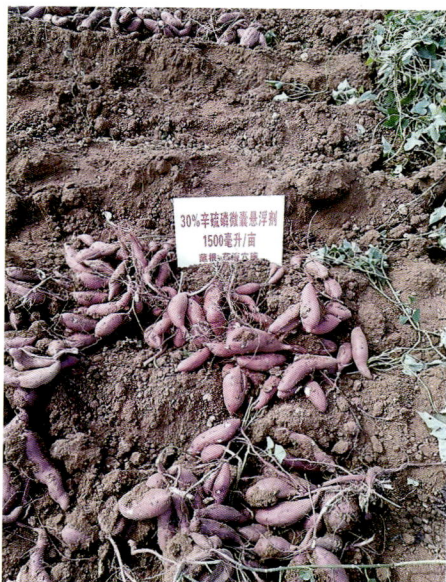

图1　播种前种薯处理

或用30%辛硫磷微囊悬浮剂2 000倍液+碧护5 000倍液对种薯进行处理。⑤实行高剪苗：剪苗时要在薯苗基部留2～3厘米，以减少薯苗带菌量。

2.轮作倒茬　与烟草、花生等作物实行三年以上轮作，建立甘薯与烟草轮作示范区，可以减轻发病。

3.合理施肥　以磷、钾肥为主，配合氮肥，忌施高含氯化肥。重病区尽量不施土粪，防止土粪传病。

4.清洁田园　清除田间腐烂茎线虫病病薯块、病薯笼头、病薯秧等，集中处理。对育苗床发现的甘薯病毒病病株，及时拔出并带出棚外集中处理。甘薯收获后，清除田间病残体。

● **科学用药**

1.育苗期　育苗前种薯用30%辛硫磷微囊悬浮剂2 000倍液+50%多菌灵可湿性粉剂1 000倍液+碧护5 000倍液进行浸种处理，剪苗前用30%辛硫磷微囊悬浮剂2 000倍液+碧护5 000倍液泼浇苗床。

2.移栽期　移栽前每亩用30%辛硫磷微囊悬浮剂1 000毫升+碧护2克加水20千克薯苗蘸根10分钟，然后加水2 000千克灌穴，可有效控制腐烂茎线虫、地下害虫。对于普薯32等易感黑斑病的品种，可在移栽期同时浇灌70%甲基硫菌灵悬浮剂1 000倍液和50%多菌灵可湿性粉剂1 000倍液，多种药剂可一同配液。

3.大田期　防治甘薯天蛾、甘薯麦蛾、甜菜夜蛾、斜纹夜蛾等害虫，可用1%甲氨基阿维菌素苯甲酸盐乳油3 000倍液喷雾。化学调控，在7月底至8月初，甘薯封垄后喷施缩节胺，控制甘薯旺长，同时在薯蔓伸张期到甘薯膨大期喷施5%调环酸钙泡腾粒剂1 000倍液2～3次，调节薯秧长度，缩短叶片间距。

4.收获储藏期　防治重点是减少伤口和病害侵入机会，减少黑斑病、软腐病等病害。一般在霜降前后，白天气温稳定在15℃上下，选择晴朗无风的天气，在上午开始收抛，一般在下午2时前，等太阳充分暴晒伤口愈合后，开始装筐收藏入窖。入窖后要调节窖内温度稳定在40℃上下，保持3天，促进伤口愈合。建议采用筐装筐运筐藏，减少运输创伤和病害侵入机会，甘薯中间留有一定的空隙，有利于调节窖内温度和湿度，减轻软腐病等病害发生。对于局部发病的储藏窖，可以采用10%百菌清烟雾剂熏蒸。

效果与效益

汝阳县甘薯育苗以育苗大户为主，全县育苗大棚有400多座，育苗大户普遍采用10%噻唑膦颗粒剂、30%辛硫磷微囊悬浮剂、30%三唑磷微囊悬浮剂与多菌灵可湿性粉剂等高效低毒药剂对种薯进行处理。大田种植采用甘薯与烟草轮作，在柏树、刘店、城关等乡镇建立烟-薯轮作示范方，有效降低发病。2020年示范面积6万亩，2021年示范面积6.5万亩，2022年示范面积6.8万亩，3年累计示范面积19.3万亩。

通过甘薯全程绿色防控示范，腐烂茎线虫病发病率由15%以上降低到3%以下，其他各种病虫害也得到有效控制，平均每亩鲜薯产量2 000千克以上，相比未防治区平均每亩增收鲜薯378.9千克，增产率23.4%。

主要研发单位与人员 ◆

研发单位：汝阳县农业技术推广服务中心
主要人员：马占宽，王玲，刘汝镇

95. 唐河县甘薯病虫草害统防统治与绿色防控融合技术模式

唐河县土壤类型以黄棕壤土类和砂姜黑土为主，土质疏松、肥沃，富含钾，适宜种植甘薯。2021年唐河县被确定为绿色食品原料甘薯生产基地，甘薯种植面积达到25万亩，每亩鲜薯产量为3 000千克左右，总产75 000万千克，实现产值3.6亿元。甘薯病虫害主要以甘薯天蛾、斜纹夜蛾、甘薯麦蛾、地下害虫和腐烂茎线虫病等为主。在新的农业生产形势下，唐河县致力于甘薯病虫害绿色防控技术研发配套和实施，逐渐形成了从品种选择到收获的全程甘薯病虫害绿色防控技术模式。

集成技术

● 农业防治

1. 品种选择 选用高产、商品性好的抗（耐）病品种，选用脱毒种苗种薯。

2. 精细整地 深耕深翻土壤，改良土壤结构，增强土壤通透性；精细整地，达到田平土细，上虚下实。

3. 配方施肥 根据甘薯需肥规律，要控氮、稳磷、增钾，补施有机肥和中微量元素。甘薯属忌氯作物，可使用硫酸钾型复合肥，禁用高含氯化肥。

4. 合理密植 根据品种、地力、水肥条件、栽种时间确定栽植密度，一般中短蔓品种春薯栽植密度以每亩3 200 ～ 3 600株为宜，夏薯栽植密度以每亩4 000 ～ 4 500株为宜。鲜食型夏薯适当减小密度，每亩3 500株左右，以提高商品薯率（图1）。

图1 甘薯田合理密植

● **植物检疫**

　　加强种子基地疫情监测和产地检疫，杜绝未经检疫的薯种或种苗进入田间种植。

● **理化诱控**

　　1.灯光诱杀　利用多种昆虫的趋光性，每2～3公顷安装一盏频振式杀虫灯诱杀夜蛾科等蛾类以及金龟子、蝼蛄、叶蝉等害虫。

　　2.性诱剂、食诱剂诱杀　田间安装性诱剂、食诱剂诱杀棉铃虫、甜菜夜蛾、金龟子等成虫，减少田间产卵，减轻幼虫危害。

● **生物防治**

　　红蜘蛛发生并达到防治指标时，使用1.8%阿维菌素乳油30毫升喷雾防治。

● **安全用药**

　　1.栽插期病虫草害防治　①栽植前药浆蘸根。每亩使用30%三唑磷微胶囊剂1 000克+50%多菌灵可湿性粉剂200克+70%吡虫啉水分散粒剂50克，与过筛的细土掺和均匀后，加水适量，搅拌成泥浆蘸根，预防根腐病、黑斑病和地下害虫。②栽植期防治。每亩使用70%吡虫啉100克+20%噻唑膦水乳剂200克+30%噻虫嗪微囊悬浮剂500克，兑水配成药液，栽秧时穴施，预防甘薯根腐病、黑斑病，防治甘薯腐烂茎线虫、地下害虫。

　　2.栽插后化学除草　露地甘薯栽插后或地膜栽培甘薯覆膜前，每亩使用96%精异丙甲草胺乳油100毫升+20%乙氧氟草醚乳油20毫升，兑水50千克封闭除草；苗后有禾本科杂草时用5%精喹禾灵乳油100毫升喷雾。

　　3.生长期防治害虫　在甘薯天蛾、斜纹夜蛾、麦蛾等幼虫初发期，可每亩使用20%氯虫苯甲酰胺悬浮剂8～10毫升（或4.5%高效氯氰菊酯乳油30毫升）+5%甲氨基阿维菌素苯甲酸盐水分散粒剂10克+农药助剂，兑水30千克叶面喷雾防治（图2）。

图2　无人机飞防

345

效果与效益

● 防治效果

通过2021—2023年连续应用，绿色防控示范区天蛾防效为98.5%，麦蛾防效为90.2%，地下虫防效为87.4%。

● 经济效益

绿色防控示范区鲜薯平均产量为2 817.5千克，农民自防区为2 500千克，每千克鲜薯按市场价1.5元计算，亩增加效益约476.3元。示范区相对全程常规防治区每亩节约成本8元（全程常规防治区每亩成本约55元，示范区为47元），每亩增加收益484.3元，经济效益显著。

● 生态效益和社会效益

在甘薯绿色防控示范区推广高纯度除草剂异丙甲草胺、食诱剂及高效低毒低残留化学农药，减少用药次数1～2次，每亩化学农药使用量减少150克以上，节约了防治成本。同时，化学农药使用量减少，降低了环境污染和农药残留，生态效益增加。

主要研发单位与人员

研发单位：唐河县植物保护植物检疫站
主要人员：李燕，樊骅，李晓清，段学东

96. 平舆县白芝麻病虫草害统防统治与绿色防控融合技术模式

　　平舆县耕地面积135万亩，是全国商品油料生产基地，油料以白芝麻为主，常年种植面积20万～30万亩，亩产量80千克左右，是河南省规模最大的白芝麻种植加工基地、白芝麻原产地，素有"平舆芝麻王"之称，白芝麻是平舆县农业支柱产业。白芝麻苗小怕渍，是一种小粒经济作物，长期以来受病虫害制约，特别是芝麻茎点枯病、枯萎病、疫病、棉铃虫、甜菜夜蛾、芝麻荚野螟等连年暴发危害，损失率达到30%以上，严重田块可达到50%以上，致使白芝麻产量低而不稳，品质较差，价格较低，对平舆县芝麻生产和芝麻产业发展造成严重影响，已成为制约白芝麻生产发展的重要瓶颈。在新的农业生产形势下，平舆县致力于白芝麻病虫害绿色防控技术研发配套和实施，逐渐形成了从品种选择到收获的全程白芝麻病虫害绿色防控技术模式。近年来白芝麻种植面积扩大到40万亩，亩产量达到100千克以上，有效促进了芝麻产业的发展。

集成技术

● 农业防治

　　1.选择优良抗病品种　选择适宜本地种植的高产、高抗、适应性强的芝麻品种，如舆芝18、舆芝19、舆芝20、郑芝13、郑杂芝3号、驻芝21等。

　　2.合理轮作　可与玉米、花生、甘薯等作物隔年轮作，减轻病害发生。

　　3.清洁田园　麦茬种植夏芝麻，清除多余的小麦秸秆，减少病菌来源。

　　4.精细整地　选择地势高燥、排水方便、中等肥力以上的地块种植；灭茬播种，简化耕作，麦茬不超过10厘米，灭茬后播种。

　　5.合理施肥　增施土杂肥和磷、钾肥，每亩施土杂肥2～3米^3，基施三元复合肥25千克；现蕾至初花期追施尿素5千克，叶面喷施硼肥10克+磷酸二氢钾粉剂150克；盛花期叶面喷施磷酸二氢钾粉剂150克+0.01%芸苔素内酯水剂20克，防止早衰。

　　6.沟厢种植　平整土地，6米沟厢配地头沟种植，利于排水。

　　7.实行密植条播　抢时早播，灭茬直播，推广机械化条播技术，通风透光，行距30厘米，每隔6米留一个60厘米的宽行，每亩播量200克（图1）。

　　8.适时定苗　2对真叶间苗，4对真叶定苗，去弱留壮，留苗均匀，株距15～20厘米留单株，每亩留苗1.2万～1.4万株。

9.加强田间管理 遇涝及时排水，干旱严重时浇水；终花期（8月15日）打顶；禁止采摘芝麻叶；适时收获，小捆架晒，及时脱粒，防止霉变。

● 物理防治

1.灯光诱杀 可在苗期至蒴果期安装20瓦频振式杀虫灯，诱杀棉铃虫、甜菜夜蛾、芝麻野螟、地老虎、金龟子等（图2）。单灯控制面积为30亩，各灯间距120米左右，连片安装时效果更好。

2.性诱捕器诱杀 可在苗期至蒴果期在田间安装性诱捕器，诱杀棉铃虫、甜菜夜蛾等，每亩安放2～3套。

图1 芝麻田推行机械化条播

图2 安装频振式杀虫灯

● 安全用药

加强病虫监测预报，抓住病虫害防治关键时期，选用高效低毒对症农药，优化施药技术和农药用量，精准施药，把绿色防控用药方案与田间病虫害实际发生情况相结合进行综合防控，科学安全用药。

1.播种期 每10千克种子用2.5%咯菌腈悬浮种衣剂40克+5%氨基寡糖素水剂20克拌种或包衣，防治根部病害和枯萎病等。

2.播后芽前 每亩使用72%异丙甲草胺乳油120克或96%精异丙甲草胺乳油60～80克，防除禾本科杂草和部分小粒阔叶杂草。对未封闭除草的芝麻田可在苗期用10%精喹禾灵乳油30克喷雾进行除草。

3.真叶期（4～5对叶） 每亩使用30%甲霜·噁霉灵水剂30～50克，或80%乙蒜素乳油100克，或25%咪鲜胺可湿性粉剂100克，或20%噻菌铜悬浮剂100克防治枯萎病、立枯病等。

4.现蕾期至初花期 每亩可用25%咪鲜胺可湿性粉剂100克（或10%丙硫唑水分散粒剂50～80克）+20%氯虫苯甲酰胺悬浮剂8～15克（或12%甲维·虫螨腈悬浮剂20克），防治枯萎病、茎点枯病、棉铃虫、甜菜夜蛾、芝麻野螟等，控制旺长，防止高脚苗等。

5.盛花期至花末期 每亩可用25%吡唑醚菌酯悬浮剂20～30克（或32.5%苯甲·嘧菌酯乳油40克，或30%苯甲·吡唑酯悬浮剂20～30克）+磷酸二氢钾粉剂150克+0.01%芸苔素内酯水剂20克（或0.136%赤·吲乙·芸苔可湿性粉剂1克），间隔10～15天施药1～2次，防治茎点枯病、疫病、叶斑病等，防止早衰。

效果与效益

● 防治效果

绿色防控区对芝麻枯萎病的防控效果达到74.83%，较常规防治区（56.90%）提高31.51%；对芝麻茎点枯病的防控效果达到78.96%，较常规防治区（45.45%）提高73.73%；对芝麻疫病的防控效果达到83.21%，较常规防治区（61.47%）提高35.37%；对芝麻叶斑病的防控效果达到81.66%，较常规防治区（64.42%）提高26.76%；对蛴螬防控效果达到77.44%，显著高于常规防治区（图3）。

图3　白芝麻收获现场

● 经济效果

绿色防控区在减少病株、死株、病叶、病蒴果等方面效果显著，较空白对照区增产率达到66.90%，较常规防治区增产率达到11.23%，主要表现在株蒴果数和千粒重的增加上，增产效果明显。与常规防治区相比，绿色防控示范区的芝麻产品籽粒饱满，籽白色正，病粒秕粒少，品质好，价格高，产量高，经济效益好。根据对绿色防控示范区效益核算，与常规防治区相比，总收益提高17.30%，总投入增长8.33%，纯收益增加144.66元/亩，增长18.54%。

● 生态效益和社会效益

全季使用农药原药量为107.63克/亩，与群众自防区的用药调查情况对比，在用药次数不减的情况下，农药使用纯量减少88.38克/亩，下降率达到45.09%。生产机械化程度显著提高，减少了人员劳动投入，提高了产品品质，减轻了环境污染。

主要研发单位与人员

研发单位：1.平舆县农业技术推广和植物保护站；2.平舆县农村社会事业发展服务中心；3.平舆县农业综合行政执法大队

主要人员：冯贺奎[1]，郭承杰[1]，张化春[2]，王书珍[3]，万富强[3]

97. 博爱县怀山药病虫草害统防统治与绿色防控融合技术模式

博爱县土壤以黄河冲积为主，并吸纳了太行山岩溶地貌经雨水冲刷渗透而来的成分，形成了疏松肥沃、与众不同的黄土地，特别适合山药、地黄、牛膝等根茎类中药材的生长。博爱县山药种植面积约0.7万亩，随着中药材产业的发展，博爱县山药种植面积有逐步扩大的趋势。怀山药主要病虫害为炭疽病、褐斑病、根结线虫和地下害虫，另外茎腐病、叶蜂、蚜虫、蜡类等病虫害轻度发生或个别年份发生，但随着种植年限的延长，受留种、栽培管理不当等因素影响，病虫害发生有逐年加重的趋势，对山药生产造成很大威胁。在病虫草害防治过程中，部分群众重害虫防治，轻病害防治，加上不恰当的药剂应用，致使山药的产量和质量受到较大影响。针对怀山药不同生育期的重要病虫草害发生情况，博爱县集成健身栽培、土壤消毒、诱杀害虫、生物防控、科学用药等技术措施，逐步形成了博爱县怀山药病虫草害绿色防控技术模式。

集成技术

● 农业防治

1.**轮作倒茬** 耕种轮作期5年以上，前茬以禾本科作物为宜，忌与线虫病和根腐病发生较重的作物（如大豆、花生、西瓜等）连作。

2.**选择优良品种** 应选茎短、粗壮、芽头饱满、无病虫害、无损害、无分杈、色泽正常、长度15～20厘米、重40～60克的笼头。

3.**科学浇水施肥** 滴灌浇水，种植前浇一次底墒水，种植后墒情不足时可补浇一次小水，保证山药正常出苗，山药上满架后应结合追肥进行浇水，立秋前浇水要少要小，促使块根下扎，立秋以后（8月中旬），可灌一次大水（也叫拦头水），有利于山药膨大。施底肥时以腐熟农家肥、腐熟饼和优质氮、磷、钾三元复合肥为主，避免偏施氮肥。在山药生长中期，追施2～3次氮肥和钾肥。

4.**高垄搭架栽培** 山药搭架有利于通风透光、提高产量，减少病虫危害。一般苗高20～30厘米时，用1.5米左右的竹竿，每株插1根，每4根在距地面1～1.2米处交叉捆牢（图1）。

5.**清洁田园** 山药生长期及收获后及时清理田间枯枝、烂叶等病残体，并带出田外

图1　怀山药高垄搭架栽培

集中销毁。

6.**土壤消毒**　播种时，每亩使用黑矾（$Fe_2SO_4 \cdot 7H_2O$）25千克，顺栽植沟撒施，然后下种覆土，预防病害和控制地下害虫。

● **理化诱控**

灯光诱杀害虫　山药生长期利用频振式杀虫灯诱杀鳞翅目、鞘翅目、半翅目等多种害虫成虫，有效降低虫源。每30 ～ 50亩安装一盏杀虫灯，杀虫灯底部离地高度为1.5米，开灯时间为4月下旬至10月中旬（图2）。

图2　频振式杀虫灯

● **生物防治**

1.**防治线虫病**　山药播种前，每亩使用1%阿维菌素颗粒剂1.5 ～ 2.5千克拌细土均匀沟施，施药后要立即覆土。

2.**防治叶部害虫**　7—8月，在红蜘蛛发生初期用1.8%阿维菌素乳油1 000倍液均匀喷雾。7—8月，在甜菜夜蛾、山药叶蜂等食叶害虫卵孵化盛期至幼虫二龄末期，每亩使用25%灭幼脲悬浮剂25～35毫升，或60克/升乙基多杀菌素悬浮剂20～40毫升，兑水均匀喷雾。

● **科学用药**

1.**笼头消毒**　播种前用50%多菌灵可湿性粉剂600倍液浸泡30分钟左右，捞出晾干，杀灭笼头所带病菌（图3）。

图3　怀山药播种前笼头消毒

2.**杀灭线虫**　山药栽种前，每亩使用20%噻唑膦微囊悬浮剂0.75～1升，拌少量细沙土均匀撒施于种植沟内，覆土。

3.**防治蛴螬**　在山药播种前每亩沟施10%噻虫嗪微囊悬浮剂300～500毫升或3%辛硫磷颗粒剂4 000～8 000克，进行土壤处理。

4.**化学除草**　栽后苗前每亩使用330克/升二甲戊灵乳油150～200毫升，兑水均匀喷雾。对于封闭效果不佳的多年生杂草，在杂草出齐后，每亩使用200克/升草铵膦水剂200～300克，兑水行间定向喷雾。

5.**防治叶部病害**　在炭疽病、褐斑病等叶斑类病害发生初期，每亩使用23%嘧菌·噻霉酮悬浮剂25～30毫升，或40%咪鲜胺水乳剂40～60毫升，兑水均匀喷雾，施药2～3次，每次间隔7～10天。

6.**防治甜菜夜蛾、叶蜂等食叶类害虫**　在害虫孵化高峰期，每亩使用25%灭幼脲悬浮剂25～35毫升，或10.5%甲维·虫酰肼乳油30～50毫升，或35%甲氧·茚虫威悬浮剂8～12毫升，兑水均匀喷雾。

效果与效益

病虫害绿色防控模式较常规模式减少化学防治次数2～4次，每亩减少农药费用约50元，亩纯收益增加约1 350元。

主要研发单位与人员

研发单位：1.博爱县农业农村发展服务中心；2.焦作市农业技术推广中心
主要人员：王守宝[1]，王香芝[1]，武海波[2]，王文娓[1]，韩宏坤[1]

图书在版编目（CIP）数据

河南省农作物病虫草害统防统治与绿色防控融合技术模式 / 河南省植物保护检疫站编著. -- 北京：中国农业出版社，2025.7. -- ISBN 978-7-109-33347-5

Ⅰ. S435

中国国家版本馆CIP数据核字第2025BH1054号

中国农业出版社出版

地址：北京市朝阳区麦子店街18号楼

邮编：100125

责任编辑：阎莎莎

版式设计：王　晨　　责任校对：吴丽婷　　责任印制：王　宏

印刷：北京缤索印刷有限公司

版次：2025年7月第1版

印次：2025年7月北京第1次印刷

发行：新华书店北京发行所

开本：787mm×1092mm　1/16

印张：23

字数：545千字

定价：178.00元